中国质量认证中心5A级在线教育服务认证

官方培训教程

Python

Project Actual Combat

方健　孙悦　邵芳　等／编著

Python 项目实战

从入门到精通

机械工业出版社
CHINA MACHINE PRESS

自从《新一代人工智能发展规划》发布以来，我国的编程与人工智能教育有了长足的发展。有关Python编程的书籍也层出不穷，而真正贯通普及应用教育的还不多见。本书正是这样一本从基础知识入手、项目实操引导，直到行业领域拓展的一本极具特色的图书。

本书从Python的起源和发展、开发工具、语法基础、控制结构等内容出发，到深入讲解机器学习典型算法、神经网络典型算法及其Python开发实现，再到图像识别、人脸识别原理方法及其Python开发实现，其内容翔实、过程真实、案例经典，有极强的实用价值。

与其他同类书籍不同之处在于，本书不仅仅是教授编程的方法，更重要的是通过项目实战、问题解决等过程，让读者领会编程背后的真谛，那就是“运用计算机科学领域的思想方法，在形成问题解决方案过程中产生的一系列思维活动”，即计算思维。具备这样的思维方式，可以使学习者在信息活动中采用计算机可以处理的方式界定问题、抽象特征、建立结构模型、合理组织数据，并运用合理的算法形成解决问题的方案，还可以将计算机解决问题的过程与方法，迁移到其他问题解决中。这对读者来说，是终身受用的。

本书以知识技能为线索、项目活动为载体、实际问题为导向，引导学习者循序渐进地掌握Python原理及方法，实现学习目标。其逻辑结构清晰、内容编排合理、语言表述生动，值得体验。同时，充分利用了“编程猫”相关工具及网络资源的优势，通过“编程猫”“阿短”等角色进行导学，寓教于乐，把枯燥的代码编程变成了愉快的学习享受，可圈可点。

纵观当今世界，信息技术日新月异，人工智能的迅速发展将深刻改变人类社会生活。我们应当勇敢担负起时代赋予的责任，努力学习、刻苦钻研，争做驾驭人工智能的高手，改变世界的先锋。

编程猫首席科学家、编程与人工智能教育研究院院长
秦曾昌

人工智能技术的迅猛发展，不仅使企业运营效率得到质的提升，也为人民的生活带来更多的便利。迄今为止，人工智能已经初步实现了生物识别智能、自动驾驶汽车和人脸识别等功能，越来越多的落地应用项目出现在大众视野中。就像大多数软件应用程序的开发一样，开发人员也会使用多种语言来编写人工智能项目，要问哪种语言是人工智能最佳编程语言，Python 语言无疑就是这些开发工具中的佼佼者。Python 是一种解释型的、面向对象的、带有动态语义的高级编程语言，由荷兰人 Guido van Rossum 于 1989 年发明，第一个公开版发行于 1991 年。经过近 30 年的发展，其已经成为最受欢迎的程序设计语言之一。Python 语言具有简洁性、易读性以及可扩展性等特点，受到广大专业编程人士的青睐，一些知名大学已经采用 Python 来教授程序设计课程。近年来，Python 已经成为美国顶尖大学里最受欢迎的计算机编程入门语言之一。在国内，大部分高校也逐渐将 Python 引进了课堂。

Python 是一门开源的编程语言，支持命令式编程、函数式编程以及面向对象编程。众多开源的科学计算软件包都提供了 Python 的调用接口，其中包括三个十分经典的科学计算扩展库——NumPy、SciPy 和 Matplotlib。它们分别为 Python 提供了快速数组处理、数值运算以及绘图功能，例如著名的计算机视觉库 OpenCV 和三维可视化库 VTK 等。因此，Python 语言及其众多的扩展库所构成的开发环境十分适合工程技术和科研人员处理实验数据或制作图表，甚至开发科学计算应用程序。

学习 Python 是一个快乐的过程。相较于其他编程语言，Python 语法清晰简洁，代码可读性强，编码方式符合人类思维习惯，易学易用。另外，Python 自带的各种模块加上其丰富的第三方模块，免去了很多“重复造轮子”的工作，可以更快地写出东西，非常适合初学者以及相关的专业编程人士入门学习。

本书分为基础篇、提高篇和高级篇三部分（共 10 章），从 Python 的起源、工具、语法、结构、函数等基础知识，到机器学习、神经网络等典型算法，再到图像识别、人脸识别等实际应用，涵盖了完整的 Python 知识体系，循序渐进引导读者学习。同时，本书辅以人物互动问答来解答 Python 的一些重点、难点问题，这种创新形式提升了读者的阅读体验，将枯燥的学习氛围变得轻松、有趣。书中每个知识点均配有多个实训案例，将知识点融入动手操作不仅可以提高读者的学习效率，还可以培养读者的实际技能应用水平。因此，本书非常适合从事人工智能、机器学习、人脸识别等应用领域的工程技术人员以及人工智能、大数据科学与技术、自动化、机器人工程、智能仪器仪表、机电一体化等专业的师生学习参考。

本书为深圳点猫科技有限公司授权编写的官方培训教程，主要由方健、孙悦、邵芳编写，参与编写的人员还有吴悦、李明月、靳冉、罗忠宝、刘伟达、刘洋、陈思秀、邹佳韦、高鹏。由于作者水平有限，书中难免不足之处，欢迎广大读者朋友批评指正。

目 录
CONTENTS

提　高　篇

高 级 篇

基 础 篇

第1章 初识Python

Python是一种高层次的，结合了解释性、编译性、互动性和面向对象的脚本语言。因为其独特的设计，Python具有很强的可读性，相较于传统的编程语言，Python也有自己的语法特色。

本章通过对Python的基本介绍，使读者对这一新兴语言有简单的认知。

要点提示

1）Python的定义。
2）Python语言的特点。
3）自然语言与编程语言的区别。
4）PyCharm运行环境的搭建。

1.1 源码世界的来源

在源码世界里，最为重要的是源码程序，像是音乐家使用五线谱来创造美妙的音乐、建筑师用图纸构造壮丽的蓝图一样，程序员使用源码来创造程序。

下面介绍源码世界的主要人物：

属性：普通系。源码技能：作为源码世界的一员，我可是有着很大用处的，比如在课程学习中我会帮助你们学会各种在源码世界中所用到的技能。像重复执行、坐标、广播、外观、声音、画笔、变化、克隆、列表和素材等，都是以后我要帮助你们学会的“编程魔法”，希望在以后的学习中我们会有更多的接触！

阿短：在源码世界里，我可是当之无愧的男主角。现在就让我介绍一下自己吧。作为主人公，肯定是有着一定主角光环的，虽然现在的我什么都不太了解，但是凭借着勤学好问的精神，加之好朋友编程猫的帮助，我相信自己一定会成为一个优秀的工程师。欢迎同学们来到这个源码的世界，让我们跟着编程猫一起学习吧！

作为阿短的朋友，我会在本章以助教身份帮读者介绍一些基础知识，希望大家在今后的学习中可以共同创造更多的源码程序！

在以后的学习中，大家一定要紧紧地跟着阿短、编程猫和小可的步伐，一起学习。

1.2 探索 Python 的起源

关于 Python 的起源，请大家跟着阿短去追溯该语言的生命历程吧！

阿短的前行目标

- 能根据发展历程图描述出 Python 历史。
- 能阐述 Python 的起源和优势。
- 能描述出 Python 2 与 Python 3 的区别。

1.2.1 绘制 Python 发展历程图

1989 年，Guido van Rossum（吉多·范罗苏姆）为了打发他觉得无聊的圣诞节，用 C 编写了一个程序语言，即 Python 的前身，1991 年 Python 正式诞生。随着时间的流逝，Python 的使用率呈线性增长，在 2011 年的 TIOBE 编程语言排行榜中，其排名首位，Python 的发展历程如图 1-1 所示。

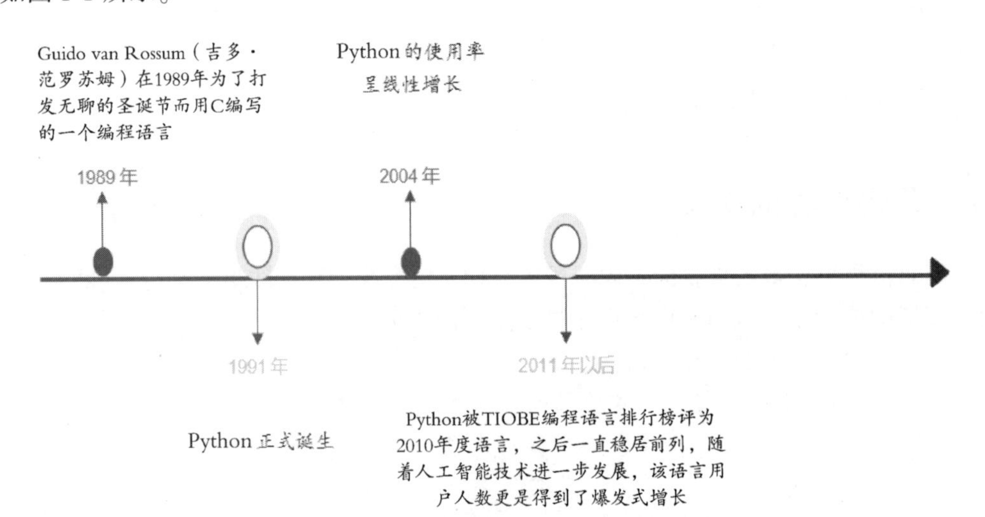

图 1-1　Python 发展历程

1.2.2 训练 1：Python 语言来历

"编程猫，最近听说一个编程语言叫 Python，那是一个什么样的语言？"

"Python 可是很火的，我给你讲讲它的起源吧！"

"自从 20 世纪 90 年代初 Python 语言诞生至今，它已被逐渐广泛应用于系统管理任务的处理和 Web 编程。Python 的创始人为 Guido van Rossum。1989 年，为了打发圣诞节假期，Guido 开始编写 Python 语言的编译器。Python 这个名字，来自

Guido 所挚爱的电视剧 Monty Python's Flying Circus。他将这个新的语言也命名为 Python，从而符合他的理想：创造一种功能全面，易学易用，可拓展的语言。”

“原来是这样，编程猫，我也想学习 Python。”

“好的，我陪你一起学习，体验其中的奥秘。”

1.2.3　训练 2：探索 Python 优势

“编程猫，现在高级语言有那么多，为什么很多人选择使用 Python 编写程序呢？”

“相比其他语言，使用 Python 编写的代码更容易阅读，调试和扩展。因为在很多计算机语言中，Python 是最容易编辑，也是最容易理解的。”

“怪不得现在 Python 这么火，那它是一种什么语言？”

“Python 是解释型语言，但人们常称它为胶水语言。”

“什么是胶水语言？”

“胶水语言的意思就是能够把用其他语言制作的各种模块相互链接，把它们按照模块打包起来。Python 具有丰富而强大的库，最外层使用 Python 调用这些封装好的包，类似于胶水的作用。”

“Python 竟然这么厉害，那我学习以后可以在实际生活中的哪些地方应用它呢？”

“实际生活中应用 Python 的地方很多，比如自动备份你的歌曲；也可以制作网站，很多知名的网站就是用 Python 编写的；当然了，还可以做网络游戏的后台，很多在线游戏后台都是用 Python 开发的。”

“嗯，那我要好好学习 Python，学好 Python 以后可以做什么样的工作？”

“Python 的就业前景是非常好的，可应聘的岗位有运维、Web 开发、应用开发、大数据、数据挖掘、科学计算、机器学习、人工智能和自然语言处理等。”

“就业前景竟然这么好。”

“那是当然了。”

1.2.4　训练 3：区分 Python 2 与 Python 3

“阿短，下楼吃饭了。”

“稍等一下。”

“怎么了，阿短，做什么事情这么入迷?”

“老师今天留了一项作业，问我们 Python 2 和 Python 3 的区别，可是我一点头绪都没有。”

“这个好办，我来告诉你，Python 2 和 Python 3 这两个版本绝大部分是一样的。每种编程语言都会随着新概念和新技术的推出而不断发展，Python 的开发者也一直致力于丰富并强化其功能。大多数修改都是逐步进行的，用户几乎感觉不到。例如：在 Python 3 中 print 从语句变为函数。

Python 2 中‘/’的结果是整型，而在 Python 3 中是浮点型。

Python 2 中字符串以 8-bit 字符串存储，而 Python 3 字符串以 16-bit Unicode 字符串存储。

在 Python 2 中可以通过 file(……) 或 open(……) 打开文件，而在 Python 3 中只能通过 open(……) 打开文件。

在 Python 2 中从键盘输入一个字符串为 raw_input("提示信息")，而 Python 3 中从键盘输入一个字符串为 input("提示信息")。”

“编程猫你真棒!”

“好了，问题解决了，我们一起下楼去吃饭吧。”

1.3 感知 Python 的特点

Python 语言的特点有很多，优点更是数不胜数，下面就跟随阿短一起体会 Python 语言的独特魅力吧!

阿短的前行目标

- 能根据思维导图解释 Python 语言的特征。
- 能阐述“自然语言”和“编程语言”的区别。
- 能阐述并深入了解 Python 的优点和缺点。

1.3.1 Python 思维导图

从 Python 加入中小学课本，可以看出该语言适用的广泛性。Python 是初学者的语言，符合“大脑思维习惯”，易于学习与理解。图 1-2 为 Python 的思维导图，这张图清晰明了地展示了 Python 语言的使用范围与优点。

1.3.2 训练 1：比较“自然语言”与“编程语言”

在对 Python 有了基本的了解之后，阿短和编程猫又展开了更加深入的讨论，让我们来看看他们都说了什么吧。

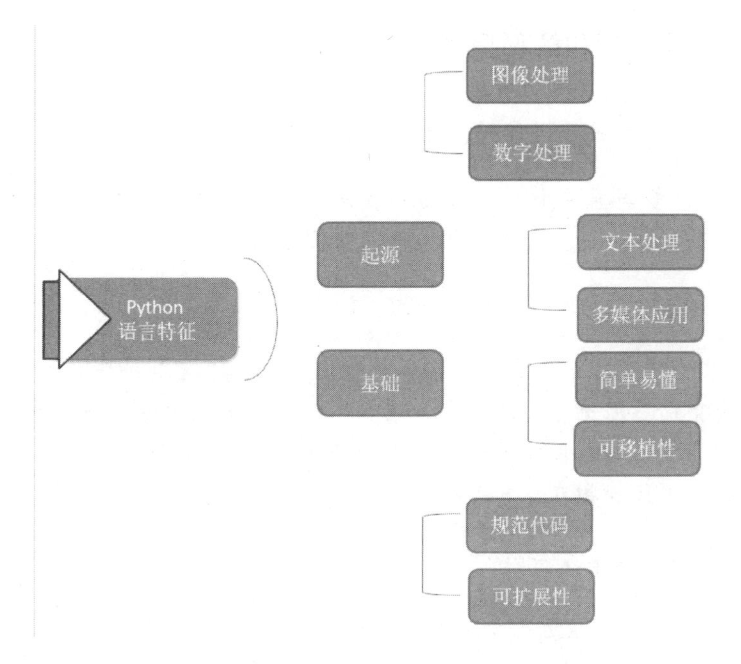

图 1-2　Python 语言应用思维导图

周末，阿短邀请小可去家里做客，可是两个人却因为是“自然语言”重要，还是“编程语言”重要，展开了一场辩论赛。

“我认为自然语言是最重要的，我们每天都是使用‘自然语言’来沟通的。”

“‘自然语言’是重要，但是除了人类，其他的机器听不懂，所以我认为‘编程语言’最重要。”

“你们不要争论了。”

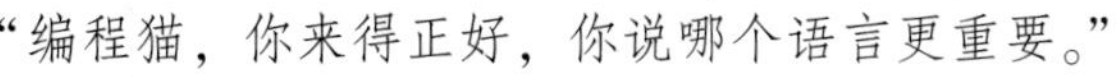

“编程猫，你来得正好，你说哪个语言更重要。”

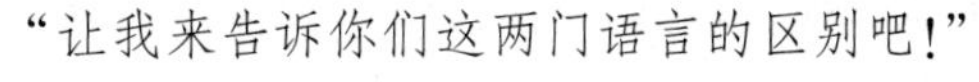

“让我来告诉你们这两门语言的区别吧！”

“二者最大的区别在于，自然语言根据不同的上下文语境，拥有不同的理解。而编程语言是计算机所要依据的指令，所以绝不允许有歧义。编程语言偏理性、逻辑，对象是机器。而自然语言面对的是人。因此，面对的对象不同，运用的语言也就不一样。”

“原来是这样。”

“这样我就知道了，每种语言都有它独特的语法。”

“是，所以‘自然语言’和‘编程语言’一样重要。”

1.3.3 训练 2：探讨编译型和解释型语言

“编程猫，你屏幕上显示的一堆代码，计算机能正确运行吗？”

“当然能了，因为从编写角度看，一般的编程语言可以分为面向过程和面向对象两大类，它们的主要区别在于组织程序语言时侧重点不同。”

“那面向过程和面向对象又是什么呢？”

“面向过程是以指令流程为中心，通过指令处理信息，具体实现的是‘如何做’的问题，并且自顶向下通过各个函数进行组织。而面向对象则是以功能的封装为核心，抽象的对象都有各自的属性和方法（功能），具体实现的是‘谁去做’的问题，并且通过模块间相互交互进行组织。”

“有编写，是不是就应该有运行呢？”

“当然，从运行角度看，编程语言可以分为编译型和解释型。”
“对于编译型语言，翻译与执行是分开的，之后运行程序不需要再翻译，可以直接执行一个.exe 的文件。解释型语言对源程序的翻译与执行一次性完成，不生成可存储的目标代码，边运行边解释的特点也使其运行效率低于纯编译型语言。”

“这么神奇？我好想马上试一试。”

“我们一起去学习，让计算机听懂我们的语言。”

“我已经迫不及待了！”

1.3.4 训练 3：剖析 Python 的缺点

“编程猫，Python 难道就只有优点没有缺点吗？”

“怎么可能呢？Python 也有一些缺点，但是优点还是大于缺点的。”

“那你快告诉我 Python 有哪些缺点。”

“首先，运行速度慢，Python 的运行速度相比 C 语言和 Java 要慢一些，因为它是输入一行解释一行。其次，代码不能加密，因为 Python 是解释性语言，它的源码都是以明文形式存放的，如果要求项目源代码必须是加密的，那么 Python 满足不了你的需求。”
“但是它的优点大于缺点，大家对 Python 的定位是‘优雅’‘明确’‘简单’，所以 Python 程序看上去总是简单易懂。Python 开发效率非常高，语言高级，具有可移植性和可扩展性。”

“什么是可移植性和可扩展性?”

“可移植性就是 Python 可以跨操作平台运行。可扩展性就是可针对一段关键代码运行，并且运行过程会更快，或者如果希望某些算法不公开，可以把部分程序用 C 或 C ++ 编写，然后在 Python 程序中使用它们。”

“怪不得 Python 吸引了这么多人去学习。”

“所以，你更应该好好学习 Python。”

1.4　搭建 Python 的运行环境之海龟编辑器

海龟编辑器是编程猫专门为入门者和青少年开发的一款编程软件，拥有非常整洁的工作界面和超多的模板，入门者和青少年可以通过软件来制作有趣的小游戏，以搭积木的方式学习 Python，降低了学习难度。海龟编辑器的扩展功能强大，支持硬件编程，可以一键安装第三方库。它的使用方法也特别简单易懂，只需轻轻拖出积木，单击右上角的“运行”按钮，即可查看运行结果；单击页面上方的“代码/积木”模式，可以在代码和积木之间一键转换；还可以从海龟库积木盒中拖出积木，单击“运行”按钮，完成一键绘图操作。

阿短的前行目标

- 学习如何在系统中搭建运行环境。
- 用 Python 语言编写第一个程序并在海龟编辑器中成功运行。

1.4.1　关于海龟编译器

海龟编辑器分为在线体验和非在线体验两种。在线体验可以通过浏览器搜索编程猫网页去体验；非在线体验需要在编程猫网页中下载，这样在没有网络时也可以进行编程。

1.4.2　训练 1：初探海龟编辑器

“学习了那么多基础知识，编程猫，什么时候才能开始编程？我已经等不及了。”

“知道你已经等不及了，就让我来告诉你如何安装 Python 进行编程吧！”

步骤一： 在任意浏览器中搜索“编程猫官网”，打开其官方网站，然后进入图 1-3 所示的界面。

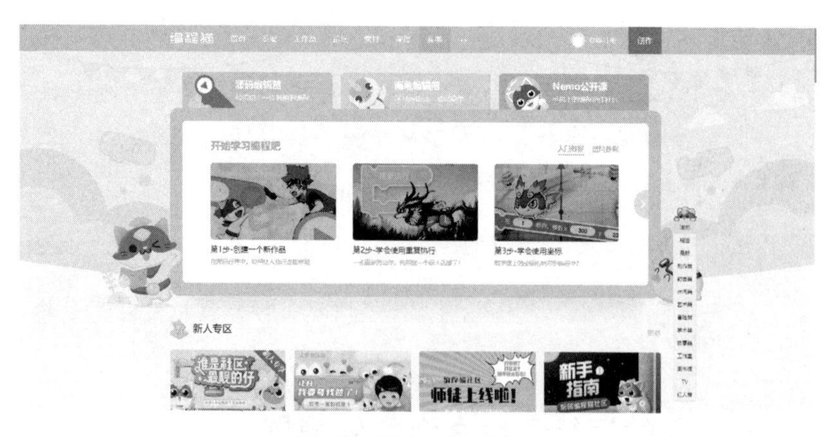

图 1-3　打开编程猫官网

步骤二： 单击编程猫官网上“创作”选项卡，如图 1-4 所示。

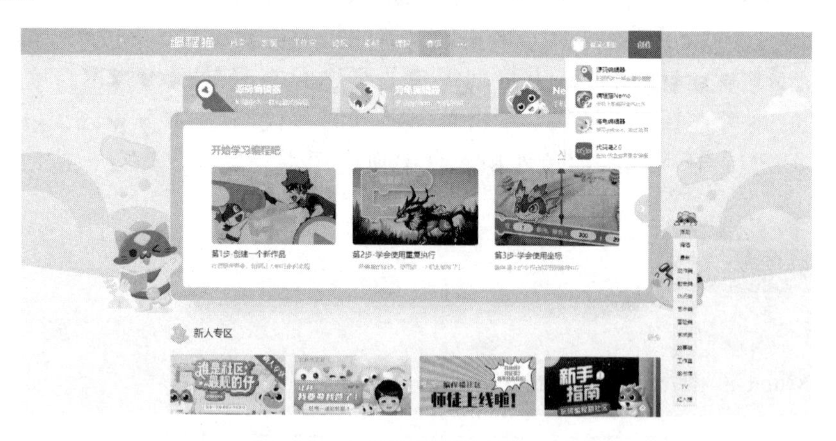

图 1-4　查看编程猫的更多工具

步骤三： 选择“海龟编辑器”选项，将进入图 1-5 所示的界面。

图 1-5　编程猫的在线体验

步骤四： 单击“体验网页版”按钮，并切换至代码模式，我们就可以在其中构建所需的源码世界了，如图 1-6 所示。

图 1-6　体验 Python 并切换至代码模式

步骤五： 要想在离线时也可以使用该编程器，则单击“下载客户端”按钮，如图 1-7 所示。

图 1-7　编程猫的客户端下载

步骤六： 此时会弹出图 1-8 所示的下载并保存文件的对话框，设置将下载的 Python 编辑器保存在计算机中的相应位置（初学者一定要看好储存位置）。

图 1-8　下载客户端

步骤七： 下载成功后，会在桌面出现图 1-9 所示的图标，双击该图标即可启动编辑器。

图 1-9　快捷图标

步骤八： 启动编辑器后会出现图 1-10 所示的对话框，在其中选择 Install Now 选项，安装 Python。

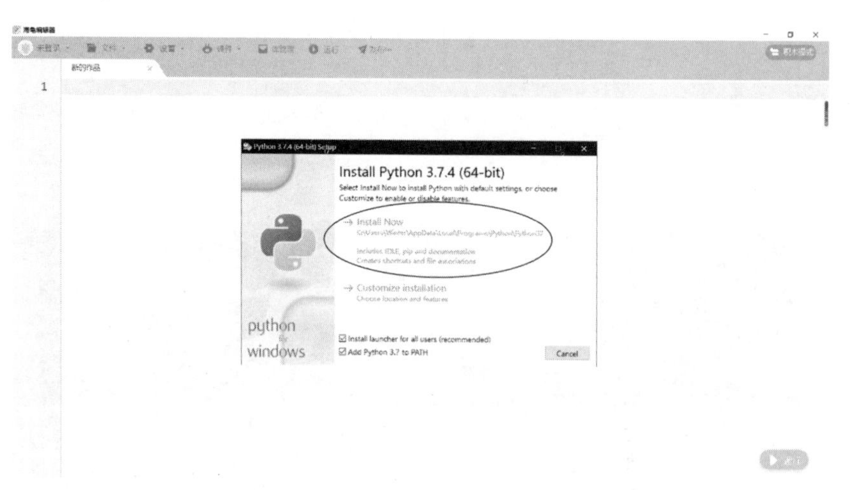

图 1-10　安装 Python

步骤九： 安装结束后会出现 Setup was successful 界面，表示安装成功，如图 1-11 所示。

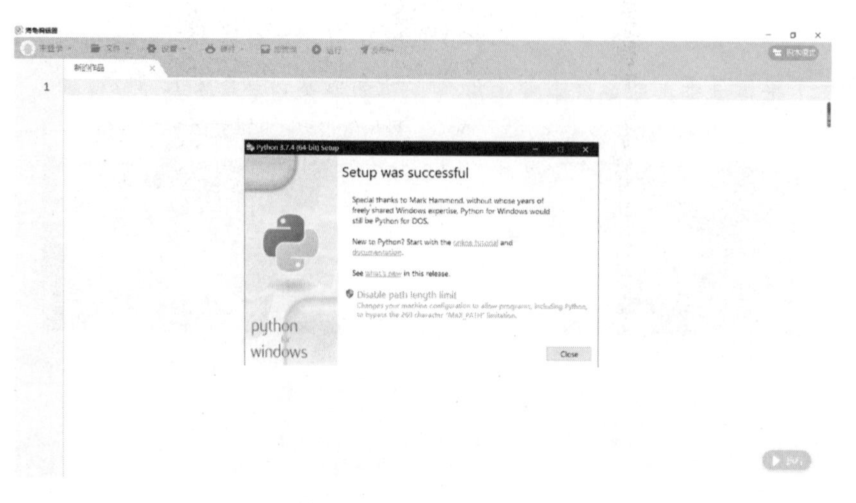

图 1-11　Python 安装成功

步骤十： 完成安装后，会弹出图 1-12 所示的"库管理"对话框，我们可在其中选择所需的库。

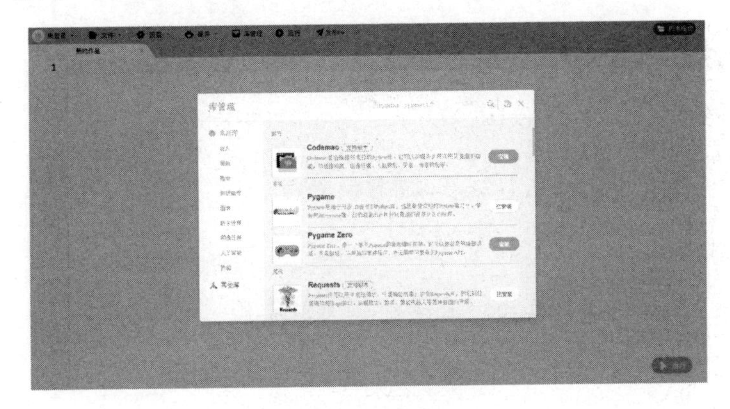

图 1-12　选择对应的库

"好神奇，我第一次发现有这么好玩的东西。"

"既然觉得好玩，那就好好学习，还有更多好玩的内容等着你去发现。"

1.4.3　训练 2：尝试第一个海龟小程序

"编程猫，编辑完语言之后，该如何保存呢？"

"下面让我来告诉你，保存文件的具体操作步骤吧！"

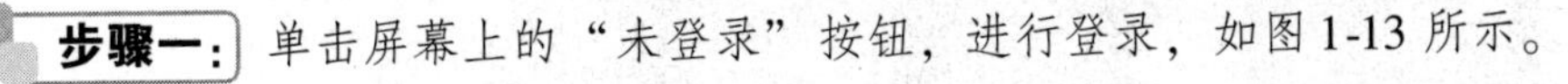

步骤一： 单击屏幕上的"未登录"按钮，进行登录，如图 1-13 所示。

图 1-13　单击"未登录"按钮

步骤二： 在打开的界面注册账号，也可使用 QQ 号或微信号直接登录，如图 1-14 所示。

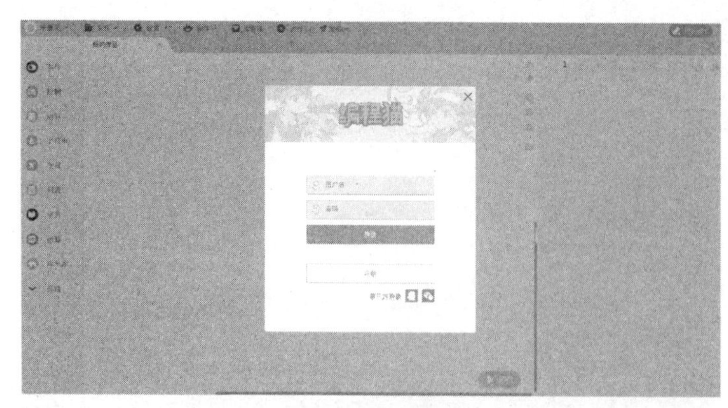

图 1-14　登录账号

步骤三： 代码编辑结束之后，选择图 1-15 所示的“保存”命令。

图 1-15　保存文件

步骤四： 之后通过“打开”命令，可找到之前保存的文件，如图 1-16 所示。

图 1-16　选择“打开”命令

“谢谢编程猫，这样我就不会担心编程结束后不知道怎么保存和找到文件了。”

1.4.4　训练 3：查找编译问题

“阿短，我们一起编写程序吧。”

“我已经迫不及待了。”

步骤一： 首先打开图 1-17 所示的界面，进行程序的编写。

图 1-17　编写程序

步骤二： 单击“运行”按钮，可以看到图 1-18 下侧黑框中提示有程序错误。

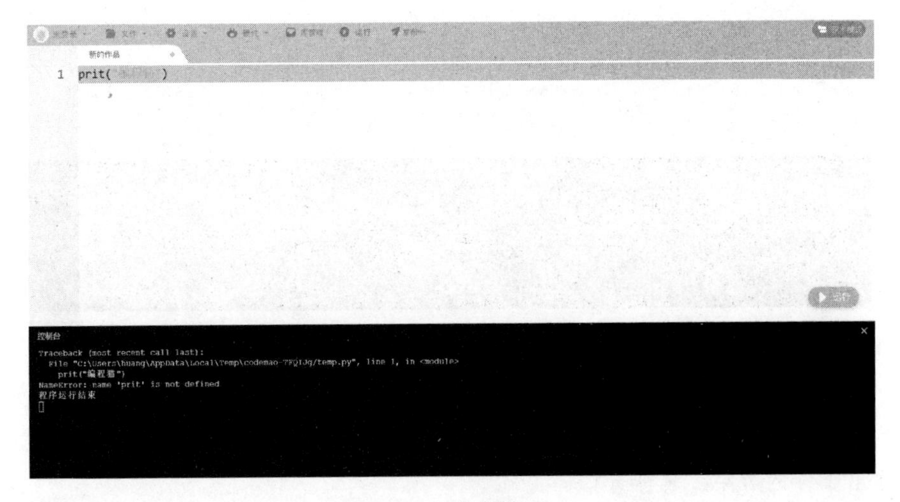

图 1-18　错误提示

“出现错误了，如何解决呢。”

“我们先看一看系统所给的提示。”
“大概意思是告诉我们，在第一行有语法错误”

“那我们一起探寻原因吧。”

“我们发现是因为图 1-19 所示的编程错误，一起来修改内容吧。”

图 1-19　发现并修改错误

步骤三： 单击“运行”按钮，正确输出程序，如图 1-20 所示。

图 1-20　正确运行

“输出了你的名字，真神奇！”

1.5　搭建 Python 运行环境之 PyCharm

阿短的前行目标

- 学习如何在自己的系统中搭建运行环境。
- 用自己所理解的 Python 语言编写第一个程序并在 PyCharm 中成功运行。
- 尝试自己解决搭建 PyCharm 环境中出现的问题。

1.5.1　下载 PyCharm

要安装 PyCharm，则首先从 Python 官网（https：//www. Python. org/）获取安装包，按照编程猫在活动中讲述的安装步骤进行安装，安装成功后就可以在 PyCharm 中编程，并体验编程的快乐了。

1.5.2　训练 1：进入 PyCharm 的新世界

在掌握了一定的基础知识之后，接下来将向大家展示关于 PyCharm 的安装和使用方法，这样一来就算是真正进入编程的世界了。

Windows 系统并非都默认可以正常使用 Python，因此有可能需要对它进行下载和安装，并且还需要下载一个文本编辑器。

步骤一： 要安装 Anaconda3 5.2.0（64 位），则首先单击图 1-21 所示的 Next 按钮开始安装。

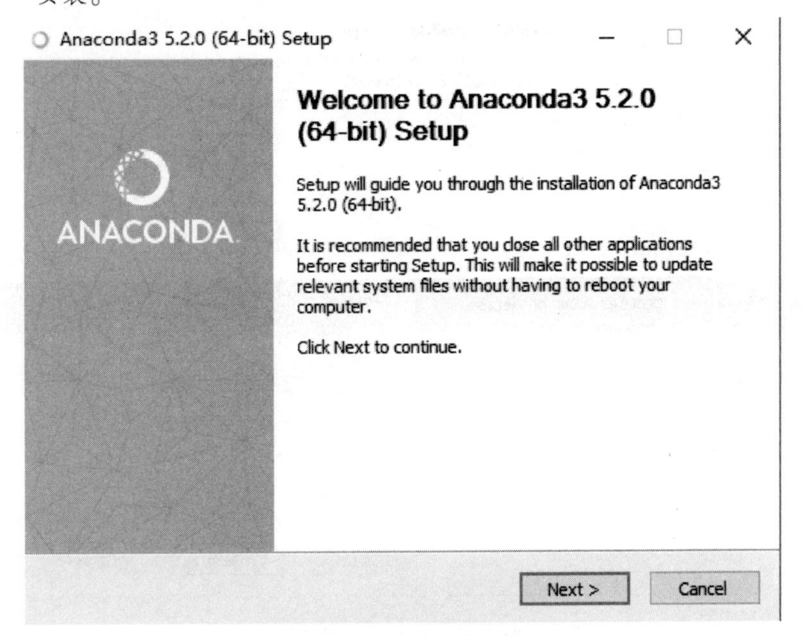

图 1-21　安装开源的 Python 版本

步骤二： 此时将进入图 1-22 所示的 License Agreement 界面，单击 I Agree 按钮。

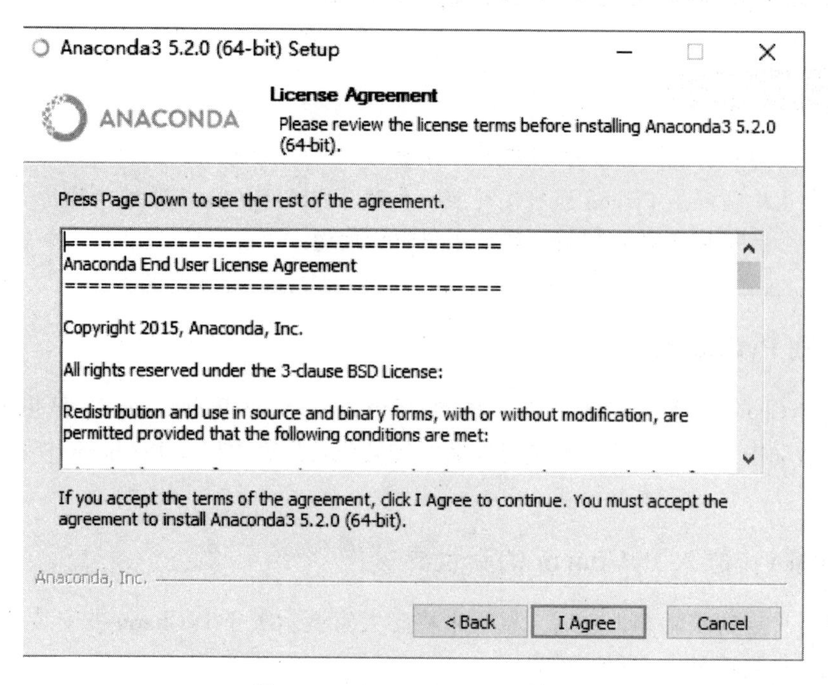

图 1-22　License Agreement 界面

步骤三： 进入图 1-23 所示的 Select Installation Type 界面，选择安装类型。

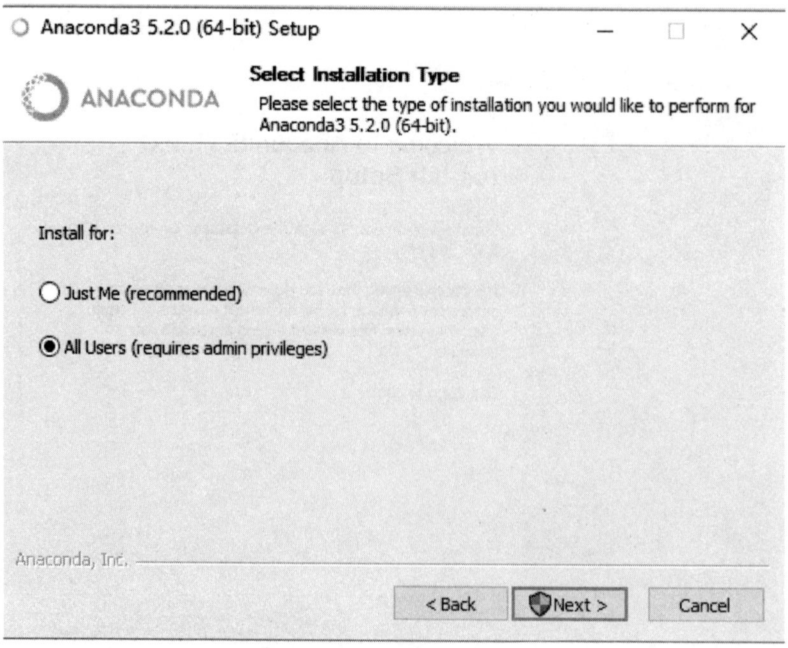

图 1-23　选择安装类型

步骤四： 单击 Next 按钮，进入图 1-24 所示的选择存储位置界面。单击 Browse…按钮，即可选择存储位置。

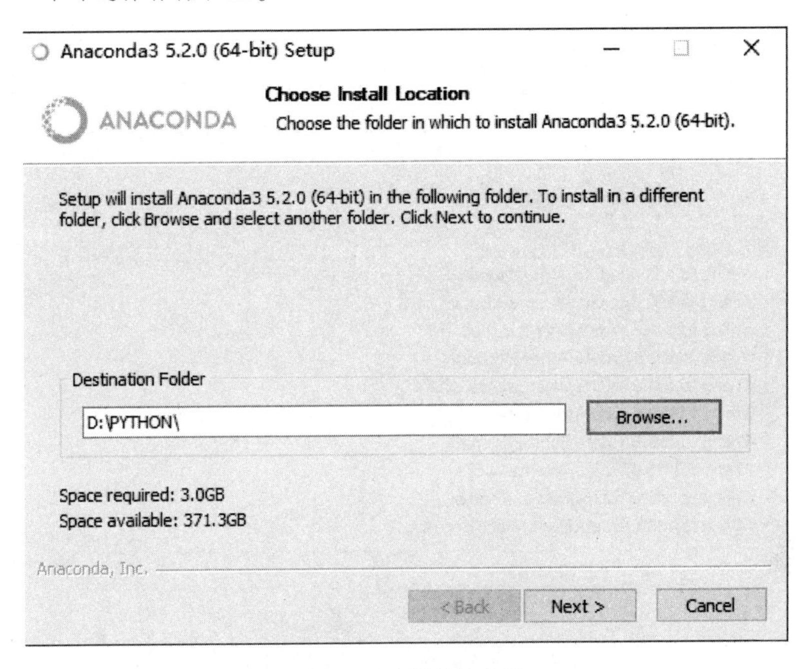

图 1-24　选择存储位置

步骤五： 单击 Next 按钮，进入图 1-25 所示的 Advanced Installation Options 界面，设置 Anaconda3 5. 2. 0（64 位）可使用的功能。

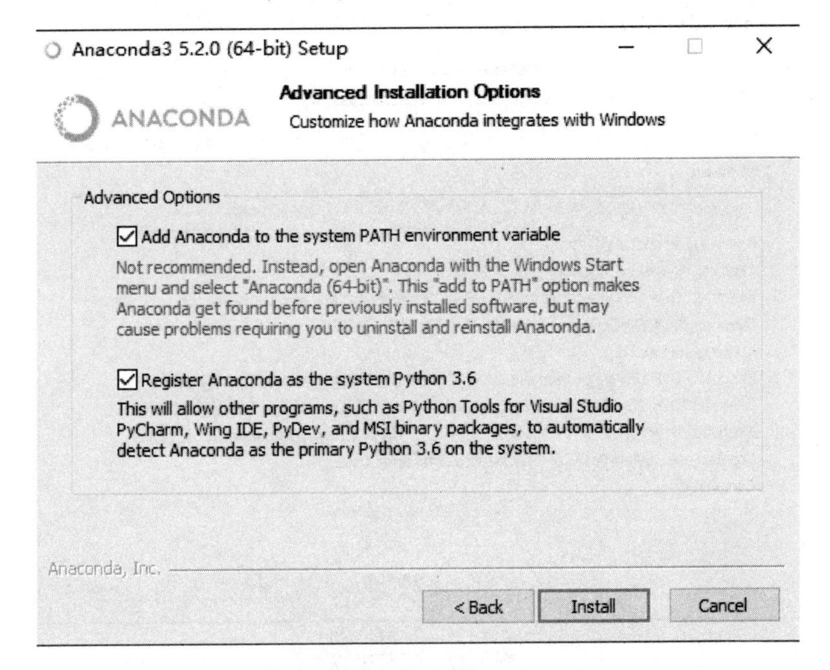

图 1-25　设置软件可使用的功能

步骤六： 单击 Install 按钮，进入图 1-26 所示的安装界面，开始安装 Anaconda3 5.2.0 (64 位)。

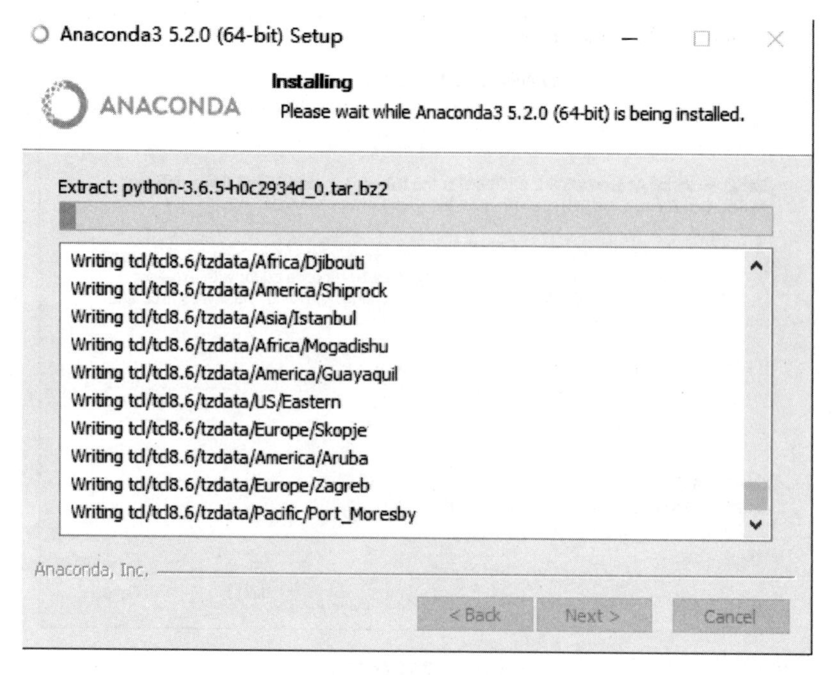

图 1-26　开始安装

步骤七： 出现图 1-27 所示的界面，表示安装完成。

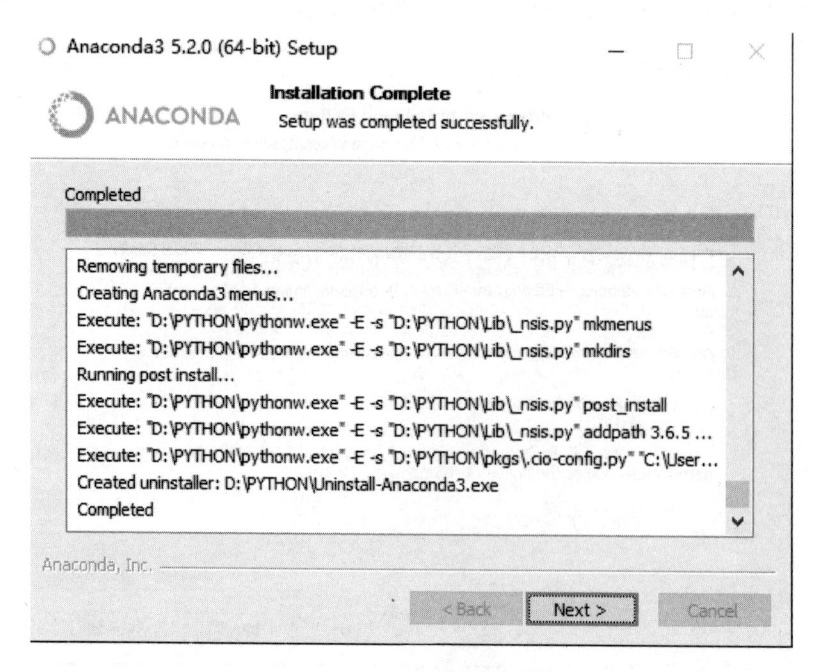

图 1-27　安装完成

步骤八： 单击 Next 按钮，进入图 1-28 所示的安装 Visual Studio Code 界面。安装完 Visual Studio Code 后就可以完成 Python 代码的编辑、智能感知、调试、校验、版本控制等更多功能。

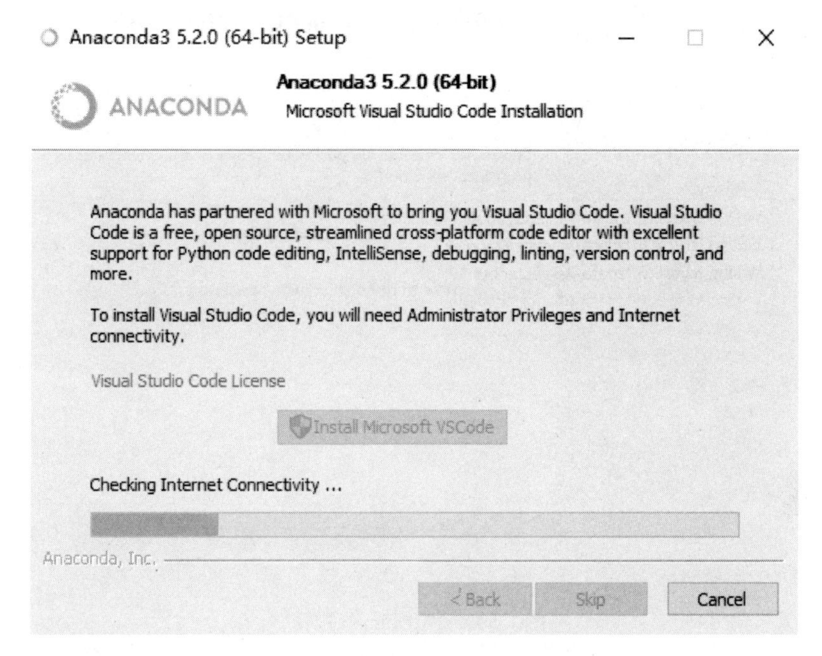

图 1-28　安装 Visual Studio Code

步骤九： Visual Studio Code 安装完成后，单击 Next 按钮，如图 1-29 所示。

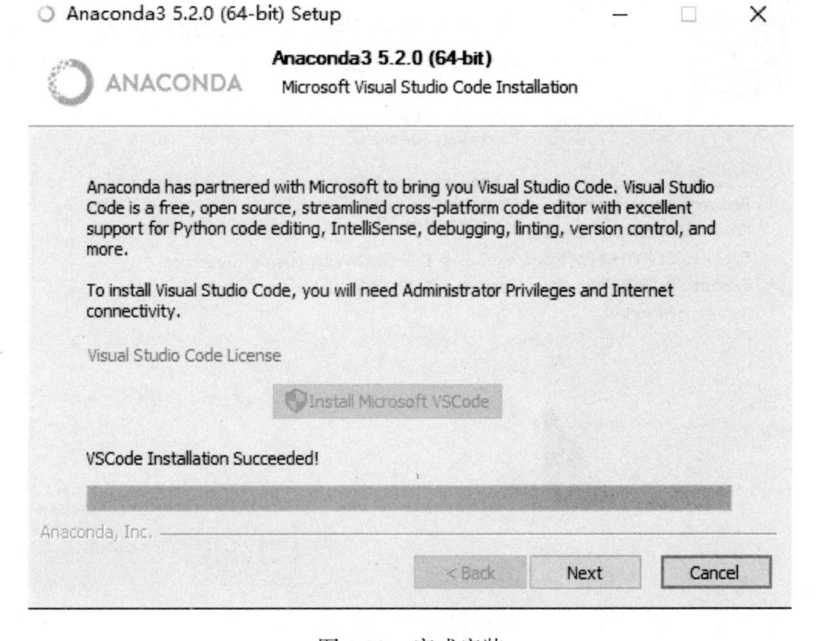

图 1-29　完成安装

步骤十： 安装结束后，将出现图 1-30 所示的感谢安装界面，单击 Finish 按钮。

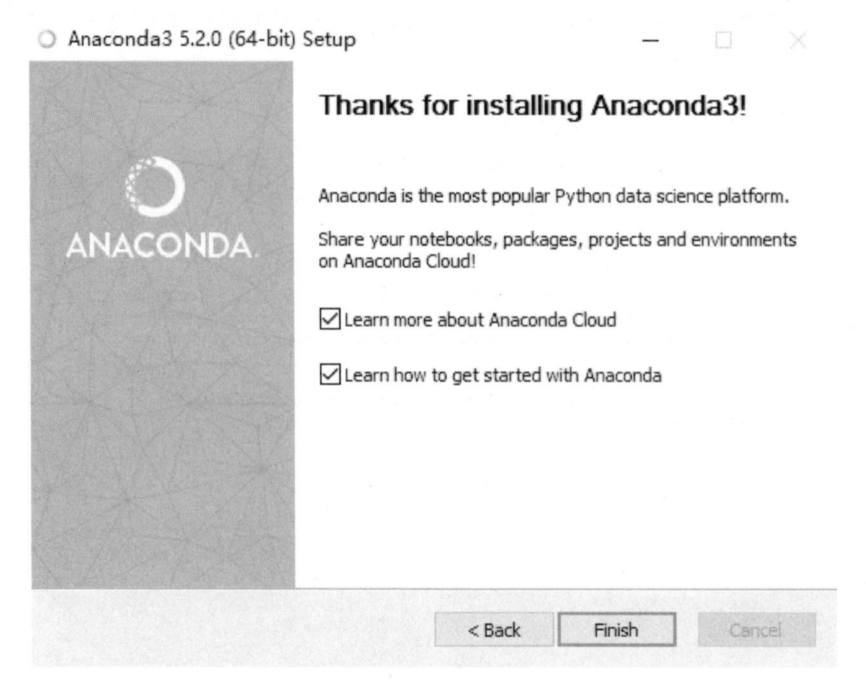

图 1-30　单击 Finish 按钮

步骤十一： 安装 PyCharm，如图 1-31 所示。

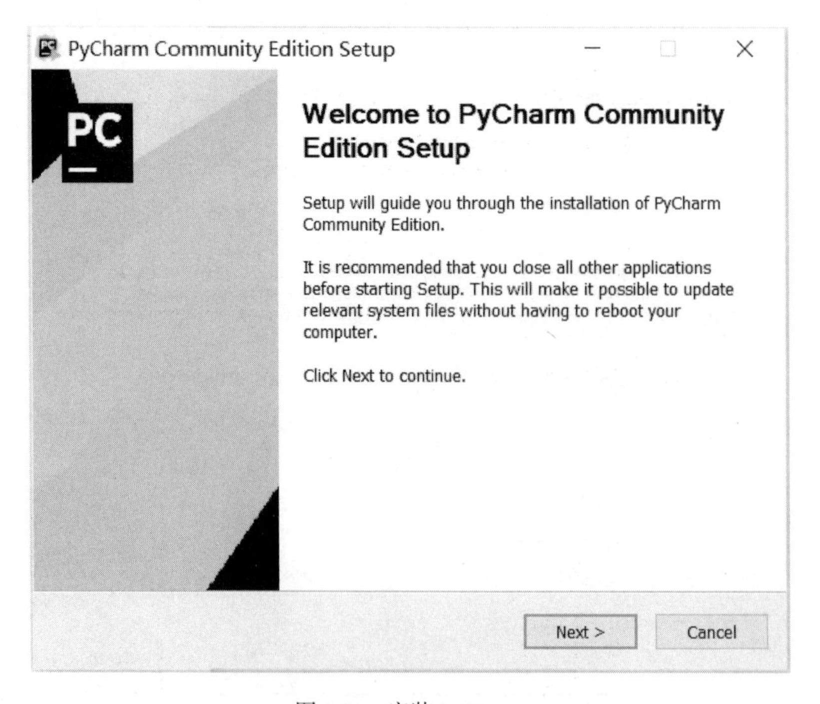

图 1-31　安装 PyCharm

步骤十二： 单击 Next 按钮，进入图 1-32 所示的选择存储位置对话框。单击 Browse…按钮，选择存储位置。

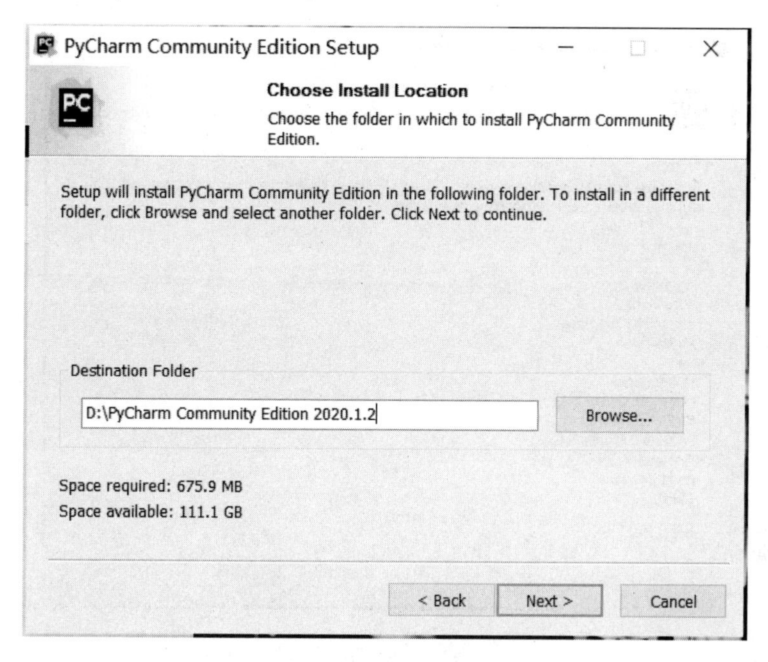

图 1-32　选择存储位置

步骤十三： 根据计算机操作系统，在 Create Desktop Shortcut 选项区中选择 64 位（或 32 位），创建桌面快捷键，勾选 Create Associations 下的 .py 复选框创建关联，选择结束后单击 Next 按钮，如图 1-33 所示。

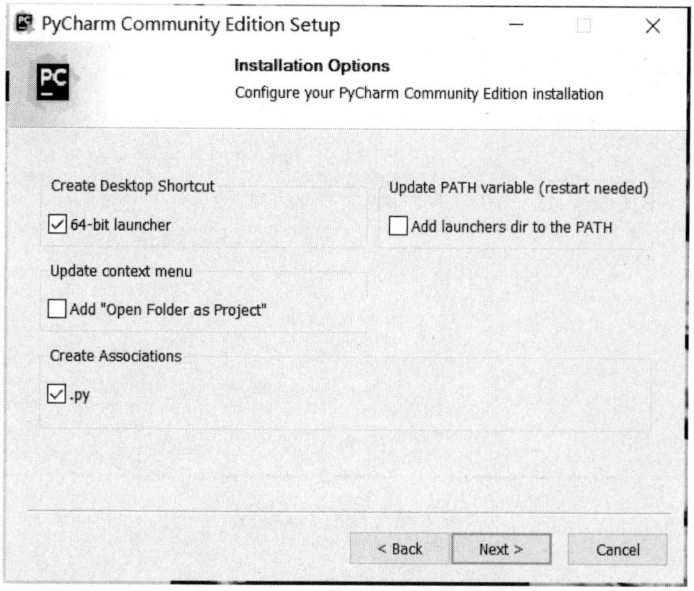

PyCharm Community Edition Setup
Installation Options
Configure your PyCharm Community Edition installation
Create Desktop Shortcut
☑ 64-bit launcher
Update PATH variable (restart needed)
☐ Add launchers dir to the PATH
Update context menu
☐ Add "Open Folder as Project"
Create Associations
☑ .py
< Back　Next >　Cancel

图 1-33　创建快捷方式及关联

步骤十四： 创建快捷方式"开始"菜单文件夹，可以按照图 1-34 所示的步骤输入一个名称，单击 Install 按钮来创建。

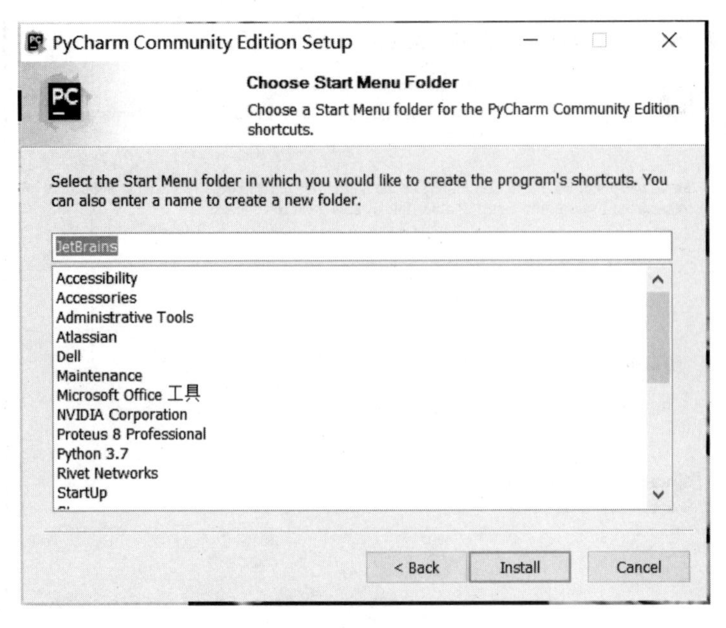

图 1-34　创建快捷方式

步骤十五： 快捷方式创建结束后，开始提取 PyCharm，如图 1-35 所示。

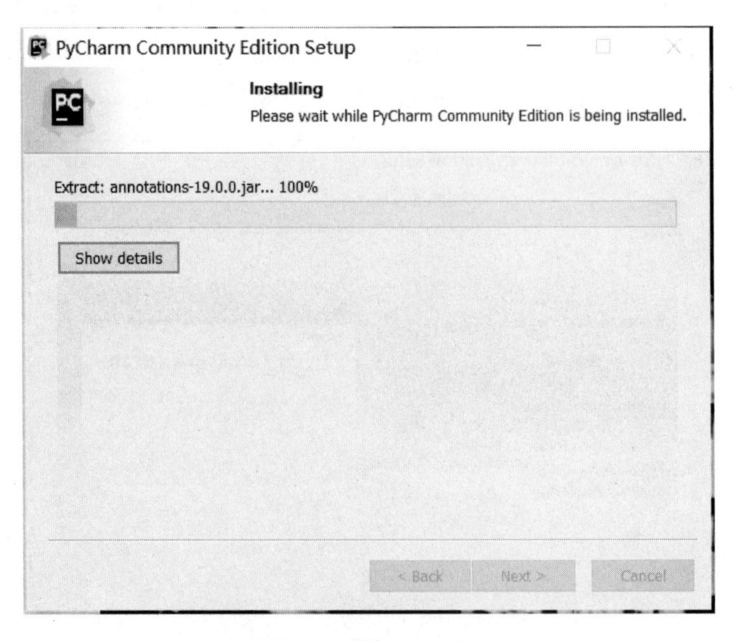

图 1-35　提取 PyCharm

步骤十六： PyCharm 安装完成后，单击 Finish 按钮，如图 1-36 所示。

图 1-36 安装完成

步骤十七： 上一步结束后会出现图 1-37 所示的对话框，此处保持系统默认不进行选择。

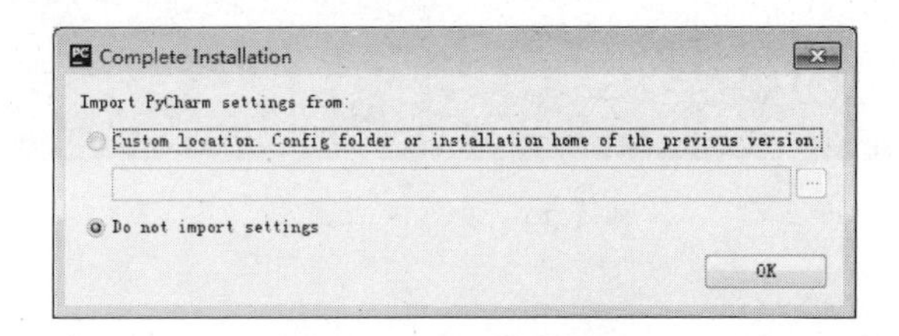

图 1-37 选择进口设置

步骤十八： 在图 1-38 所示的 Set UI theme 界面中选择编辑器的背景颜色。

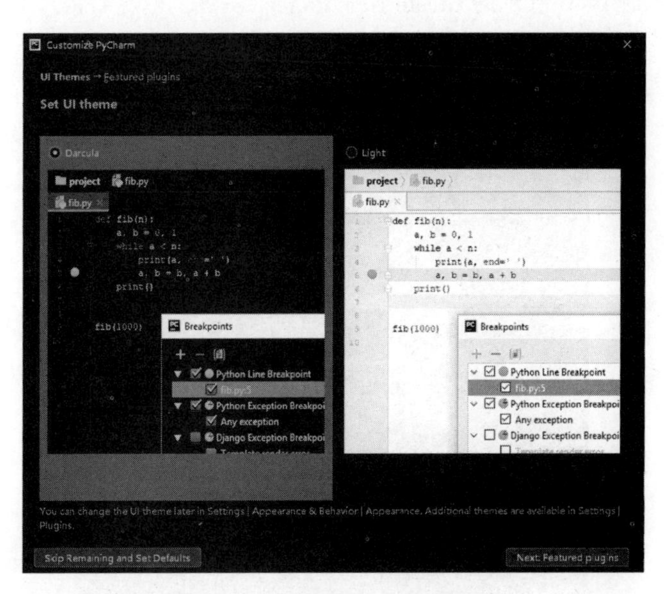

图 1-38 选择编辑器背景颜色

步骤十九： 在图 1-39 所示的界面中选择相关插件。

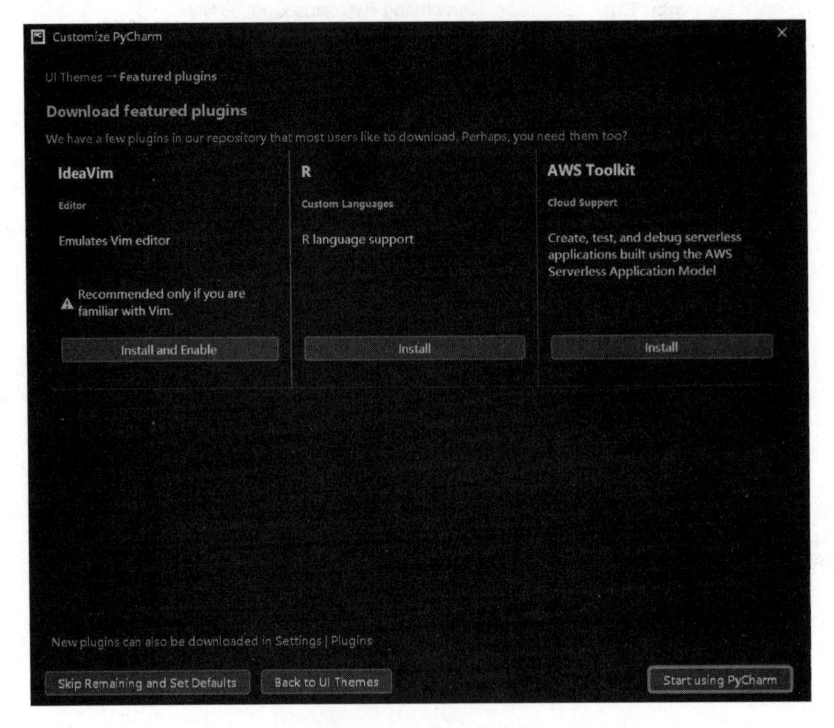

图 1-39　选择相关插件

1.5.3　训练 2：创建 PyCharm 小项目

下面介绍如何使用 PyCharm 创建一个小项目，具体操作步骤如下。

步骤一： 单击图 1-40 所示的 Create New Project 按钮，创建新的项目。

图 1-40　创建新项目

步骤二： 单击图 1-41 所示的 Create 按钮，选择创建项目的存储文件夹的位置。

图 1-41　选择存储文件夹的位置

步骤三： 创建新项目之后，会弹出图 1-42 所示的 Tip of the Day 温馨提示对话框。

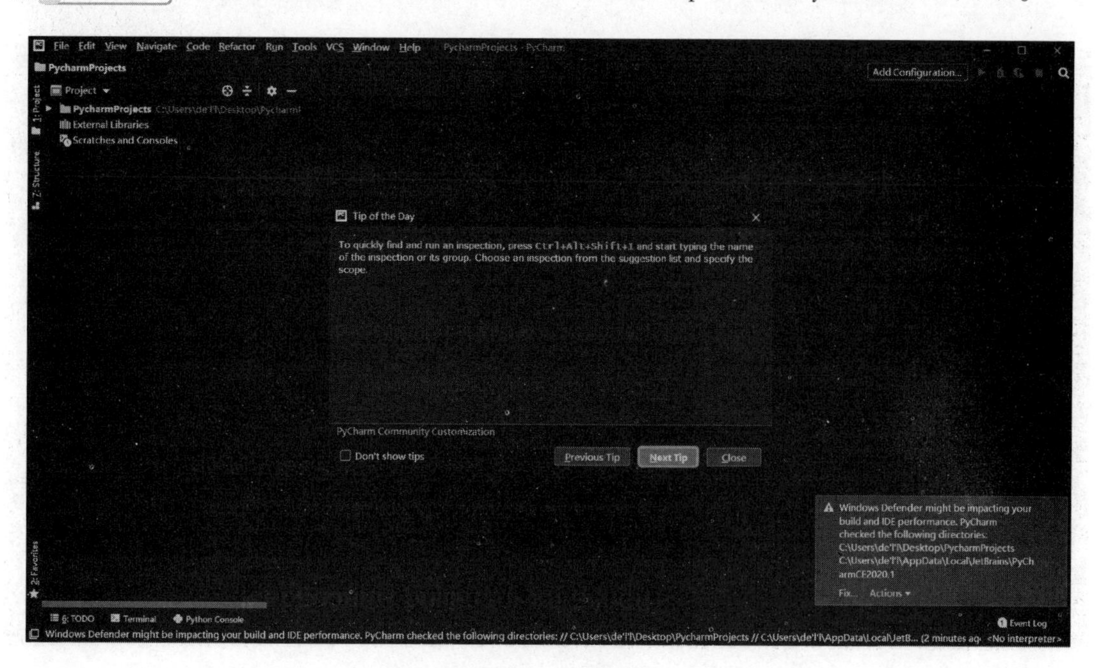

图 1-42　温馨提示

步骤四： 在创建的文件夹上右击，在弹出的快捷菜单中选择 New > Python File 命令，如图 1-43 所示。这样即可创建一个新的文件。

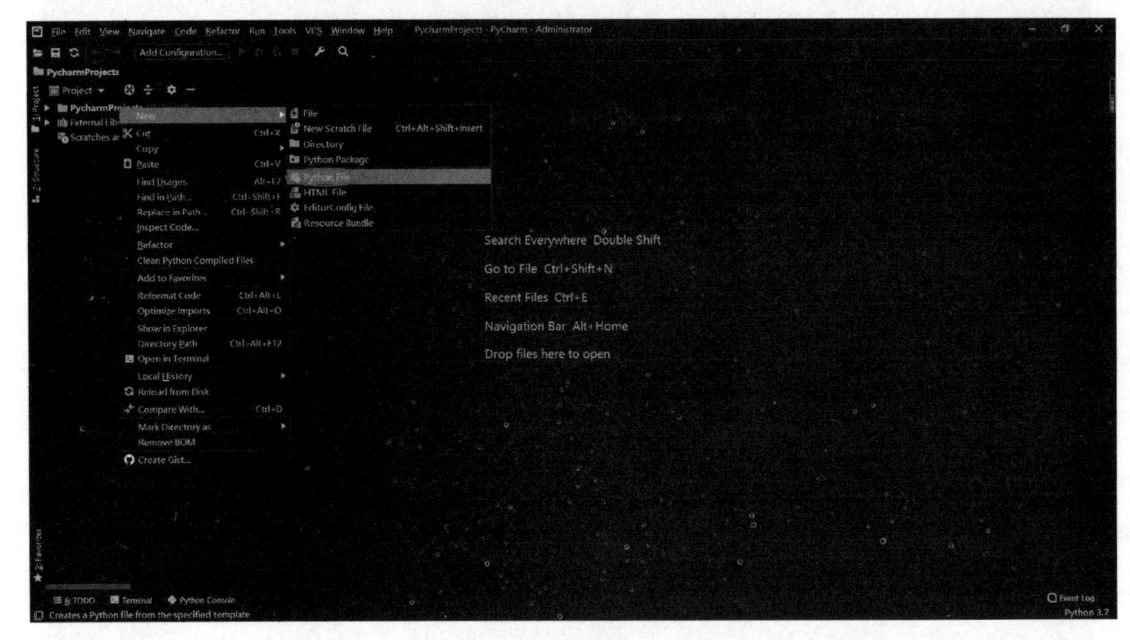

图 1-43　创建文件

步骤五： 此时弹出图 1-44 所示的 New Python file 对话框，在该对话框的文本框中可对文件进行重命名，为了防止出现乱码，文件名称最好是英文。

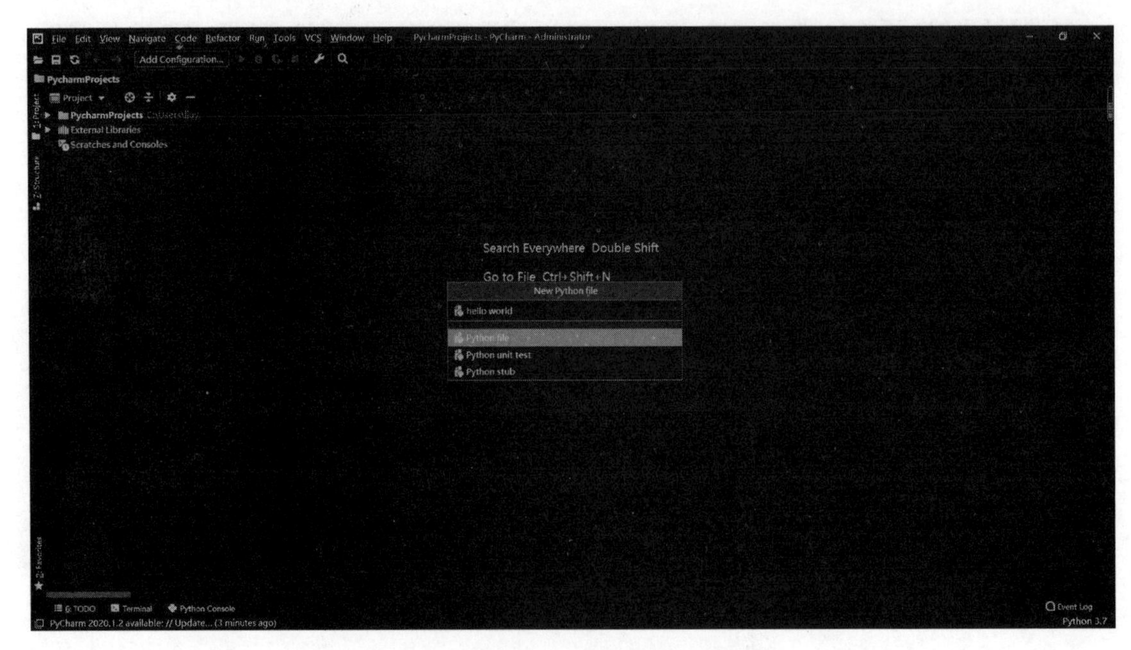

图 1-44　重命名文件

确认后，新建的这个文件就是 Python 文件。我们就可以进行编程了。

第一种方法不知道大家有没有学会呢？下面我们来看看第二种方法。

步骤一： 首先，在桌面上新建一个图 1-45 所示的文件夹，文件夹名称最好为英文。

图 1-45　创建文件夹

步骤二： 打开该文件夹，新建一个文本文档，如图 1-46 所示。

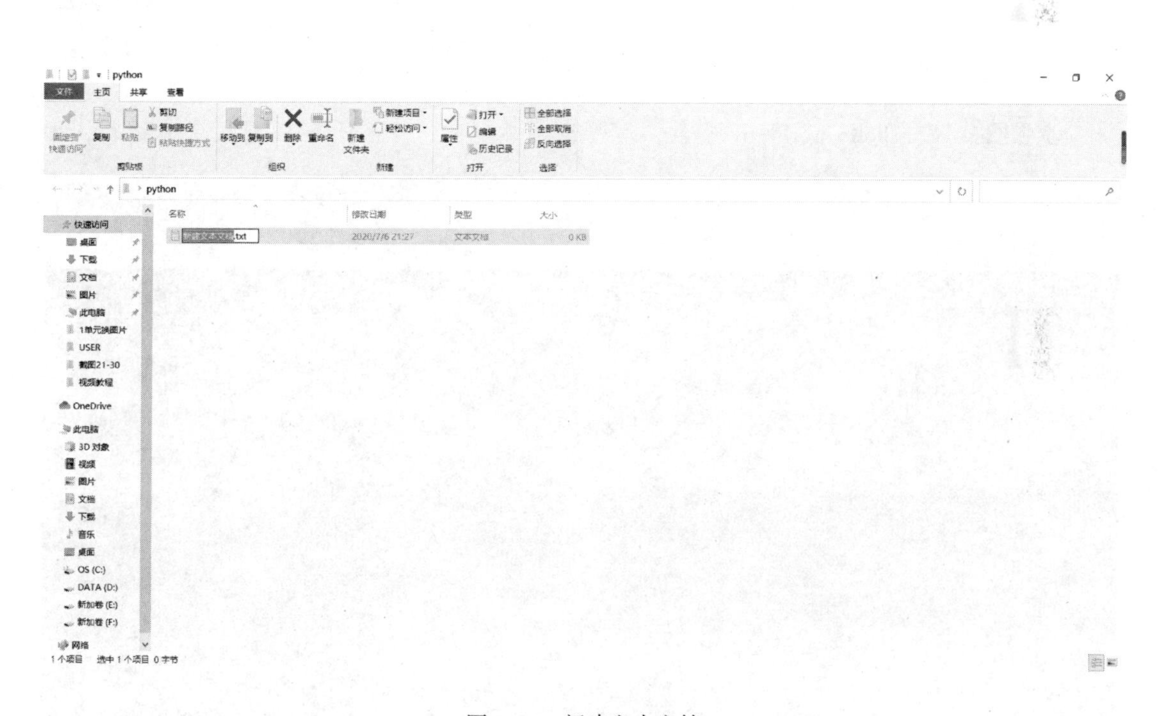

图 1-46　新建文本文档

步骤三： 对文本文档进行重命名，命名为 hello world. py，如图 1-47 所示。之所以是 . py，是因为这是一个 Python 程序，所以编辑器将使用 Python 解释器来运行它。

图 1-47　创建 hello world. py 文件

步骤四： 双击 hello world. py 文件，即可进入编辑器，然后开始编辑程序并运行，如图 1-48 所示。

图 1-48　进入编辑器

1.5.4　训练 3：查找 PyCharm 程序问题

在使用 PyCharm 编程时，难免会遇到程序不能运行的问题，下面为大家演示如何查找 PyCharm 程序问题，具体步骤如下。

步骤一： 打印“hello world”，查看运行结果，如图 1-49 所示。

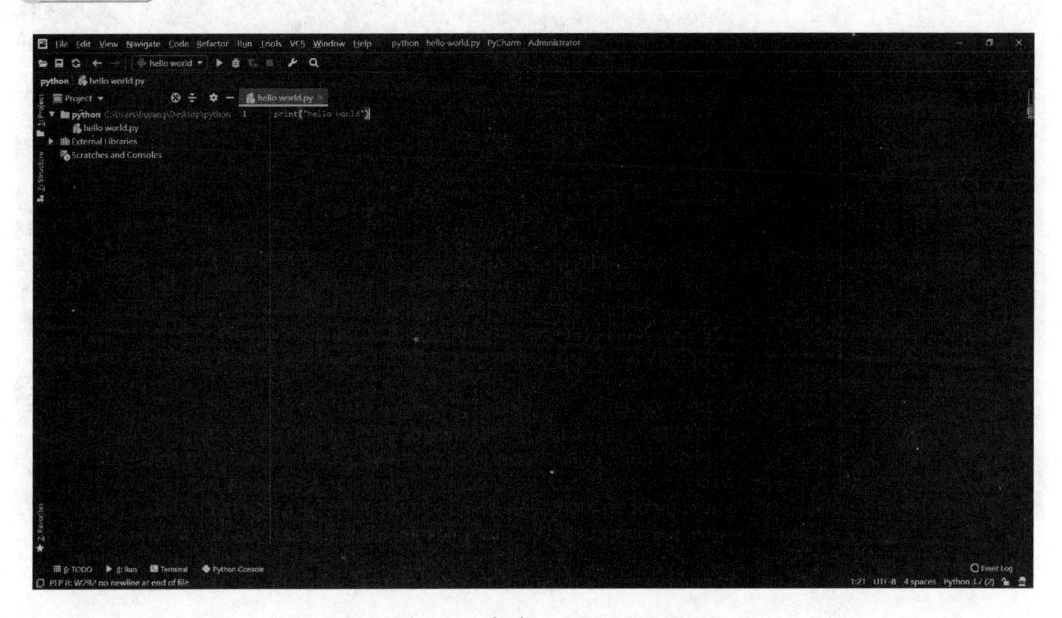

图 1-49　打印“hello world”

步骤二： 编辑之后，单击“运行”按钮，可以看到下方出现了“hello world”文本，如图 1-50 所示。

图 1-50　运行“hello world”

步骤三： 如果程序出现错误，下面会出现粉色的语句，如图 1-51 所示。提示在第某行出现错误。由于“prin”在这里没有定义，所以下面的进程完成并退出后代码会出现错误提示。

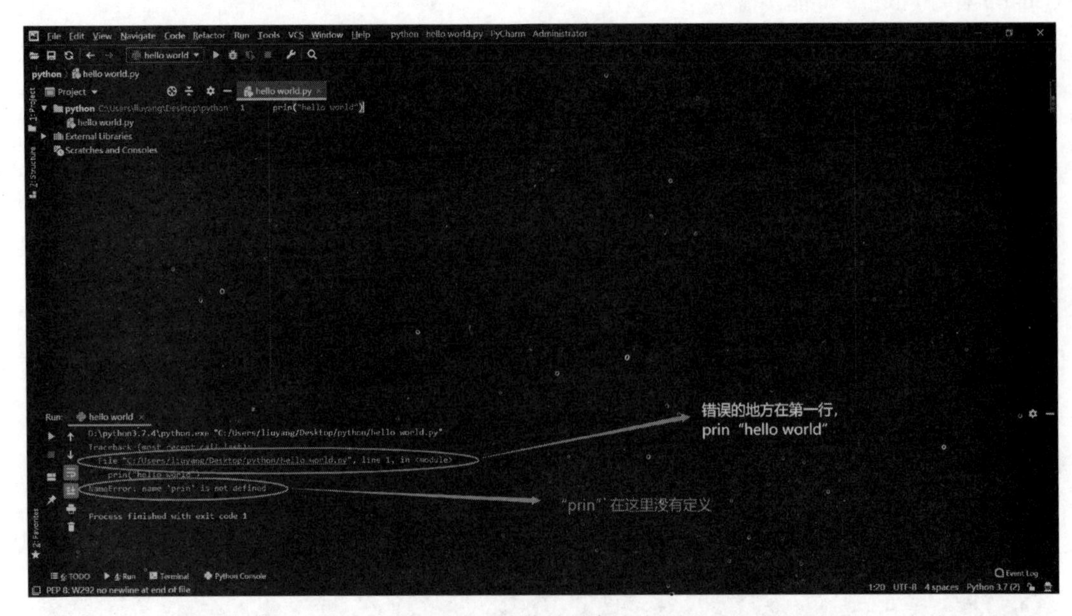

图 1-51　错误提示

1.5.5　训练 4：在 Mac 系统安装 PyCharm

下面介绍如何在 Mac 系统上安装 PyCharm 软件，具体步骤如下。

步骤一： 进入 PyCharm 官网，在 PyCharm：Python IDE for Professional Developers by JetBrains 界面直接单击 DOWNLOAD NOW 按钮进行下载，如图 1-52 所示。

图 1-52　立即下载

步骤二： JetBrains 提供了三个版本的 PyCharm，分别为 Windows、macOS 和 Linux，如图 1-53 所示。在此，选择 macOS 选项，单击 DOWNLOAD 按钮，进行下载。

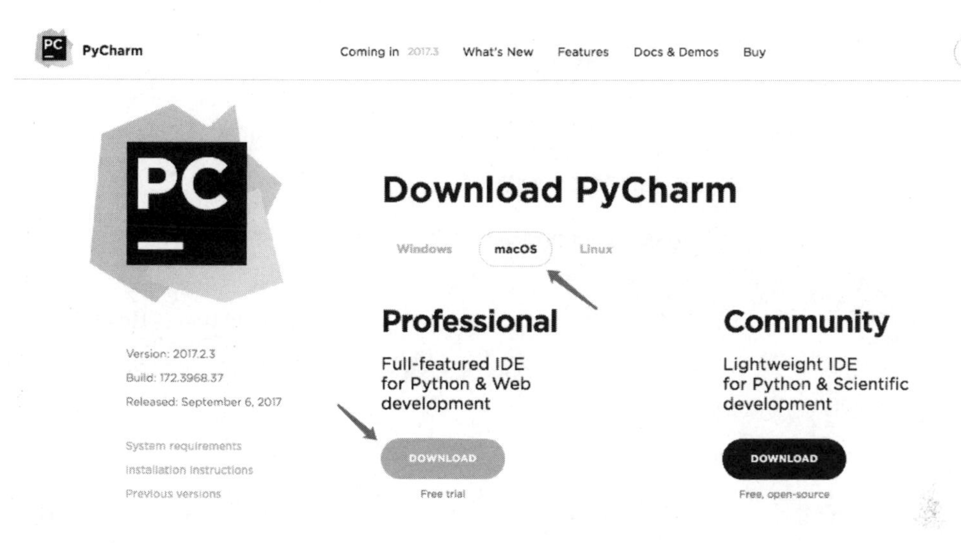

图 1-53　下载安装包

步骤三： 下载完成后，打开安装包，拖拽 PyCharm 图标到文件夹，如图 1-54 所示。

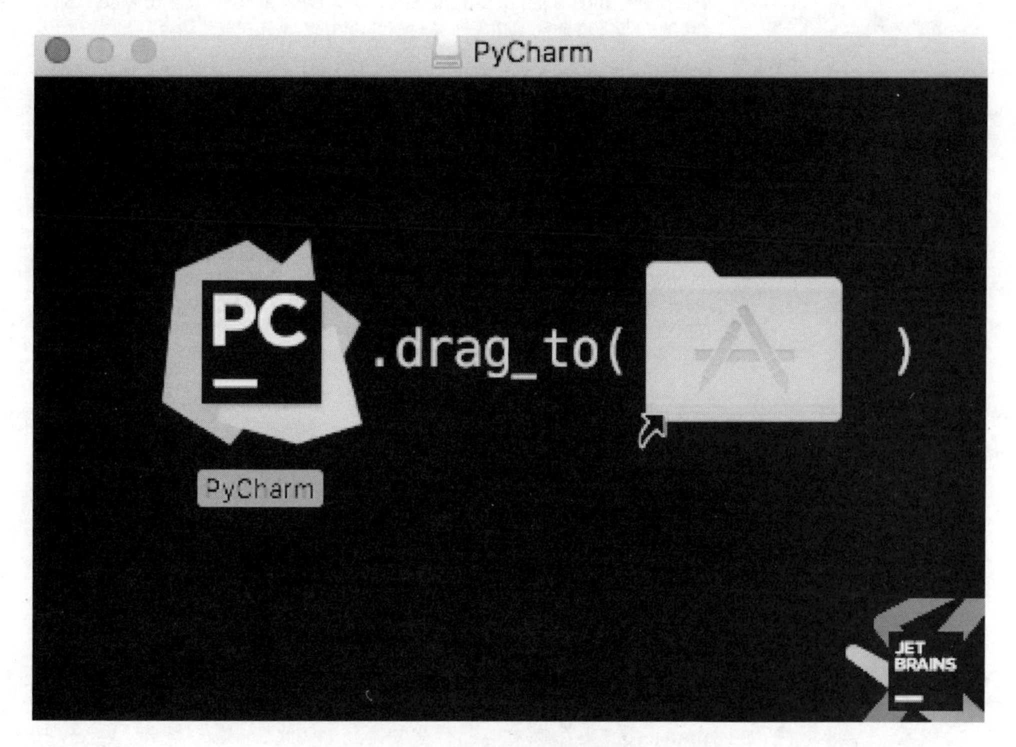

图 1-54　拖拽 PyCharm 图标到文件夹

步骤四： 双击安装包，启动 PyCharm，如图 1-55 所示。

图 1-55 启动 PyCharm 安装包

步骤五： 双击安装包后，将依次进入图 1-56 所示界面，出现 Introduction、Read Me 和 License 等选项，感兴趣的读者可以打开了解一下，否则，连续单击 Continue 按钮即可。

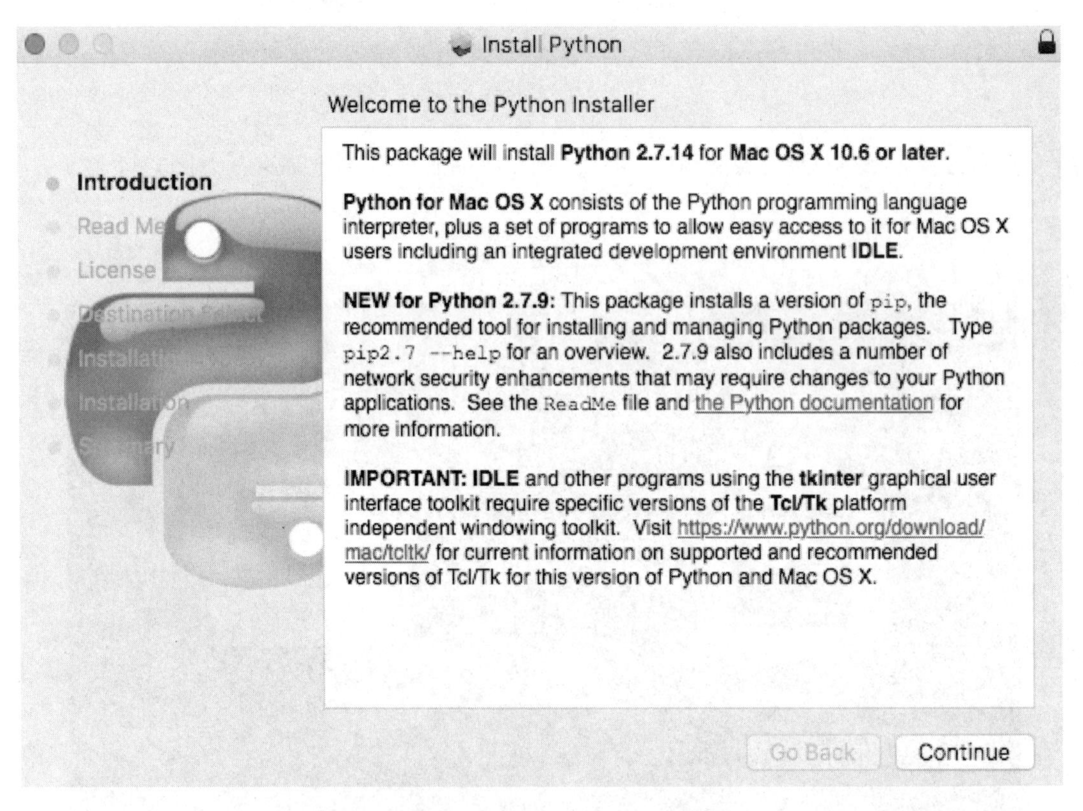

图 1-56 连续单击 Continue 按钮

步骤六： 单击 License 按钮，会弹出图 1-57 所示的许可协议提示框。毫无疑问，既然我们想使用 Python，必须要同意其许可协议。因此，依次单击 Agree 按钮和 Continue 按钮。

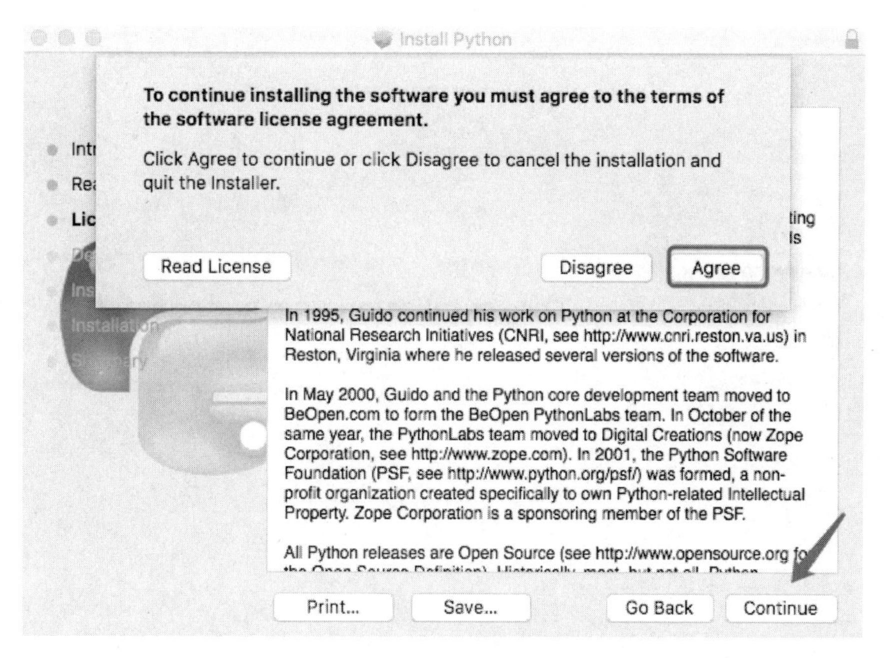

图 1-57　依次单击 Agree 按钮和 Continue 按钮

步骤七： 单击 Continue 按钮后，将进入选择 Python 安装地址的界面，地址默认是 Macintosh HD，也可以自定义。然后等待安装，如图 1-58 所示。

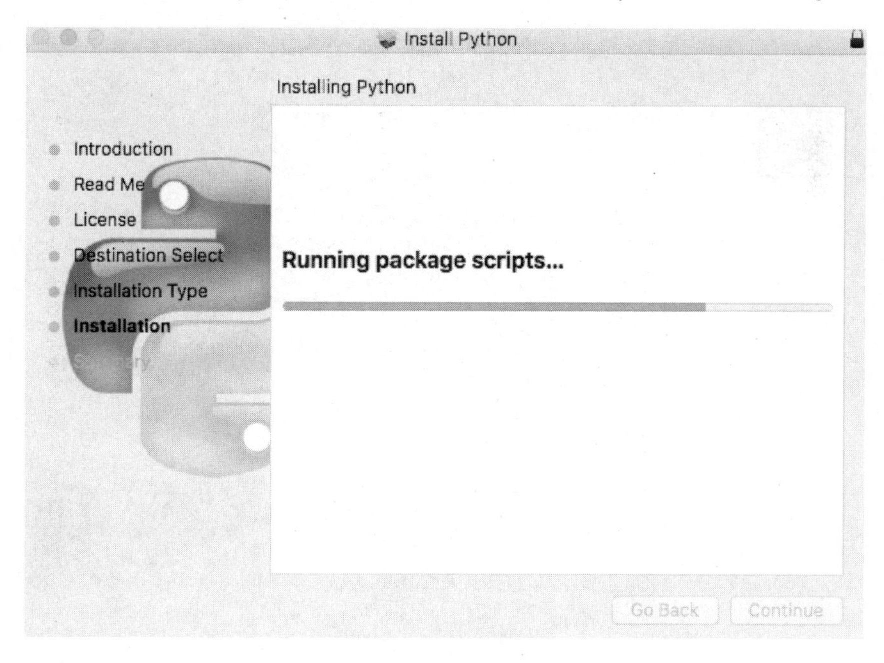

图 1-58　安装进行中

步骤八： 安装结束后将显示图 1-59 所示的界面，至此 Python 安装成功。

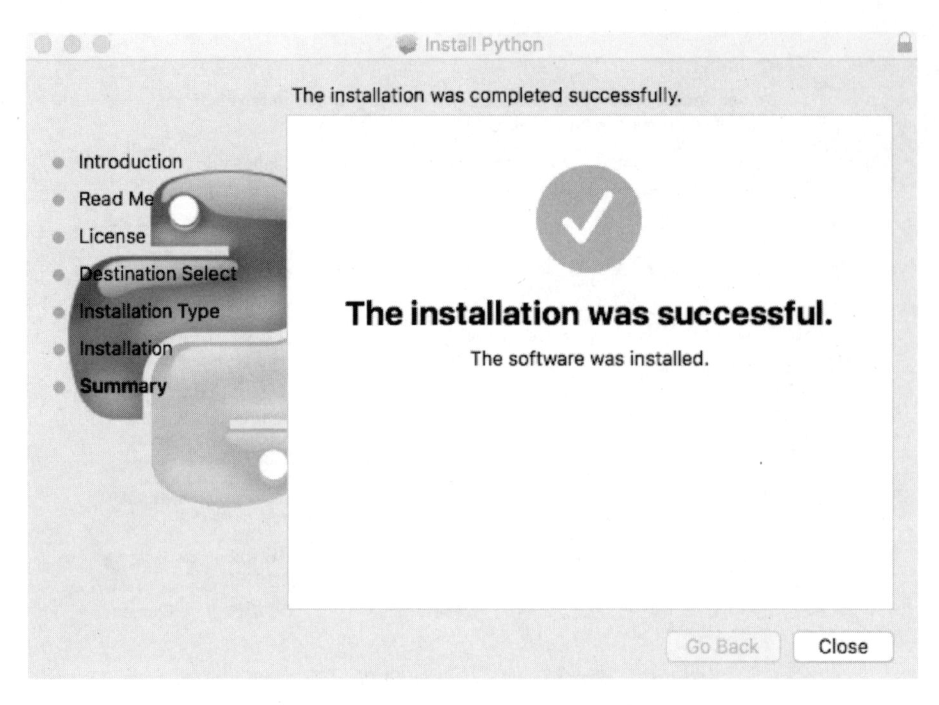

图 1-59　安装完成

步骤九： 打开 PyCharm，如图 1-60 所示。

图 1-60　打开 PyCharm

步骤十： 如果之前安装过 PyCharm 并且保存过配置文件，那么再次安装时，可以导入之前的配置文件。如果是首次安装，则选择 Do not import settings 单选按钮，如图 1-61 所示。

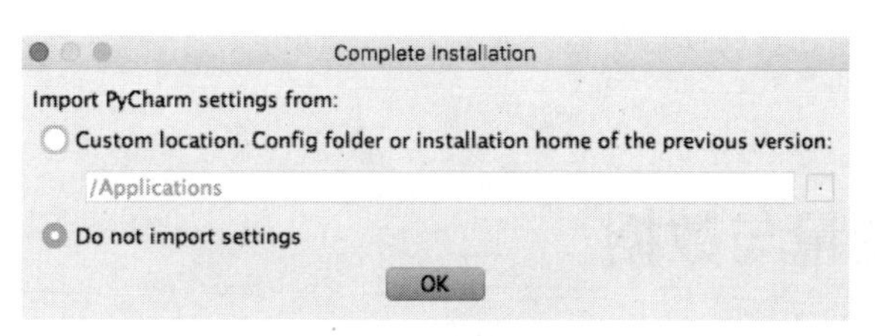

图 1-61　配置文件

步骤十一： 单击 OK 按钮，将出现图 1-62 所示的界面，输入激活码，即可激活 PyCharm。

图 1-62　激活 PyCharm

步骤十二： PyCharm Initial Configuration 包含多个个性化设置，可根据个人需要进行选择，如图 1-63 所示。

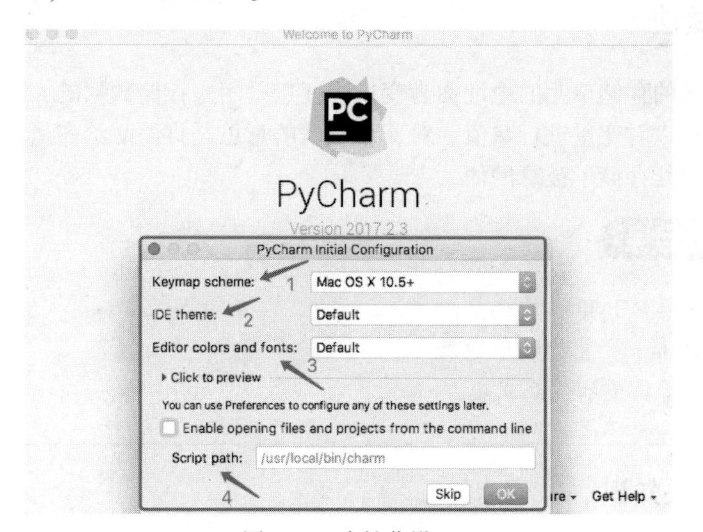

图 1-63　个性化设置

标注 1：键盘 scheme。
标注 2：IDE 主题。
标注 3：编辑器颜色及字体。
标注 4：存储脚本的路径。

第2章

变量与数据

在完成了简单的准备之后，接下来就让我们正式进入 Python 的编程世界吧！但在正式开始前，我们还需要了解一下 Python 中的变量、数据类型、占位符和转义字符。

本章将带领大家学习变量、数据类型、占位符和转义字符等方面的知识，并结合实际代码帮助大家理解和学习。

要点提示

1）变量的定义。
2）变量的命名规则。
3）变量的赋值运算。
4）变量赋值运算的规则和注意事项。
5）变量的数据类型。
6）占位符算法。

2.1 变量魔法

用标识符命名的存储单元的地址称为变量，变量是用来存储数据的，通过标识符可以获取变量的值，也可以对变量进行赋值。对变量赋值的意思是将值赋给变量，赋值完成后，变量所指向的存储单元存储了被赋的值。

阿短的前行目标

- 能描述并解释 Python 的变量。
- 能理解 Python 变量的赋值运算。
- 能掌握变量赋值的注意事项。

2.1.1 变量相关知识

变量，来源于数学，是计算机语言中能储存计算结果或者能表示数值的抽象概念。变量是代表某个数据值的名称，是可变的，可以通过变量名访问数据，方便在程序中使用。

1. 变量的命名规则

1）变量名应见名知意。例如，我们要设计一个关于加法的函数，需要三个变量 addend_one、addend_two 和 addend_sum，而不要用类似 a、b 和 c 这样的表示变量名。

2）定义变量只能包含字母、数字、下划线。变量名可以字母和下划线开头，但不能以数字开头。例如，可以将变量命名为 name_1，但不能命名为 1_name。

3）不能将 Python 关键字与函数名用作变量名。关键字是程序设计语言预留的字符串，有着特定含义，一旦编译器扫描到源文件中某个变量名是用关键字命名的，就会报错。

4）谨慎使用小写字母 l 和大写字母 O，防止被人误认为是数字 1 和 0。

5）变量名不能包含空格，但可以使用下划线来分隔单词。例如，addend_one 是可行的，但变量名 addend one 就会引发错误。

2. 变量的注意事项

1）使用小写的 Python 变量名。在变量名中使用大写字母虽然不会导致错误，但最好使用小写字母作为变量名。

2）创建有意义的变量名。随着编写的程序越来越多，变量的数量也越来越大，为方便查看编写的代码，创建良好的变量名是必要的。

2.1.2　训练 1：加法大作战

学习了关于变量的基本知识之后，阿短找到编程猫，想向他请教关于使用变量的问题。

“既然提到了变量，那么就让我们从最基本的知识开始吧，先看看变量的加法”

```
addend_one = 5
addend_two = 4
addend_sum = addend_one + addend _two
print(addend_sum)
```

程序运行结果为：

```
9
```

“在上面的程序中，我们设置了两个变量，并且为这两个变量赋上了相应的值，接着将两个数相加。最后得到了正确的输出结果。”

“编程猫，如果把加数变量名定义为 1_addend 和 2_addend，会发生什么呢？”

“阿短，这个问题问得好，下面就让我们一起看看吧！”

```
1_addend = 5
2_addend = 4
addend_sum = 1_addend + 2_addend
print(addend_sum)
```

程序运行结果如下。

```
1_addend = 5
SyntaxError: invalid token
Process finished with exit code 1
```

注意：这三行输出的意思是“1_addend = 5”有语法错误，进程结束，退出代码为 1。

2.1.3 训练 2：修改程序错误

“在编程中，每个程序员都会遇到报错，但他们知道如何避免和修改错误，下面就让我们来看一个实例，学习一下如何修改错误吧！”

我们先定义一个变量 message，把“hello，编程猫！”赋值给它，打印变量 mesage（拼写错误的变量名）。

```
message = "hello,编程猫!"
print(mesage)
```

程序运行结果如下。

```
Traceback (most recent call last):
  File "D:/py/untitled/data/daima.py", line 2, in <module>①
    print(mesage)
NameError: name 'mesage' is not defined②

Process finished with exit code 1
```

“接下来让我们进行错误分析。”

①处表示错误出现在第二行，②处表示没有定义“mesage”这个变量，所以我们把变量名重新定义为“message”。

```
message = "hello,编程猫!"
print(message)
```

重新运行程序，结果如下。

hello，编程猫！

2.1.4 训练 3：数据的神奇调换

“阿短，接下来我将向你展现一个转换的魔术。”

“好的，我拭目以待。”

把牛奶、可乐和空杯赋值给杯子 1、杯子 2 和杯子 3。

```
glass_one = "milk"
glass_two = "cola"
glass_three = "empty"
glass_three = glass_one
glass_one = glass_two
glass_two = glass_three
print(glass_one,glass_two)
```

程序运行结果如下。

```
cola milk
```

“阿短，你能看出来我做了些什么吗？”

“我好像看出来了，你是不是将一开始杯子 1 中的牛奶倒入杯子 3，将杯子 2 中的可乐倒入杯子 1，将杯子 3 中的牛奶倒入杯子 2？”

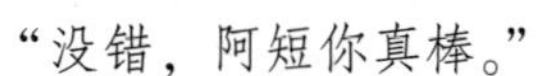

“没错，阿短你真棒。”

2.2　数和字符串

Python 可以处理任意大的整数，包括负整数。浮点数也就是小数，之所以称为浮点数，是因为按照科学计数法表示时，一个浮点数的小数点位置是可变的。整数和浮点数在计算机内部存储的方式是不同的，整数运算永远是精确的（除法也是精确的。），而浮点数运算则可能会有四舍五入的误差。字符串就是一系列字符，在 Python 中，用引号括起的都是字符串，其中的引号可以是单引号，也可以是双引号。

阿短的前行目标

- 能描述并解释 Python 的数据类型。
- 能对 Python 不同的数据类型进行数据处理。

2.2.1　数据类型

Python 中常用的数据类型有整型、浮点型、布尔类型和字符串。我们常常把整型、浮点型和布尔类型归类为简单数据类型。对简单数据类型进行组合，可以得到复合数据类型，列表、元组和字典等复合数据类型不在本节讲述范围内，在后续的教程中会将各复合数据类型进行单独讲解。

1. 整型

整数与数学上写法一致，但有时为了表示方便，也用十六进制表示整数。可对整数进行加、减、乘、除四则运算。

2. 浮点型

Python 将带小数点的数字统称为浮点数。对于浮点数，通常情况下没有什么特别的地方，不过，有时候会遇到非常大或者非常小的浮点数，这时通常会使用“科学计数法”的方式来表示。注意，浮点数与整数不同，它存在上限和下限，如果超出了上下限范围，就会出现溢出问题。

3. 字符串

字符串就是一系列字符。在 Python 中，用引号括起的都是字符串，其中的引号可以是单引号，也可以是双引号。单引号本身也是一个字符，需要用双引号括起来，比如“I ' m OK”包含的字符是 I、'、m、空格、O 和 K 这 6 个字符。

2.2.2　训练 1：初识数字

通过前面的学习，阿短对 Python 的数据类型有了一定的了解，下面编程猫将带领阿短编写相关的活动案例。

“在编程中，我们经常使用数字来记录游戏得分、表示可视化数据、存储 Web 应用信息等。Python 根据数字的用法以不同的方式处理它们。鉴于整数使用起来最简单，下面就先来看看 Python 是如何管理它们的。”

1. 认识整数

在 Python 中，可对整数做加（+），减（-），乘（*），除（/）四则运算。在交互模式 shell 中操作，编码如下。

```
2 +3
5
3 -1
2
3 * 5
15
6/2
3
```

也可以做乘方运算，用“**”表示。

```
3 * * 3
27
```

在 Python 运算中，可以像数学运算一样用( )表示运算的优先级。

```
(5 +3) * 2
16
```

2. 认识浮点数

浮点数和整数一样，也具有相同的加、减、乘、除四则运算，乘方运算以及算术优先级。

```
0.3 + 0.2
0.5
3/2
1.5
```

2.2.3　训练 2：初识字符串

“简单地了解了基本的数的关系之后，接下来就让我们进一步了解关于字符串的知识。”

1. 显示字符串

在 Python 中''或""引出的都是字符串。

```
"asdfghjk"
asdfghjk
"student"
```

```
student
'编程猫'
编程猫
```

由此可以看出，字符串可以是一堆乱码、一个英文单词或者是中文字符。但是如何输入 I ' m OK 这一句英文呢？

我们可以看出单引号本身也是一个字符，如果 I ' m OK 这个字符串还用''引出，Python 将无法识别，这时我们需要用"" 引出这句英文字符串。

```
"I ' m OK"
I ' m OK
```

2. 去掉字符串两头的空格

有的开发人员习惯输入结果的时候添加空格，或者在输入前添加空格，这其实不是好习惯。当然，也有特殊的情况，比如在使用 split( ) 方法的某种情况下，可能会导致某个字符串前后有空格。

这些空格有时候是没用的，Python 会帮助程序员把这些空格去掉，方法如下。

- S. strip( )：去掉字符串的左右空格。
- S. lstrip( )：去掉字符串的左边空格。
- S. rstrip( )：去掉字符串的右边空格。

例如：

```
b = " hello "
b. strip()
'hello'
b
' hello '
```

特别注意，原来的值没有变化，而是返回了一个新的结果。

```
b. lstrip() #去掉左边的空格
'hello '
b. rstrip() #去掉右边的空格
' hello'
```

3. 拼接字符串

用“ + ” 能够连接字符串，此外还有其他方法。

“ + ” 不是什么情况下都能够实现的。比如，将列表（关于列表，后续会详细介绍，它是另外一种类型）中的每个字符（串）元素拼接成一个字符串，并且用某个符号连接，如果用“ + ”，就比较麻烦了。

用字符串的 join( ) 方法拼接字符串，是一个好的选择。

```
b = 'www. itdiffer. com'
c = b. split(". ")
c
['www', 'itdiffer', 'com']
"*". join(c)
```

'www*itdiffer*com'

这种拼接，是不是很简单呢？

不过，需要注意的是，join()是字符串的方法，不是哪个列表（如 ['www','itdiffer','com']）的方法，具体来说是连接字符串符号（也是字符串）的方法，而列表是它的参数。

字符串的方法还有很多，这里不能把所有方法都介绍，但读者完全可以仿照上述流程研究其他方法。

4. 字符编码

字符编码，也称为字集码，是把字集中的字符编码指定为集合中某一对象，以便文本在计算机中存储和通过通信网络传递。常见的例子包括将拉丁字母表编码成莫尔斯电码和ASCII。其中，ASCII 将字母、数字和其他符号编号，并使用 7 比特的二进制来表示这个整数。通常会额外使用一个扩充的比特，以便于以 1 个字节的方式储存。

1）ASCII 码。计算机采用二进制，这是毋庸置疑的。20 世纪 60 年代，是计算机发展的早期，那时候美国定制了一套字符编码，解决了英语字符与二进制之间的对应关系，被称为 ASCII 码。

ASCII（American Standard Code for Information Interchange，美国信息交换标准代码）是基于拉丁字母的一套计算机编码系统，主要用于显示现代英语和其他西欧语言。它是最通用的信息交换标准，并等同于国际标准 ISO/IEC 646。由于万维网使得 ASCII 广为通用，直到 2007 年 12 月，才逐渐被 Unicode 取代。

英语用 128 个符号编码就够了，但计算机不仅仅用于英语，如果用来表示其他语言，128 个符号是不够的。于是其他一些国家，都在 ASCII 码的基础上，发明了更多编码，比如汉字里面有了简体中文编码方式 GB2312，使用两个字节表示一个汉字。

2）Unicode。在编码方式上由于有很多种，于是就出现了“乱码”。比如在电子邮件中，如果发信人和收信人使用的编码方式不一样，那么收信人就只能看乱码了。于是 Unicode 应运而生，看它的名字也应该知道，就是要统一符号的编码。

Unicode（译称万国码、国际码、统一码、单一码）是计算机科学领域里面的一项业界标准。它对世界上大部分的文字系统进行了整理、编码，使得计算机可以用更为简单的方式来呈现和处理文字。

Unicode 伴随着通用字符的标准而发展，同时也以书本的形式对外发表。Unicode 至今仍不断增修，每个新版本都加入了更多新的字符。Unicode 涵盖的数据处理视觉上的字形、编码方法、标准的字符编码，还包含了字符特性，如大小写字母。但 Unicode 也不是完美的，仍需继续改进，具体请查阅《字符编码笔记：ASCII，Unicode 和 UTF-8》

3）UTF-8。Unicode 的实现方式称为 Unicode 转换格式——UTF 的含义。UTF-8 是在互联网上使用最广的一种 Unicode 的实现方式。虽然它仅仅是 Unicode 的实现方式之一，但几乎一统江湖了。

UTF-8 是一种针对 Unicode 的可变字符长度编码，也是一种前缀码。它可以用来表示 Unicode 标准中的任何字符，且其编码中的第一个字符仍与 ASCII 兼容，这使得原来处理 ASCII 字符的软件不用或只需做少部分修改即可继续使用。因此，它逐渐成为电子邮件、网页、其他储存或发送文字的应用中优先采用的编码。

所以，我们在以后 Python 的程序开发中，都要使用 UTF-8 编码。

除了UTF-8之外，或许还会遇到gbk或gb2312，特别是用Windows的开发人员。

看完了一些关于编码的基本知识，再来看看Python中的编码问题。

5. 字符编码

在Python 3中所有字符串都是Unicode字符串，可以用下面的方式来查看当前环境的编码格式。

```
import sys
sys.getdefaultencoding()
'utf-8'
ord("Q")
81
chr(81)
'Q'
```

对于汉字：

```
ord("齐")
40784
chr(40784)
'齐'
```

因为Python 3支持的是Unicode，所以每个汉字都对应一个编码数字。如果在Python 2中，汉字就无法通过ord()得到其编码数字了。

在Python中，字符串有一个encode方法，查看帮助信息如下。

```
help(str.encode)
Help on method_descriptor:
encode(self, /, encoding='utf-8', errors='strict')
    Encode the string using the codec registered for encoding.
      encoding
      The encoding in which to encode the string.
    errors
      The error handling scheme to use for encoding errors.
      The default is 'strict' meaning that encoding errors raise a
UnicodeEncodeError.  Other possible values are 'ignore', 'replace' and
      'xmlcharrefreplace' as well as any other name registered with
codecs.register_error that can handle UnicodeEncodeErrors.
```

使用encode()方法能够将Unicode编码的字符串转换为其他编码，默认是UTF-8。关于编码问题，就介绍到这里吧。在实际编程中，如果遇到编码问题，可以在网络中搜索解决办法。在以后的编程中，我们通常要先声明coding：utf-8。

2.2.4　训练3：happy birthday

"我们经常需要在消息中使用变量的值。例如，庆祝别人的生日，可以在交互模式shell中编写类似于下面的代码。"

```
age = 18
message =“happy” + age + “rd birthday”
print(message)
```

这是一个类型问题，意味着 Python 无法识别你使用的信息，在这个示例中使用了一个整数（int）的变量，但它不知道该如何解读这个值，可能是数值 23，也可能字符 2 和 3。

像上面这样在字符中使用整数时，而且希望 Python 调出这个整数作为字符串。此时可调用函数 str( )，该函数可以将非字符串转换为字符串。

```
age = 18
message = “happy” + str(age) + “rd birthday”
print(message)
```

2.3 图书馆的神秘之书

占位符和转义字符不是 Python 这门语言所独有的，准确地说，这是一个计算机专业词汇。在计算机中，有些字符我们无法手动书写，因此需要借助占位符和转义字符实现。

阿短的前行目标

- 理解并熟练应用占位符。
- 利用编译器将数学运算式转化为 Python 计算式。
- 能使用占位符和转义字符进行程序的编写。

2.3.1 占位符和转义字符

在 Python 中占位符是以百分号开头的，占位符右侧可以追加想要的类型，例如 str 类型或者 float 类型等。在字符串中，总会需要使用一些特殊的符号，此时就需要用转义字符来实现。所谓转义，就是不采用符号本来的含义，而采用另外一种含义。表 2-1 为常用的占位符，表 2-2 为常用的转义字符。

表 2-1 占位符

占 位 符	替换内容
%d	整数
%f	浮点数
%s	字符串

表 2-2 转义字符

转义字符	描 述
\	续行符（在行尾时使用），即一行未完，转下一行
\	反斜杠符号

（续）

转义字符	描　述
\ ′	单引号
\ ″	双引号
\ a	响铃
\ b	退格（Backspace）
\ e	转义
\ 000	空
\ n	换行
\ v	纵向制表符
\ t	横向制表符
\ r	回车
\ f	换页
\ oyy	八进制数，yy 代表的字符，例如：12 代表换行
\ xyy	十六进制，yy 代表的字符，例如：0a 代表换行
\ other	其他的字符以普通格式输出

2.3.2　训练 1：计算 BMI

编程猫看到阿短对 Python 中占位符的使用还不是很明晰，于是便找到阿短，准备用实例帮助阿短更好地理解占位符的使用方法。

“我叫编程猫，今年四岁了，体重为 5kg，身高 0.5m，那么请阿短来计算一下我的 BMI 值（BMI =体重/身高的平方）。”

```
weight = 5
height = 0.5
BMI = weight /(height * * 2)
print(BMI)
```

程序运行结果如下。

```
20
```

“我做得对吗，编程猫?”

“阿短，你真棒!”

2.3.3　训练 2：初识占位符

“我们知道占位符也存在着区别，接下来就让我们学习一下如何在不同的情况下使用相应的占位符。”

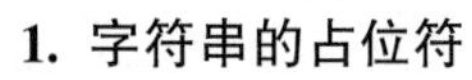

1. 字符串的占位符

```
print(“His name is:%s”%(“编程猫”))
```

```
His name is:编程猫
```

2. 整数的占位符

```
print("He is %d years old"% (4))
He is 4 years old
```

3. 浮点数的占位符

```
print("His height is %f m"% (0.5))
His height is 0.500000 m
```

“以上介绍的三种就是我们常用的占位符，希望能给你带来启发。”

2.3.4 训练 3：阿短的进步之旅

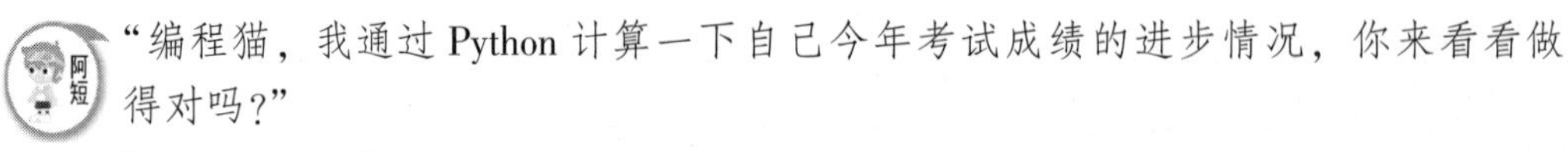

“编程猫，我通过 Python 计算一下自己今年考试成绩的进步情况，你来看看做得对吗？”

```
last_year = 72
this_year = 85
growth_rate = (this_year - last_year) / last_year * 100
print("%.1f%%"%growth_rate)
```

程序运行结果如下。

```
18.1%
```

“我先是将两个成绩赋给两个变量，接着计算提高的百分点并用字符串格式化以'xx.x%'的形式显示，print（"%.1f%%"%growth_rate）就是转换其显示形式的方法。”

“阿短，你做得很好。”

第3章 认识序列

序列是 Python 中最基本的数据结构。序列中的每个元素都分配一个数字——它的位置或索引，第一个索引是 0，第二个索引是 1，依此类推。Python 有 6 个序列的内置类型，但最常见的是列表和元组。序列都可以进行的操作包括索引、切片、加、乘和检查成员。

本章通过对 Python 序列的基本介绍，使读者可以更加深入地学习 Python 语言。

要点提示

1）列表的创建。
2）列表元素的访问和修改。
3）元组和字典的访问和修改。

3.1 list 召唤编程猫家族

在本节中我们主要学习列表，列表作为即将学习的新对象，有着非常强大的功能，也可以说列表就是 Python 中的苦力。学习好列表对未来的 Python 研究有着巨大的帮助，下面让我们开始进行学习吧！

阿短的前行目标

- 明晰如何创建简单的列表,如何操作列表元素。
- 理解操作列表元素的方法。
- 掌握遍历整个列表的方法。

3.1.1 列表

接下来，我们将要学习关于列表的相关知识，主要涵盖了列表的用法、各种索引和切片等。下面让我们先简单了解一下列表的知识吧！

1. 什么是列表

列表是 Python 中使用最频繁的数据类型之一，是由一系列按特定顺序排列的元素组成的。可以将任何东西加入列表中，它支持字符、数字。字符串甚至可以包含列表，其中的元素可以没有任何关系，因为列表通常包含很多数据，所以一般给列表指定复数的名称（如 names、letters 等）。鉴于不能像修改列表那样修改字符串，因此有些情况下使用字符串来创建列表是很有帮助的。

在 Python 中，用方括号［］来表示列表，并用逗号来分隔其中的元素。

2. 什么是索引

使用索引可以快速访问数据库表中的特定信息。索引是对数据库表中一列或多列的值进行排序的一种结构，如果要按姓查找特定职员，与必须搜索表中的所有行相比，索引会帮助您更快地获得该信息（索引从 0 开始）。例如：

```
['编程猫','强袭编程猫','阿短','小可']
0 1 2 3
```

3. 如何访问列表元素

列表是有序集合，因此要访问列表中的任何元素，只需要将该元素的位置或索引告诉 Python 即可。要访问列表元素，可指出列表的名称，再指出元素的索引，并将其放在方括号内。

在 Python 中，第一个列表元素的索引为 0，而不是 1，在大多数编程语言中都是如此，这与列表操作的底层实现相关。根据这种简单的计数方式，要访问列表的任何元素，都可将其位置减 1，并将结果作为索引。并且可像使用其他变量一样使用列表中的各个值。例如，你可以使用拼接根据列表中的值来创建消息。

4. 在列表中以及列表末尾添加元素

由于创建的大多数列表都是动态的，这意味着列表创建后，将随着程序的运行需要增删元素。

修改列表元素的语法与访问列表元素的语法类似。要修改列表元素，可以指定列表名和需要修改的元素的索引，再指定该元素的新值。

可能出于众多原因要在列表中添加新元素，例如，你可能希望游戏中出现新的外星人、添加可视化数据或给网站添加新注册的用户。Python 提供了多种在现有列表中添加新数据的方式。在列表中添加新元素时，最简单的方式是将元素附加到列表末尾，也可以根据需要在列表中添加元素。

5. 从列表中删除元素

根据实际开发需要也可以从列表中删除一个或多个元素。例如，玩家将空中的一个外星人射杀后，需要将其从存活的外星人列表中删除；当用户在你创建的 Web 应用中注销其账户时，需要将该用户从活跃用户列表中删除。你可以根据位置或值来删除列表中的元素，需要使用 del 语句。

有时候，你需要将元素从列表中删除，并且还需要使用它的值，可以使用方法 pop()。例如，你可能需要获取刚被射杀的外星人的 x 和 y 坐标，以便在相应的位置显示爆炸效果；在 Web 应用程序中，你可能要将用户从活跃成员列表中删除，并将其加入到非活跃成员列表中。使用 pop()方法可以删除列表中任何位置的元素，只需在括号中指定要删除的元素的索引即可。

有时候，你不知道要从列表中删除的值所处的位置，只知道要删除的元素的值，可使用方法 remove()。

6. 组织列表

在创建的列表中，元素的排列顺序常常是无法预测的，因为你并不能控制用户提供数据的顺序。这虽然在大多数情况下都是不可避免的，但你经常需要以特定的顺序呈现信息。有时候，你希望保留列表元素最初的排列顺序，而有时候又需要调整排列顺序。Python 提供了很多组织列表的方式，可根据具体情况选用。使用方法 sort( ) 能够较为轻松地对列表中元素进行排序；要保留列表元素原来的排列顺序，同时以特定的顺序呈现它们，可使用函数 sorted( )；要反转列表元素的排列顺序，可使用方法 reverse( )；使用函数 1en( ) 可快速获取列表的长度。

3.1.2 训练 1：简单操作列表

在本次训练与活动中我们主要针对列表的相关知识进行操作与训练，目的是了解并掌握对于 Python 中列表的内容，对于后续学习 Python 打好基础。

本活动主要对创建列表、访问列表元素、索引、使用列表元素进行介绍。

1. 创建一个列表

"编程猫，咱们什么时候去认识列表。"

"别急，先创建一个列表。"

现在创建一个关于"自行车"的列表，下面是一个简单的示例，首先在 PyCharm 文本编辑器中输入代码如下。

```
Bicycles = ['trek','cannondale','redline','specialized']
print(Bicycles)
```

现在让 Python 将列表打印出来，Python 打印列表的内部包括方括号，结果显示如下：

```
['trek','cannondale','redline','specialized']
```

2. 访问列表元素

现在从列表 Bicycles 中，提取第一款自行车，在 PyCharm 文本编辑器中输入如下代码。

```
Bicycles = ['trek','cannondale','redline','specialized']
print(Bicycles[0])
```

提取的结果显示如下。

```
trek
```

还可以对该列表元素调用字符串的方法。例如可以使用方法 title( ) 让元素 'trek' 的格式更加整洁。在 PyCharm 文本编辑器中输入以下代码。

```
Bicycles = ['trek','cannondale','redline','specialized']
print(Bicycles[0].title())
```

这个示例的输出结果与前一个示例相同，只是首字母 T 是大写的。

3. 创建索引

使用索引可以访问列表中任何元素，例如，要访问索引 1 和索引 3 处的自行车，在 PyCharm 文本编辑器中输入如下代码。

```
Bicycles = ['trek','cannondale','redline','specialized']
print(Bicycles[1])
print(Bicycles[3])
```

以上代码返回列表中的第二个和第四个元素，运行结果如下。

```
cannondale
```

```
specialized
```

Python 为访问列表中最后一个元素提供了种特殊语法。通过将索引指定为 -1，可以返回最后一个列表元素。在文本编辑器下输入如下代码。

```
Bicycles=['trek','cannondale','redline','specialized']
print(Bicycles[-1])
```

运行结果如下。

```
specialized
```

这种语法很有用，因为经常需要在不知道列表长度的情况下访问最后的元素。这种约定也适用于其他负数索引，例如，索引 -2 返回倒数第二个列表元素，索引 -3 返回倒数第三个列表元素，以此类推。

4. 使用列表中的各个值

可以像使用其他变量一样使用列表中的各个值。例如，你可以使用拼接根据列表中的值来创建消息。

下面来尝试从列表中提取第一款自行车，并使用这个值来创建一条消息，代码如下。

```
Bicycles=['trek','cannondale','redline','specialized']
message="My first bicycle was a "+Bicycles[0].title()+"."
print(message)
```

我们使用 Bicycles [ ] 的值生成了一个句子，并将其存储在变量 message 中。输出一个简单的句子，其中包含列表中的第一款自行车，运行结果如下。

```
My first bicycle was a Trek.
```

3.1.3 训练 2：元素的增删

本活动主要对修改列表元素、添加列表元素、插入列表元素和删除列表元素进行介绍。

1. 修改列表元素

“编程猫，我现在有一个摩托车的列表，其中的第一个元素为‘honda’，那我该如何修改它的值呢?”

“我们应该首先定义一个摩托车列表，其中的第一个元素为‘honda’。接下来，我们将第一个元素的值改为‘ducati’。”

在 PyCharm 文本编辑器中输入代码如下。

```
motorcycles=['honda','yamada','suzuki']
print(motorcycles)
motorcycles[0]='ducati'
print(motorcycles)
```

输出结果如下。

```
['honda','yamada','suzuki']
['ducati','yamada','suzuki']
```

输出结果表明，第一个元素的值确实变了但其他列表元素的值没变。并且你可以根据相同方法修改任何列表元素的值。

2. 在列表中添加元素

“编程猫，我想在我的摩托车列表末尾加上新的元素‘ducati’，该如何添加呢?”

“有一个方法，使用 append( )可以将元素‘ducati’添加到了列表末尾。”在 PyCharm 文本编辑器中输入代码如下。

```
motorcycles=['honda','yamada','suzuki']
print(motorcycles)
motorcycles.append('ducati')
print(motorcycles)
```

运行结果如下。

```
['honda','yamada','suzuki']
['honda','yamada','suzuki','ducati']。
```

这种方法可以将元素“ducati”添加到列表末尾，而不影响其他所有元素。

3. 在列表中插入元素

使用方法 insert( )可以在列表的任何位置添加新元素，需要指定新元素的索引和值，相关代码如下。

```
motorcycles=['honda','yamada','suzuki']
motorcycles.insert(0,'ducati')
print(motorcycles)
```

在这个示例中，元素“ducati”被插入到列表的开头。方法 insert( )在索引 0 处添加空间，并将值‘ducati’存储到这个空间。这种操作将列表中现有的每个元素都右移一个位置。

```
['ducati','honda','yamada','suzuki']
```

4. 从列表中删除元素

“编程猫，我想把‘honda’元素删除掉，该怎么办呢?”

“有很多方法，先来说说第一个方法吧！使用 del 语句。”在 PyCharm 文本编辑器中输入如下代码。

```
motorcycles=['honda','yamada','suzuki']
print(motorcycles)
delmotorcycles[0]
print(motorcycles)
```

运行结果如下。

```
['honda','yamada','suzuki']
['yamada','suzuki']
```

“这样就成功地删除了列表 motorcycles 中的第一个元素‘honda’。接下来让我来告诉你第二个方法，使用 pop( )删除元素。方法 pop( )可删除列表末尾的元素，并让你能够接着使用它。使用方法 pop( )删除元素可以这样类比：列表就像一个栈，而删除列表末尾的元素相当于弹出栈顶元素。”

“接下来让我们从列表 motorcycles 中弹出一款摩托车。”在 PyCharm 文本编辑器中输入如下代码。

```
motorcycles=['honda','yamada','suzuki']
print(motorcycles)
popped_motorcycle=motorcycles.pop()
print(motorcycles)
print(popped_motorcycle)
```

输出结果如下。

```
['honda','yamada','suzuki']
['honda','yamada']
suzuki
```

输出结果表明，列表末尾的值‘suziki’已被删除，它现在存储在变量 popped_motorcycle 中。

“果真是这样，我清楚了。”

“还有一种方法，是当你不知道要从列表中删除的值所处的位置，只知道要删除的元素的值，可以使用方法 remove( )。”

例如，假设我们要从列表 motorcycles 中删除值为‘ducati’。在 PyCharm 文本编辑器中输入如下代码。

```
motorcycles=['honda','yamada','suzuki','ducati']
print(motorcycles)
motorcycles.remove('ducati')
print(motorcycles)
```

输出结果如下。

```
['honda','yamada','suzuki','ducati']
['honda','yamada','suzuki']
```

3.1.4 训练 3：组织列表

本活动主要对列表排序、访问列表长度进行介绍。

1. 列表永久性排序

“编程猫，什么是方法 sort( )？”

“Python 中的 sort( )能够较为轻松地对列表进行排序。假设我们种植了花朵，将这些花朵组成一个列表，并要让其中的花朵按字母顺序排列，为简化这项任务，我们假定该列表中的所有值都是小写的。”

在 pycharm 文本编辑器中输入以下代码。

```
flowers=['rose','carnations','tulip','peony']
flowers.sort()
print(flowers)
```

输出结果如下。

```
['carnations','peony','rose','tulip']
```

"该方法永久性地修改了列表元素的排列顺序。现在，花朵是按字母顺序排列的，再也无法恢复到原来的排列顺序。"

2. 列表临时排序

函数 sorted()能够按特定顺序显示列表元素，同时不影响它们在列表中的原始顺序。下面尝试对花朵列表调用这个函数，在 PyCharm 文本编辑器中输入以下代码：

```
flowers=['rose','carnations','tulip','peony']
print("Hereistheoriginallist:")
print(flowers)
print("\nHereisthesortedlist:")
print(sorted(flowers))
print("\nHereistheoriginallistagain:")
print(flowers)
```

输出结果如下。

```
Hereistheoriginallist:
['rose','carnations','tulip','peony']
Hereisthesortedlist:
['carnations','peony','rose','tulip']
Hereistheoriginallistagain:
['rose','carnations','tulip','peony']
```

根据输出结果可知，调用函数 sorted()后，列表元素的排列顺序并没有变化。

3. 倒序打印列表

"编程猫，我会使用 sort()方法将列表排序了，现在想将这个列表反转，该怎么办呢？"

"要反转列表元素的排列顺序，可使用方法 reverse()。"

下面将花朵列表反转，可在 pycharm 文本编辑器中输入代码如下。

```
flowers=['rose','carnations','tulip','peony']
print(flowers)
flowers.reverse()
print(flowers)
```

输出结果如下。

```
['rose','carnations','tulip','peony']
['peony','tulip','carnations','rose']
```

注意，方法 reverse()不是指按照与字母顺序相反的顺序排列列表元素，而只是反转列表元素的排列顺序。

方法 reverse()永久性地修改列表元素的排列顺序，但可以随时恢复到原来的排列顺序，只需要对列表再次调用 reverse()即可。

4. 计算列表长度

使用函数 len( )可快速计算出列表的长度。在下面的例子中，列表包含 4 个元素，因此其长度为 4，在交互模式 shell 下输入以下代码。

```
>>>flowers=['rose','carnations','tulip','peony']
>>>len(flowers)
4
```

3.2 源码世界的元组与字典

本节主要讲述元组以及字典。元组作为列表和字符串的结合，具体有什么功能与用途呢？是否能被列表和字符串简单地替代呢？在本节中将为大家讲述。而字典是一个必需品，作为不可忽视的它有着重大的功能，接下来，让我们跟随编程猫的步伐一起学习吧！

阿短的前行目标

- 能明晰将相关信息关联起来的 Python 元组和字典。
- 能访问和修改字典中的信息。
- 能理解存储字典的列表、存储列表的字典和存储字典的字典。
- 能理解字典，更准确地为各种真实物体建模。

3.2.1 元组与字典

在本小节中，将介绍元组与字典的相关内容，并且重点讲述字典在各个环境中的各种知识，下面让我们一起去了解它们吧！

1. 元组

有时候，我们需要创建一系列不可修改的元素，元组可以满足这种需求。Python 将不能修改的值称为不可变的，而不可变的列表被称为元组。一种有序列表叫元组（tuple），元组（tuple）和列表（list）非常类似，但是元组（tuple）一旦初始化就不能修改。

元组和列表非常相似，但元组使用圆括号而不是方括号来标识。定义元组后，就可以使用索引来访问其元素，和访问列表元素一样。

2. 字典

字典（dict）全称 dictionary，Python 内置的一种数据结构，类似 C ++ 语言的 map，使用键-值（key-value）存储，具有极快的查找速度。用列表（list）也可以得到相同的结果，但是效果比较慢。字典（dict）是典型的用空间换时间的例子，会占用大量内存，但是查找、插入速度快，不会随着元素数量增加而增加。列表则是时间换空间的例子，不会占用大量内存，但是随着数量的增多，查找时间会变很长。在 Python 中，字典是一系列键值对，每个键都与一个值相关联，可以使用键来访问与之相关联的值，与键相关联的值可以是数字、字符串、列表乃至字典。事实上，可将任何 Python 对象用作字典中的值。在 Python 中，字典用在花括号 {} 中的一系列键-值对表示。

3. 遍历字典

一个 Python 字典可能只包含几个键-值对，也可能包含数百万个键-值对。鉴于字典可能包含大量的数据，Python 支持对字典遍历。字典可用于以各种方式存储信息，因此有多种遍历字典的方式，可遍历字典的所有键-值对、键或值。

4. 嵌套

有时候，需要将一系列字典存储在列表中，或将列表作为值存储在字典中，这都称为嵌套。可以在列表中嵌套字典、在字典中嵌套列表甚至在字典中嵌套字典。正如下面的示例将演示的，嵌套是一项强大的功能。

5. 字典中存储列表

有时候，需要将列表存储在字典中，而不是将字典存储在列表中。例如，编程猫如何描述顾客点的煎饼果子呢？如果使用列表，只能存储要添加的煎饼果子配料，但如果使用字典，就不仅可在其中包含配料列表，还可包含其他有关煎饼果子的描述。在下面的示例中，存储了煎饼果子的两方面信息：外皮类型和配料列表。其中的配料列表是一个与键“toppings”相关联的值。要访问该列表，我们使用字典名和键“toppings”，就像访问字典中的其他值一样。这将返回一个配料列表，而不是单个值。

3.2.2 训练1：操作元组

在本次训练与活动中我们主要针对元组和字典的相关知识进行操作与训练，目的是了解与掌握对于 Python 中元组和字典的内容，对于后续学习 Python 打好基础。

本活动主要对定义元组、修改元组变量进行介绍。

1. 定义元组

“编程猫，怎么创建一个元组呢？”

“我现在就带领你创建一个元组吧！”

我们先定义一个元组名叫 dimensions，在这里使用圆括号而不是方括号，并且分别打印该元组的各个元素，在文本编辑器中输入以下代码。

```
dimensions = (200,50)
print(dimensions[0])
print(dimensions[1])
```

运行结果如下。

```
200
50
```

接下来尝试修改元组 dimensions 中的一个元素的值，看看是什么结果，在 PyCharm 文本编辑器中输入以下代码。

```
dimensions = (200,50)
dimensions[0] =250
```

运行结果如下。

```
Traceback(mostrecentcalllast):
File"D:/anaconda/data/helloworld.py",line2,in <module>
dimensions[0] =250
TypeError:'tuple' objectdoesnotsupportitemassignment
```

因为之前输入的代码要修改第一个元素的值，导致 Python 返回错误消息。由于试图修改元组的操作是被禁止，所以 Python 指出不能给元组的元素赋值。

代码试图修改元组的内容，Python 报告错误，这很好，因为这正是我们希望的。

2. 修改元组变量

虽然不能修改元组的元素，但可以给存储元组的变量赋值，因此，如果要修改前述元组的内容，需要新定义整个元组。我们先定义一个元组，并将其存储的尺寸打印出来，再将一个新元组存储到变量 dimensions 中，然后，打印新的尺寸。在 PyCharm 文本编辑器中输入如下代码。

```
dimensions = (200,50)
print("Originaldimensions")
fordimensionindimensions:
print(dimension)
dimensions = (400,100)
print("\nModifieddimensions:")
fordimensionindimensions:
print(dimension)
```

输出结果如下。

```
Originaldimensions
200
50
Modifieddimensions:
400
100
```

这次，Python 没有报任何错误，因为给元组变量赋值是合法的。

相比于列表，元组是更简单的数据结构。如果需要存储的一组值在程序的整个生命周期内都不变，可以使用元组。

3.2.3 训练 2：建立字典

“编程猫，我们现在学过了元组，那字典是怎么使用呢?”

“那我们现在就开始创建一个简单字典吧，本次创建的字典存储了一些有关花朵的信息。”

接下来，将该字典存储一些有关花朵的颜色和花瓣数量的信息，并且用两条 print 语句来访问并打印这些信息。在 PyCharm 文本编辑器中输入以下代码。

```
flower_0 = {'color':'green','petals':5}
print(flower_0['color'])
print(flower_0['petals'])
```

输出结果如下。

```
green
5
```

3.2.4 训练3：使用字典

本活动主要对访问字典、添加键值对、修改字典、删除键值对进行介绍。

1. 访问字典中的值

“现在要访问字典并且要获取与键相关联的值，可依次指定字典名和放在方括号内的键。下面，我们尝试一下，在 PyCharm 文本编辑器中输入以下代码。”

```
flower_0 = {'color':'green'}
print(flower_0['color'])
```

输出结果如下。

```
green
```

这返回字典 flower_ 0 中与键“color”相关联的值。

字典中可包含任意数量的键-值对。下面是最初的字典 flower_0，其中包含两个键_值对：

```
flower_0 = {'color':'green','petals':5}
```

“现在，你可以访问这个花朵 flower_ 0 的颜色和花瓣数量。如果你摘下这朵花，可用代码确定获得了多少片花瓣。”

在 PyCharm 文本编辑器中输入以下代码。

```
flower_0 = {'color':'green','petals':5}
new_petals = flower_0['petals']
print("Youjustearned" + str(new_petals) + "petals!")
```

输出结果如下。

```
Youjustearned5petals!
```

上述的代码首先定义了一个字典，然后从这个字典中获取与键“petals”相关联的值，并将这个值存储在变量 new_ petals 中。然后将这个整数转换为字符串，并且打印出来，接着就可以知道你采摘了多少片花瓣了！

2. 添加键-值对

下面在字典 flower_ 0 中添加两项信息，分别是花朵的名称和花朵的高度。在 PyCharm 文本编辑器中输入以下内容。

```
flower_0 = {'color':'green','petals':5}
print(flower_0)
flower_0['name'] = 'rose'
flower_0['height'] = 25
print(flower_0)
```

输出结果如下。

```
{'color':'green','petals':5}
{'color':'green','petals':5,'name':'rose','height':25}
```

在代码中先定义了前面一直在使用的字典并打印，以显示其信息。接下来，在这个字典中新增了一个键-值对，其中的键为“name”，其值为“rose”。然后重复上述的操作花朵高度信息。打印修改后的字典，将看到两个新增的键-值对。

这个字典的最终版本包含四个键-值对，值得注意的是，键-值对的排列顺序与添加顺序有关。Python 不关心键-值对的添加顺序，只关心键和值之间的关联关系。

3. 修改字典中的值

“编程猫，我想把花朵的颜色变成黄色，该如何实现?”

“这个简单，主要涉及修改字典中的值，可依次指定字典名、用方括号括起的键以及与该键相关联的新值。下面让我们来试一试，在 PyCharm 文本编辑器中输入以下代码。”

```
flower_0 = {'color':'green'}
print("Thefloweris" + flower_0['color'] +'.')
flower_0['color'] = 'yellow'
print("Theflowerisnow" + flower_0['color'] +'.')
```

输出结果如下。

```
Theflowerisgreen.
Theflowerisnowyellow.
```

“在这个示例中我们先定义了一个表示花朵 flower_ 0 的字典，其中只包含了这个花朵的颜色。然后我们将与键‘color’相关联的值改为‘yellow’。输出表明，这个花朵的颜色确实从绿色变成了黄色。”

4. 删除键-值对

“编程猫，我现在想要把 flower_ 0 中的 petals 删除掉，该怎么办呢?”

“在这里，我们对于字典中不再需要的信息，可以使用 del 语句将相应的键-值对彻底删除。使用 del 语句时，必须指定字典名和要删除的键。”

下面我们从字典 flower_ 0 中删除键' petals '及其值。在 PyCharm 文本编辑器中输入以下代码。

```
flower_0 = {'color':'green','petals':5}
print(flower_0)
delflower_0['petals']
print(flower_0)
```

输出结果如下。

```
{'color':'green','petals':5}
{'color':'green'}
```

根据输出结果显示，已经将键' petals '从字典 flower_ 0 中删除，同时删除与这个键相关联的值。而其他键-值对并未受影响。

3.2.5 训练 4：遍历字典

本活动主要对遍历所有键值对、遍历字典中所有键、遍历字典中的所有值进行介绍。

1. 遍历所有的键-值对

“在探索遍历方法之前，我们先来看一个字典，这个字典关于一个用户的信息，包含用户的用户名、名和姓。”

在 PyCharm 文本编辑器中输入以下代码。

```
user_0 = {
'username':'aduan',
'first_name':'a',
'last_name':'duan',
```

如果按照前面介绍的知识，可以访问字典 user_0 中的任何一条信息。但如果要获取该用户字典中的所有信息，该怎么办呢？可以使用 for 循环来遍历字典，在 PyCharm 文本编辑器中输入以下代码。

```
user_0 = {
    'username':'aduan',
    'first_name':'a',
    'last_name':'duan',
}
for key,value in user_0.items():
    print("\nKey:" + key)
    print("Value:" + value)
```

输出结果如下。

```
Key:username
Value:aduan
Key:first_name
Value:a
Key:last_name
Value:duan
```

代码中的 for 语句的第二部分包含字典名和方法 items( )，返回一个键-值对列表。接下来，for 循环依次将每个键-值对存储到指定的两个变量中。在示例中，我们使用这两个变量来打印每个键及其相关联的值。第一条 print 语句中的“\n”确保在输出每个键-值对前都插入一个空行。

2. 遍历字典中所有的键

“编程猫，现在我有一个问题，当我只想打印出字典中的键时，该怎么操作呢？”

“在不需要使用字典中的值，只需要其中的键时，此时，可以使用方法 keys( )。下面来遍历一个字典，并且将这些名字都打印出来。在 PyCharm 文本编辑器中输入以下代码。”

```
name_languages = {
    'aduan':'python',
    'bianchengmao':'python',
    'xiaoke':'c'
}
for name in name_languages.keys():
```

```
    print(name.title())
```

输出结果如下。

```
Aduan
Bianchengmao
Xiaoke
```

以上代码提取了字典 name_ languages 中的所有键，并依次将它们存储到变量 name 中。输出结果列出了每个被调查者的名字。

在这种情况下，可使用当前键来访问与之相关联的值。下面来打印两条消息，指出两位朋友学习的语言。根据相同的方法遍历字典汇总的名字，但当名字为指定朋友的名字时，打印一条消息，指出其喜欢的语言。在 PyCharm 文本编辑器中输入以下代码。

```
name_languages = {
    'aduan':'python',
    'bianchengmao':'python',
    'xiaoke':'c'
}
students = ['aduan','xiaoke']
for name in name_languages.keys():
    print(name.title())
    if name instudents:
        print("Hi " + name.title() +
              ", I see your studying language is " +
              name_languages[name].title() + "!")
```

输出结果如下。

```
Aduan
HiAduan, I see your studying language is Python!
Bianchengmao
Xiaoke
Hi Xiaoke, I see your studying language is C!
```

在上面的代码里，首先创建了一个列表，其中包含我们所要打印的消息，指出其学习的语言。然后打印每个人的名字，并且检查当前的名字是否在列表 students 中，如果在其列表中，就打印一句问候语，其中包含这位同学学习的语言。

3. 按顺序遍历字典中所有的键

字典总是明确地记录键和值之间的关联关系，但获取字典的元素时，获取顺序是不可预测的，但这并不影响我们获取与键相关联的正确的值。

要以特定的顺序返回元素，可以在 for 循环中对返回的键进行排序而函数 sorted( ) 可以获得按特定顺序排列的键列表的副本。在 PyCharm 文本编辑器中输入如下代码。

```
name_languages = {
    'aduan':'python',
```

```
    'biancnengmao':'python',
    'xiaoke':'c'
}
for name in sorted(name_languages.keys()):
    print(name.title() + ", thank you for taking the poll.")
```

输出结果如下。

```
Aduan, thank you for taking the poll.
Bianchengmao, thank you for taking the poll.
Xiaoke, thank you for taking the poll.
```

使用 for 语句对字典中的键进行遍历，但对方法 dictionary.keys()的结果调用了函数 sorted。在输出字典中的所有键时，并对这个列表进行排序。根据上述输出结果表明，按顺序显示了所有被调查者的名字。

4. 遍历字典中所有的值

如果你感兴趣的主要是字典包含的值，可使用方法 values()返回一个值列表，而且不包含任何键。例如，我们想获取一个列表，其中只包含被调查者选择的各种语言，而不包含被调查者的名字。在 PyCharm 文本编辑器中输入代码如下。

```
name_languages = {
    'aduan':'python',
    'bianchengmao':'python',
    'xiaoke':'c'
}
print("The following languages have been mentioned:")
for language in  name_languages.values():
    print(language.title())
```

输出结果如下。

```
The following languages have been mentioned:
Python
Python
C
```

在代码中使用 for 语句提取字典中的每个值，并将它们依次存储到变量 language 中。通过打印这些值获得了一个列表，其中包含被调查者选择的各种语言。

上述示例提取字典中所有的值，而并没有考虑是否重复，而且涉及的值也很少。但如果被调查者很多，最终的列表可能包含大量的重复项，为剔除重复项，可以使用集合（set）。集合类似于列表，但每个元素都必须是独一无二的，接下来使用集合剔除重复项。在 PyCharm 文本编辑器中输入代码如下。

```
name_languages = {
    'aduan':'python',
    'bianchengmao':'python',    'xiaoke':'c'
}
```

```
print("The following languages have been mentioned:")
for language in set(name_languages.values()):
    print(language.title())
```

输出结果如下。

```
The following languages have been mentioned:
Python
C
```

通过对包含重复元素的列表调用 set( )，可让 Python 输出列表中独一无二的元素，并使用这些元素来创建一个集合。

结果是一个不重复的集合，其中列出被调查者提及的所有语言。

随着更深入地学习 Python，经常会发现它内置的功能可以帮助我们以其他的方式处理数据。

3.2.6 训练 5：嵌套

本活动主要对字典列表、字典中存储列表、字典中存储字典进行介绍。

1. 字典列表

“编程猫，字典 flower_ 0 中包含一个花朵的各种信息，但无法存储第二个以及其他花朵的信息。那我们该如何管理这些花朵呢?”

“可以创建一个花朵列表，其中每个花朵都是一个字典，包含有关该花朵的各种信息。例如，在列表中包含三种花朵，在 PyCharm 文本器中输入以下代码。”

```
flower_0 = {'color':'green','petals':5}
flower_1 = {'color':'yellow','petals':6}
flower_2 = {'color':'red','petals':8}
flowers = [flower_0,flower_1,flower_2]
for flower in flowers:
    print(flower)
```

输出结果显示如下。

```
{'color': 'green', 'petals': 5}
{'color': 'yellow', 'petals': 6}
{'color': 'red', 'petals': 8}
```

“以上示例中我们先创建了三个字典，其中每个字典都表示一种花朵的信息。然后将这些字典都放到一个名为 flowers 的列表中。最后，通过遍历整个列表，将每种花朵的信息都打印出来，结果就是输出显示的内容。”

“但是在现实情况中，我们所见的花朵不仅仅是这三朵，接下来使用 range( ) 自动生成 30 朵花。在 PyCharm 文本编辑器中输入以下代码。”

```
flowers = []
for flower_number in range(30):
    new_flower = {'color':'green','petals':5}
```

```
    flowers.append(new_flower)
for flower in flowers[:5]:
        print(flower)
print("...")
print("Total number of flowers: " + str(len(flowers)))
```

输出结果如下。

```
{'color': 'green', 'petals': 5}
{'color': 'green', 'petals': 5}
{'color': 'green', 'petals': 5}
{'color': 'green', 'petals': 5}
{'color': 'green', 'petals': 5}
...
Total number of flowers: 30
```

在以上代码中，首先创建了一个空列表，用于存储接下来创建的所有的花朵字典。然后使用 range()返回一系列数字，它的用途是明确在 Python 中要重复这个循环多少次。每次执行这个循环，都创建了一个花朵字典，并将其附加到列表 flowers 末尾。最后再使用切片来打印前五朵花的信息和列表的长度，以证明确实创建了 30 个花朵字典。

2. 在字典中存储列表

有时候，需要将列表存储在字典中，而不是将字典存储在列表中。比如，描述一位客人定了一份煎饼果子，如果使用列表，只能存储要添加的煎饼果子的配料，但如果使用字典，就不仅仅包含配料列表，还可以包含其他有关煎饼果子的描述。

在下面的代码中，存储了关于煎饼果子的两方面信息：外皮类型和配料列表。其中的配料列表是键“toppings”相关联的值。要访问该列表，需要使用字典名和键“toppings”，就像访问字典中的其他值一样，即可返回一个配料列表，而不是单个值。在 PyCharm 文本编辑器中输入以下代码。

```
jianbingguozi = {
    'jiangliao':'BBQ sause',
    'toppings':['xiangchang','baocui']
}
print("Youorded a " + jianbingguozi['jiangliao'] + " jianbingguozi " + "with
the following toppings:")
for topping injianbingguozi['toppings']:
    print("\t" + topping)
```

输出结果如下。

```
Youorded a BBQ sause jianbingguozi with the following toppings:
xiangchang
baocui
```

首先创建一个字典，其中存储了有关顾客所点煎饼果子的信息。在这个字典中，一个键为“jiangliao”，与之相关联的值是字符串“BBQ sause”，另一个键是“toppings”，与之相关联的值是一个列表，其中存储了顾客要求添加的所有配料。为打印配料，需要编写了一个

for 循环语句，为访问配料列表，还需要使用键“toppings”，这样 Python 就能从字典中提取配料列表。

每当需要在字典中将一个键关联到多个值时，都可以在字典中嵌套一个列表。之前我们创建关于学习编程语言的示例中，如果将每个人的回答都存储在一个列表中，被调查者就可以选择多种学习的语言。当遍历字典时，与被调查者相关联的都是一个语言列表，而不是一种语言，所以在遍历该字典的 for 循环中，需要再使用一个 for 循环来遍历与被调查者相关联的语言列表。在 PyCharm 文本编辑器中输入以下代码。

```
study_languages = {
    'bianchengmao':['python','c'],
    'aduan':['python'],
    'xiaoke':['python','java'],
}
for name,languages in study_languages.items():
    print("\n" + name.title() + "'s favorite languages are:")
    for language in languages:
        print("\t" + language.title())
```

输出结果如下。

```
Bianchengmao's favorite languages are:
    Python
    C
Aduan's favorite languages are:
    Python
Xiaoke's favorite languages are:
    Python
    Java
```

输出结果表明，现在与每个名字相关联的值都是一个列表，需要注意，有些人学习的语言只有一种，而有些人有多种。当遍历字典中的值时，使用变量 languages 来依次存储字典中的每个值，因为我们知道这些值都是列表。在遍历字典的主循环中，又使用一个 for 循环来遍历每个人学习的语言列表。现在，每个人想列出多少种学习的语言都可以。

3. 在字典中存储字典

在字典中嵌套字典的话，代码会复杂点。例如将“编程猫”“阿短”和“小可”的名字作为各自的用户名，然后在字典中以用户名作为键，将每个人的信息存储在一个字典中，并将该字典作为与用户名相关联的值。在下面的程序中，将“编程猫”“阿短”和“小可”都存储了三项信息：名、姓和居住地，为了访问这些信息，需要遍历所有的用户名，并访问与每个用户相关联的信息字典。在 PyCharm 文本编辑器中输入代码如下。

```
users = {
    '编程猫':{
        'first_name':'编程',
        'last_name':'猫',
```

```
            'location':'源码社区',
        },
        '阿短':{
            'first_name':'阿',
            'last_name':'短',
            'location':'源码社区',
        },
        '小可':{
            'first_name':'小',
            'last_name':'可',
            'location':'源码社区'
        }
    }
    for username,user_info in users.items():
        print("\nUsername:" + username)
        full_name = user_info['first_name'] +" " + user_info['last_name']
        location =user_info['location']
        print("\tFull name:" + full_name.title())
        print("\tLocation:" + location.title())
```

输出结果如下。

```
Username:编程猫
Full name:编程猫
Location:源码社区
Username:阿短
Full name:阿短
Location:源码社区
Username:小可
Full name:小可
Location:源码社区
```

以上代码，首先创建一个名为 users 的字典，其中包含三个键：“编程猫”、“阿短”和“小可”，与每个键相关联的值都是一个字典，其中包含用户的名、姓和居住地。然后，遍历字典 users，让 Python 依次将每个键存储在变量 username 中，并依次将于当前键相关量的字典存储在变量 user_info 中，在主循环内部，将用户名打印出来。最后，开始访问内部的字典。变量 user_info 包含用户信息字典，而该字典包含三个键“first_name”、“last_name”和“location”。对于每位用户，都适用这些键来生成整洁的姓名和居住地，然后打印有关用户的简要信息。

第4章 条件与循环

条件和循环作为编程语言中最重要的两部分，充斥着代码世界的各个角落。与传统的编程语言不同，Python 中的条件和循环语句又存在着细微的差别，例如，死循环、条件循环，这些耳熟能详的词语在 Python 中又有了新的使用方式。

本章结合实例，详细地介绍了条件语句和循环语句的基本概念和实际应用。

要点提示

1）条件语句、循环语句的含义。
2）条件语句、循环语句的结构和应用。
3）掌握不同运算符之间的区别和应用。

4.1 条件判断

所谓条件语句，就是依据某个条件，满足这个条件后执行相关的内容。if 翻译为中文是"如果"，由它发起的就是一个条件语句。换言之，if 是构成条件语句的关键词。

阿短的前行目标

- 能明晰条件语句的含义，通过学习示例题目体验条件语句的书写。
- 能理解并区别条件语句，能正确地写出条件语句的结构。
- 能掌握条件语句基本规则和注意事项。

4.1.1 条件语句

Python 条件语句是通过一条或多条语句的执行结果（True 或 False）来决定执行的代码块，可以简洁地了解到条件语句的执行过程。编程时经常需要检查一系列条件，并据此决定采取什么措施。在 Python 中，条件语句能够检查程序的当前状态，并据此采取相应的措施，如图 4-1 所示。

1. 条件测试

Python 程序语言指定任何非 0 和非空（null）的值为 True，0 或者 null 为 False。每条 if 语句的核心都是一个值 为 True 或 False 的表达式，这种表达式被称为条件测试。Python 根据条件测试的值为 True 还是 False 来决定是否执行 if 语句中的代码。如果条件测试的值为 True，Python 就执行紧跟在 if 语句后面的代码；如果为 False，Python 就忽略这些代码。

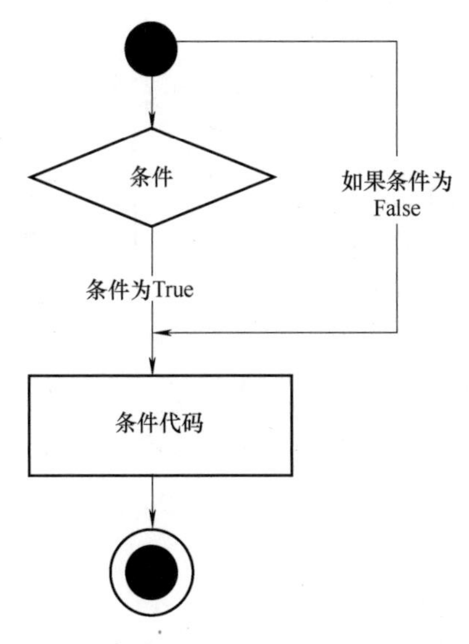

图 4-1　条件结构

2. if 语句

if 语句用于控制程序的执行，其中“判断条件”成立时（非 0 和非空），则执行后面的语句，而执行内容可以是多行，以缩进来区分表示同一范围。if 语句的判断条件可以用 >（大于）、<（小于）、= =（等于）、> =（大于等于）、< =（小于等于）来表示其关系。

3. 简单的 if 语句

最简单的 if 语句只有一个测试和一个操作。

例如，在交互模式 shell 中操作如下程序。

```
>>> a = 9
>>> if a == 9:
    print(a)
9
```

简单解释上面的程序。“if a = =9：”表示如果 a = =9 返回的是 True，那么就执行下面的语句。特别注意，冒号是必须有的。另外，下面一行“print（a）”前面要 4 个空格的缩进。这是 Python 的特点，该行就称之为“语句块”。

4. if-else 结构

if-else 语句是简单 if 语句的扩展，图 4-2 为 if-else 语句的执行过程。Python 提供的 if-else 语句，是先计算条件测试，当条件测试为真（非 0），则执行其中的分支语句序列 1，否则执行另一分支语句序列 2。if-else 语句块类似于简单的 if 语句，但其中的 else 语句能够指定条件测试未通过时要执行的操作。else 为可选语句，在条件不成立时执行的相关语句。

下面我们就在交互模式中输入代码，介绍 if-else 的应用，编写如下代码。

```
number = 10
if number < 5:
```

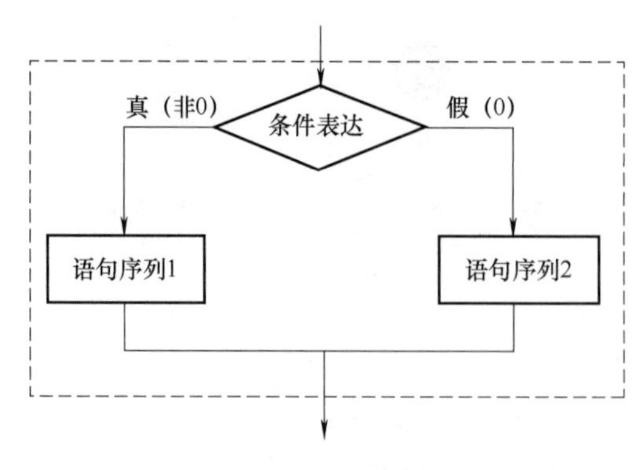

图 4-2　if-else 结构

```
    print(number)
else:
    print("number 是个大于等于 5 的数")
```

如果第一个条件测试结果为 True，就执行第一个缩进的 print 语句块，如果测试结果为 False，就执行 else 语句块。if-else 结构非常适用于让 Python 执行两种操作之一的情形。在这种简单的 if-else 结构中，总是会执行两个操作中的一个。

5. if-elif-else 结构

在进行条件判断的时候，只有一条 if 判断语句往往是不够的，还需要其他分支，这就需要引入其他条件判断，所以就有了 if-elif-else 语句。

基本样式结构如下。

```
if 条件 1:
语句块 1
elif 条件 2:
语句块 2
elif 条件 3
语句块 3
…
else:
语句块 4
```

elif 和 else 的部分都可以省略，那就回归到只有一个 if 的情况，如果是多条件判断，就不能省略。

由于 Python 并不支持 switch 语句，所以就需要应用 Python 提供的 if-elif-else 结构。Python 只执行 if-elif-else 结构中的一个代码块，它依次检查每个条件测试，直到遇到通过了的条件测试。测试通过后，Python 将执行紧跟在它后面的代码，并跳过余下的测试。

举例如下。

```
number = 10
if number < 5:
    print("number<5")
elif 5 < = number < 11:
```

```
    print("5 < =number <11")
else:
    print("number > =11")
```

if 判断 number 是否小于 5，如果是，Python 就打印一条合适的消息，并跳过余下的测试。elif 代码行其实是另一个 if 测试，它仅在前面的测试未通过时才会运行。本示例中，我们知道这个数大于五，第一个测试未通过，如果这个数小于 11，Python 将打印相应的消息，并跳过 else 代码块。如果 if 测试和 elif 测试都未通过，Python 将运行 else 代码块中的代码。

6. 三元操作符

三元操作，是条件语句中比较简练的一种赋值方式，基本样式结构如下。

```
> > > name = "apple" if 26 > 21 else "banana"
> > > name
'apple'
```

从举例中可以看出来，所谓“三元”，就是将前面的条件语句 if…else…写到一行。因为这种方式比较常用，所以写成上述样子后 Python 解析器也认识。

如果抽象成为一个公式，三元操作符是：A = Y if X else Z。

- 如果 X 为真，那么就执行 A = Y。
- 如果 X 为假，那么就执行 A = Z。

举例如下。

```
> > > x = 2
> > > y = 8
> > > a = "apple" if x > y else "banana"
> > > a
'banana'
> > > b = "apple" if x < y else "banana"
> > > b
'apple'
```

if 所引起的条件语句使用非常普遍，当然也比较简单。

4.1.2　训练 1：寻找编号为偶数的聚餐人员

周末，阿短要组织一场宴会，但是烦琐的工序叫他无从下手，于是阿短决定找编程猫寻求帮助。

“编程猫，我把每一个参加晚餐的人员都编了号，想借此方便以奇偶数安排座位。Python 能帮助我吗？”

“这个问题有点复杂，但是我觉得 Python 能帮你。”

“太好了，那你来教教我吧。”

“没问题。首先，我们需要输入一个数字，并将其转化为整数类型。接着就是关键点了：我们知道，判断一个数为奇偶数的关键在于这个数能否被 2 整除，那么这里也一样。”

```
num = int(input("输入一个数字："))
if (num % 2) = = 0:
print("{0} 是偶数".format(num))
else:
print("{0} 是奇数".format(num))
```

这里需要用 2 对这个数进行整除取余，余数是 0，就说明这个数是偶数；余数是 1，就说明这是一个奇数。

“哇，编程猫你太厉害了。这样一来我就能很快地将人员座位表安排好了。”

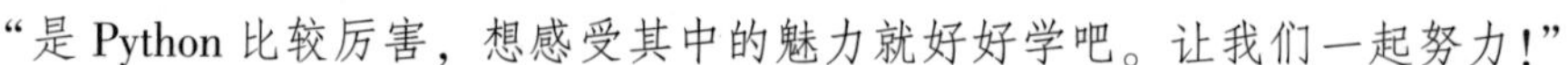

“是 Python 比较厉害，想感受其中的魅力就好好学吧。让我们一起努力！”

4.1.3 训练 2：判断生涯阶段

“编程猫，我现在需要把年龄按照要求分成几个不同的阶段，并以此判断各个年龄段的参加人数，那该怎么做呢？”

“这个问题我之前也没有思考过，你真有点把我问住了，不过我觉得 Python 能够帮我们解决这个问题。我们一起试试看。”

```
age = input()
age = int(age)
if age < 20:
    print("孩提")
elif 20 < = age < 30:
    print("弱冠")
elif 30 < = age < 40:
    print("而立")
elif 40 < = age < 50:
    print("不惑")
elif 50 < = age < 60:
    print("知天命")
elif 60 < = age < 70:
    print("花甲")
elif 70 < = age < 80:
    print("古来稀")
elif 80 < = age < 90:
    print("耄耋")
elif 90 < = age <100:
    print("鲐背")
```

```
else:
    print("期颐")
```

“阿短，你想一想，在这里我们为什么不再使用 if-else 语句了？”

“if-else 语句只能运用在非是即否的情况下，而这里肯定不仅仅是两种情况了，所以 if-else 语句就不再适用了。我们应该选择范围更加广泛的 if-elif-else 语句，我说得对吗，编程猫？”

“不错，你很棒，一下子就发现这其中的小陷阱了。你说得很对，所以这里我们需要使用 elif 进行多次判断。
首先，我们设置一个输入。

```
age = input()
```

接着用 int( ) 将输入值转换为整数类型。

```
age = int(age)
```

接着就使用 if 判断语句进行不断地判断，并不断地使用 elif 进行多次判断，当然最后别忘了一定要加上一个 else 语句进行结尾。”

“编程猫，你还属于‘孩提’的年龄阶段。”

“是吗？那我们赶紧来给其他参加晚餐的人员分类吧。”

4.1.4　训练 3：挑选食物爱好

“编程猫，你在干什么呢？”

“每次去市场买吃的，都要猜你到底喜欢吃什么食物，太麻烦了，所以做一个小程序，来解决这个问题。”

“这么厉害吗？我也想尝试完成‘问问你喜欢什么样的食物。’”

“好，接下来我们就看看如何实现吧！”

```
food = ["apple","orange","beef","banana","hamburger"]
if input("阿短喜欢什么食物？ \n") in food:
```

```
    print("猜对了！ 真棒！")
else:
print("猜错了,继续努力吧！")
```

“这里我们是不是需要定义一个食物的列表，并且输入我喜欢的食物？。”

“没错，定义完成之后就需要设计一个用户输入界面，在这个界面中只需要进行判断并且在每个判断结果后面输出相应的输出结果就可以了。让我们来看看相应的输出结果吧。”
当输入喜欢的食物是 apple 时，得到如下结果。

```
阿短喜欢什么食物?
apple
猜对了! 真棒!
Process finished with exit code 0
```

4.2 循环语句

循环，万物都在其中。日月更迭，斗转星移，无不是循环；王朝更迭，子子孙孙，从某个角度看也是循环。循环是日常生活中常见的现象，而编程语言就是要解决现实中的问题，因此也少不了循环。

阿短的前行目标

- 明晰循环语句的含义,通过例题总结 for 循环语句的书写规律。
- 理解并区分 while 语句与 for 语句。
- 阅读背景知识，尝试编写一个死循环，总结循环语句的注意事项。

4.2.1 Python 的循环语句

Python 的循环语句，是程序在一般情况下按顺序执行的。编程语言提供了各种控制结构，允许更复杂的执行路径，循环语句允许多次执行一个语句或语句组。

1. for 循环

for 循环语句是编程语言中一种常见的循环语句，但是在 Python 中的 for 循环语句又有一些不同。接下来，就让我们一起来学习如何在 Python 中使用 for 循环。

（1）for 循环的含义

for 循环提供了 Python 中最强大的循环结构，for 循环重复相同的逻辑操作，每次操作都是基于上一次的结果而进行的。

for 循环的一般格式如下。

```
for iter_var initerable:
      suite_to_repeat
```

注意：每次循环，iter_var 迭代变量被设置为可迭代对象（序列、迭代器或者是其他支持迭代的对象）的当前元素，提供给 suite_to_repeat 语句块使用。

（2）for 循环注意事项

- for 循环为迭代循环，迭代即重复相同的逻辑操作，每次操作都是基于上一次的结果进行的。
- 可遍历序列成员（字符串、列表或者元组）。
- 可遍历任何可迭代对象（字典或者文件等）。

2. while 循环

while 循环，是计算机的一种基本循环模式。当满足条件时进入循环，不满足时便跳出。

（1）while 循环的含义

for 循环将集合中的每个元素都视为一个代码块，while 循环是不断运行程序，直到不满足条件为止。Python 编程中 while 语句用于循环执行程序，即在某条件下，循环执行某段程序，以处理需要重复处理的相同任务。例如，可以使用 while 循环来数数，下面的 while 循环从1到9。

```
flag = 1
while flag < 10:
    print ("第%d次" % flag)
    flag + = 1
```

（2）如何退出 while 循环

while 循环让程序在用户意愿下不断地运行，当用户想要退出循环时，可以在其中定义一个退出值，只要用户输入的不是这个值，程序就继续运行。

```
prompt = "\n请输入一段话,我将重复打印这段话:"
prompt + = "\n输入 quit 退出程序\n:"
message = ""
while message ! = "quit":
    message = input(prompt)
    print(message)
```

（3）使用标志

在更复杂的程序中，很多不同的事件都会导致程序停止运行，在这种情况下，该怎么办呢？在要求很多条件都满足时才继续运行的程序中，可定义一个变量，用于判断整个程序是否处于活动状态。这个变量被称为标志，充当了程序的交通信号灯，可让程序在标志为 True 时继续运行，并在任何事件导致标志的值为 False 时让程序停止运行。这样，在 while 语句中就只需要检查一个条件标志的当前值是否为 True，并将所有测试标志设置为 False 的事件都放在其他地方，从而让程序变得更为整洁。

```
prompt = "\n请输入一段话,我将重复打印这段话:"
prompt + = "\n输入 quit 退出程序\n:"
message =""
flag = True
while flag:
    message = input(prompt)
    if message = = "quit":
        flag = False
    else:
        print(message)
```

（4）使用 break 退出循环

要立即退出 while 循环，不再运行循环中余下的代码，也不管条件测试的结果如何，可使用 break 语句。break 语句用于控制程序流程，可使用它来控制哪些代码行执行，哪些代码行不执行，从而让程序按照要求执行代码。在以下的程序中，可以在用户输入 quit 后，使用 break 语句立即退出 while 循环。

```
prompt = "\n 请输入一段话,我将重复打印这段话:"
prompt + = "\n 输入 quit 退出程序 \n:"
message =""
while True:
    message = input(prompt)
    if message = = "quit":
        break
    else
        print(message)
```

3. break 和 continue

break 含义是要在某个地方中断循环，跳出循环体，下面举个简单的例子。

```
#! use/bin/env python
# coding=utf-8

a = 8
while a:
    if a%2 = = 0:
        break
    else:
        print("{} is odd number". format(a))
        a - = 1
print("{} is even number". format(a))
```

a=8 的时候，除以 2，余数等 =0，所以执行循环体中的 break，跳出 while 循环，并执行最后的打印语句，得到结果：

```
8 is even number
```

如果 a=9，则要执行 else 里的 print()和 a - =1 语句，此时 a=a-1=8，循环就会再执行一次，又 break 了。输出结果如下。

```
9 is odd number
8 is even number
```

而 continue 则是要从当前位置（continue 所在位置）跳到循环体的最后一行的后面（不执行最后一行）。对一个循环体来讲。就如同首尾衔接一样，最后一行的后面是哪里呢？当然是开始了。

```
a = 9
while a:
    if a%2 = = 0:
        a - = 1
        continue  #如果是偶数就返回循环的开始
    else:
        print("{} is odd number". format(a))
        a - =1
```

其实，对于 break 和 continue，建议在编程中较少使用，尽量将条件在循环之前做足，不要在循环中跳来跳去，因为这样不仅可读性下降了，而且有时候自己也容易糊涂。

4. while…else

while…else 有点类似于 if…else，下面介绍一个例子就可以帮助读者理解 while…else 的用法。当然，如果执行 else，就意味着已经不在 while 循环内了。

```
count = 0
while count < 5:
    print(count,"is less than 5")
    count = count + 1
else:
    print(count,"is not less than 5")
```

执行结果如下。

```
0 is less than 5
1 is less than 5
2 is less than 5
3 is less than 5
4 is less than 5
5 is not less than 5
```

5. for…else

除了 while…else 之外，还有 for…else。这个循环也通常用于跳出循环之后要做的事情。

```
from  math importsqrt
for n in range(99,1, -1):
    root  =sqrt(n)
    if root  = = int(root):
        print(n)
        break
else:
print("Nothing.")
```

上面的代码，读者不妨试着做注释，看看代码到底是怎么执行的。如果把 for n in range（99,1, -1）修改为 for n in range（99,81, -1），看看是什么结果?

4.2.2　训练 1：列写编程猫家族的成员名单

为了更好地准备晚宴，阿短找到编程猫决定利用 Python 确定一些细节。

“编程猫，你在忙什么呢?”

“那我来帮助你吧!”

“真的么？那可太好了。”

```
> > >name_list = ["阿短","编程猫","绿豆","阿尔法","小可","小精灵"]
> > >for name in name_list:
```

```
>>>print(name)
```

以上代码中，首先在源码编辑器中定义一个编程猫家族的列表，这和之前定义的食物列表差不多。接着，使用 for 语句历遍这个列表。最后，再使用 print( )语句让编程猫家族依次报名就可以啦。

“这样一来我们统计的效率就更高了。”

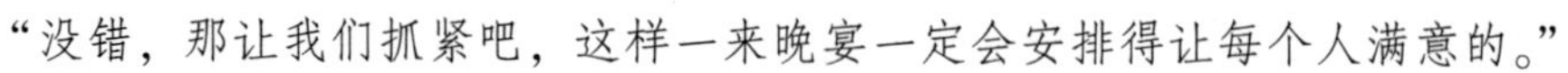

“没错，那让我们抓紧吧，这样一来晚宴一定会安排得让每个人满意的。”

4.2.3 训练 2：判断最大值

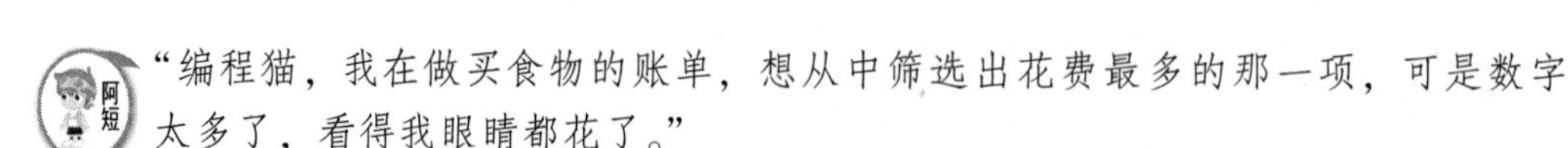

“编程猫，我在做买食物的账单，想从中筛选出花费最多的那一项，可是数字太多了，看得我眼睛都花了。”

“原来是这样，不要愁眉苦脸的了，让 Python 来帮助你吧。”

“可是数据很多，Python 能应付这么多数据吗？”

“当然，不要小看 Python。”

```
>>>number_list = [0,5,8,6,7,3,9,44,88,1]
>>>number_max = number_list[0]
>>>for number in number_list:
>>>if number_max < number:
>>>number_max = number
>>>print(number_max)
```

“你能够给我讲讲这个程序的意思吗？”

“当然可以了。首先我们定义了一个列表，并且将数据输入在其中。接着定义一个变量，把列表中的第一个元素赋给它并且使用 for 语句历遍这个列表。接着再将变量和遍历的元素进行比较。最后，将其打印出来就好了。”

“这样一来我就可以很快地筛选出花销最大的值了，而且也不会把自己搞乱了。”

4.2.4 训练 3：协助阿短寻找偶数

“阿短，你怎么了，是宴会上还有什么事情没有处理好吗？”

“你还记得之前我们用 Python 判断一个数为奇偶数从而排座位吗？”

“记得，你当时不是已经掌握了吗？”

“但是现在我需要将一些数中的奇偶数筛选出来，那么多数，这可一下子把我难住了”

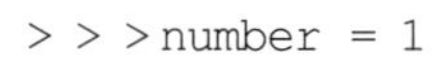

“别着急，让我来帮你一起吧!”

```
>>>number = 1
>>>while number < 10:
>>>number += 1
>>>if number % 2 == 0:
>>>else:
>>>continue
>>>print(number)
```

在上述代码中，首先初始化一个 number = 1。接着，我们设立一个循环条件 number <= 10，并且让 number 的值每次进入循环就加 1。最后用 if 判断 number 是否为奇数，当 number 为奇数时便跳出循环。

4.3　运算符

编程语言的运算符是比较多的，运算符大致可以分为 3 种类型：算术运算符、比较运算符和逻辑运算符。

阿短的前行目标

- 能描述并解释 Python 的运算符。
- 能理解每种运算符的作用。
- 能熟练使用运算符进行程序调试。

4.3.1　运算符的应用

本节将对算术运算符、比较运算符和逻辑运算符进行详细介绍。本节还介绍使用运算符实现数值运算的案例。

1. 算术运算符

针对一个以上的操作数项目来进行运算。例如：2 + 3，其操作数是 2 和 3，运算符是“ + ”。在 Python 中运算符主要用于两个对象算数计算（加减乘除等运算），表 4-1 为常用的算术运算符。

表 4-1　算术运算符

运　算　符	描　　述	实　　例
+	两个对象相加	10 + 20 输出结果 30
-	得到负数或是一个数减去另一个数	10 - 20 输出结果 - 10
*	两个数相乘或是返回一个被重复若干次的字符串	10 * 20 输出结果 200
/	x 除以 y	20/10 输出结果 2.0

（续）

运 算 符	描 述	实 例
%	取余，返回除法的余数	20%10 输出结果 0
* *	幂，返回 x 的 y 次幂	10 * *2 输出结果 100
//	取整，返回商的整数部分	9/2 输出结果 4

2. 比较运算符

在计算机高级语言编程中，任何两个同一类型的对象都可以进行比较，比如两个数字、两个字符串等。注意，一定是两个同一类型的对象。

比较运算符在小学数学中就已经有了，例如，大于、小于、等于、不等于等。Python 里面也是如此，如表 4-2 所示。

以下假设 a =10，b =20。

表 4-2　运算符

运 算 符	描 述	实 例
= =	比较对象是否相等	(a = =b) 返回 Flase
! =	不等于，比较两个对象是否不相等	(a! =b) 返回 True
>	大于，返回 a 是否大于 b	(a >b) 返回 Flase
<	小于，返回 a 是否小于 b	(a <b) 返回 True
> =	大于等于，返回 a 是否大于等于 b	(a > =b) 返回 False
< =	小于等于，返回 a 是否小于等于 b	(a < =b) 返回 True

3. 逻辑运算符

在 Python 中，逻辑运算符又称为布尔运算符，该运算符包括 and、or、not 三种类型。接下来对布尔运算符进行详细介绍。

（1）布尔类型

布尔值是“真”（True）或“假”（False）中的一个。动作脚本也会在适当时将值 True 和 False 转换为 1 和 0。布尔值和布尔代数的表示完全一致，一个布尔值只有 True 或 False 两种值，要么是 True，要么是 False。

在 Python 中，可以直接用 True、False 表示布尔值（请注意大小写，只有首字母大写），也可以通过布尔运算计算出来。

所有标准对象均可用于布尔测试，同类型的对象之间可以比较大小。每个对象天生具有 布尔 True 或 False 值，例如，空对象、值为零的任何数字或者 Null 对象 None 的布尔值都是 False。

（2）布尔运算

进行布尔运算的运算符称为逻辑运算符，包括 and、or 和 not。

1）and，解释为“与”运算，但事实上，这种翻译容易引起望文生义的理解。其正确的理解和“与”却有着极大的区别，例如 A and B，含义是：首先运算 A，如果 A 的值是 True，就计算 B，并计算将 B 的结果作为最终结果返回。如果 B 的结果是 False，那么 A 和 B

的最终结果就是 False；如果 B 的结果是 True，那么 A 和 B 的最终结果就是 True。如果 A 的值是 False，那么就不计算 B，直接返回 A and B 的结果为 False。

比如，5 >3 和 4 <9，首先运算 5 >3，返回的值是 True；再运算 4 <9，返回的值也是 True，那么这个表达式的最终结果为 True。

```
>>> 5 >3 and 4 <9
True
```

再如，5 >3 和 4 <2，首先运算 5 >3，返回的值是 True；再运算 4 <2，返回的值是 False，那么这个表达式的最终结果是 False。

```
>>> 5 >3 and 4 <2
False
```

再如，5 <3 and 4 <9，先运算 5 <3，返回的值是 False，就不需要运算 4 <9 了，直接返回这个结果作为最终结果（对这种现象，有一个形象的说法，称为“短路”）。

```
>>> 5 <3 and 4 <2
False
```

前面介绍容易引起望文生义的理解，因为有不少人认为需要根据 and 两边的值确定返回结果，两边值都是 True 则返回 True，有一个是 False 就返回 False。根据这种理解得到的结果，与前述理解得到的结果是一样的，但是运算量不一样。短路求值，能够减少计算量，提高计算布尔表达式的速度。

根据上面的叙述将计算过程综合一下，在计算 A and B 时，可以用如下代码表述。

```
if A == False:
return False
else:
return bool(B)
```

上面这段算是伪代码。所谓伪代码，不是真正的代码，是无法运行的。但是，伪代码也有用途，能够以类似代码的方式表达一种计算过程。

2）or，翻译为“或”运算。在计算 A or B 时，可以用如下代码表述。

```
if A==True:
return True
else:
return bool(B)
```

是不是能够看懂上面的伪代码呢？下面再增加每行的注释更容易理解其含义。这个伪代码跟自然的英语差不多。

```
if A==True:      #如果 A 的值是 True
return True      #v 返回 True,表达式最终结果是 True
else:            #否则,也就是 A 的值不是 True
return bool(B)   #看 B 的值,然后返回 B 的值作为最终结果
```

根据上面的运算过程，分析下面的例子，是不是和运算结果一致？

```
>>> 4 <3 or 4 <9
True
>>> 4 <3 or 4 >9
```

```
False
>>> 4>3 or 4>9
True
```

3）not，翻译为“非”，即无论面对什么，都要否定它。

```
>>> not(4>3)
False
>>> not(4<3)
True
```

以上是3个逻辑运算符，如果把 in 也列入逻辑运算符，那么就是4个了。不过，由于 in 在前面已经介绍过了，此处就不再介绍。

（3）复杂的布尔表达式

在进行逻辑判断或者条件判断的时候，不一定都是类似上面例子那样简单的表达式，有可能遇到比较复杂的表达式。如果遇到复杂的表达式，最好的方法是使用括号。

```
>>> (4<9) and (5>9)
False
>>> not(True and True)
False
```

用括号的意义非常明确。当然，布尔运算也有优先级，但是如果使用括号，就根本没有必要记住优先级。

不过，下面还是以表格的形式，按照从高到低的顺序表示布尔运算的优先级，如表4-3所示。

表4-3　布尔运算的优先级

顺　序	符　号
1	x = = y
2	x！ = y
3	not x
4	x and y
5	x or y

最后强调，一定要使用括号，不必要记忆表格中的内容。

4.3.2　训练1：核算购物的花费

在阿短完成了前期的准备之后，他决定利用 Python 对最后的细节进行敲定。但是出现了一些问题，于是他找到了编程猫，想寻求编程猫的帮助。

“编程猫，快来帮帮忙，我一个人都算不过来了。”

“怎么了，阿短，什么事情把你急得愁眉苦脸的？”

“我在核算这次买食物的花销，可数据太多了，算着算着就算糊涂了，所以才想叫你来帮帮我。”

“不就是算账嘛，这有什么难的，用 Python 就可以实现，我现在就和你一起算账吧。”

“真的吗？那我们赶快吧。”

“在算花销前，我先带你学习一下最基本的运算，毕竟不积跬步无以至千里！”

“那我们快开始吧。”

“看下面，这就是我们在平时最常用到的加、减、乘、取整、取余的运算了。”

```
a = 21
b = 10
c = 0
c = a + b
print ("1 - c 的值为:", c)
c = a - b
print ("2 - c 的值为:", c)
c = a * b
print ("3 - c 的值为:", c)
c = a / b
print ("4 - c 的值为:", c)
c = a % b
print ("5 - c 的值为:", c)
# 修改变量 a 、b 、c
a = 2
b = 3
c = a* *b
print ("6 - c 的值为:", c)
a = 10
b = 5
c = a//b
print ("7 - c 的值为:", c)
```

```
1 - c 的值为: 31
2 - c 的值为: 11
3 - c 的值为: 210
4 - c 的值为: 2.1
5 - c 的值为: 1
6 - c 的值为: 8
7 - c 的值为: 2
```

“原来 Python 里面这么简单就可以进行基本的运算了，那算花销可就难不倒我了，编程猫，谢谢你。”

“不用谢！阿短，只要你真的能有所收获就好了。”

4.3.3　训练2：比较食物的价格

“编程猫，我刚刚核算花销的时候发现，面包的价格涨价了，汽水的价格下降了，现在的物价变化真的太快了。”

“是的，阿短，但是我们可以用 Python 进行比较，这样就可以直观地感受到价格的变化趋势了。”

“真的吗？那你快来教教我。”

“没问题，我们直接来看下面的例子吧，它直观地告诉我们要怎么进行数据之间的比较。”

```
a = 21
b = 10
c = 0
if (a = = b):
print ("1 - a 等于 b")
else:
print ("1 - a 不等于 b")
if (a ! = b):
print ("2 - a 不等于 b")
else:
print ("2 - a 等于 b")
if (a < b):
print ("3 - a 小于 b")
else:
print ("3 - a 大于等于 b")
if (a > b):
print ("4 - a 大于 b")
else:
print ("4 - a 小于等于 b")
# 修改变量 a 和 b 的值
a = 5;
b = 20;
if (a < = b):
print ("5 - a 小于等于 b")
else:
print ("5 - a 大于 b")

if (b > = a):
print ("6 - b 大于等于 a")
else:
print ("6 - b 小于 a")
```

```
1 - a 不等于 b
2 - a 不等于 b
3 - a 大于等于 b
4 - a 大于 b
5 - a 小于等于 b
6 - b 大于等于 a
```

通过上面这些简单的示例，想必阿短已经掌握了简单的比较，接下来就可以完成对食物价格的比较了。

“谢谢编程猫，我尝试将不同的花销进行比较。”

“希望你能通过比较，得到一个关于物价变化的数据。”

4.3.4 训练 3：筛选参宴的客人

“编程猫，有个问题把我难住了。”

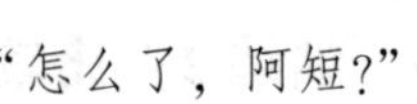

“怎么了，阿短?”

“有几个客人不在宴请名单上，我想要把他们筛选出来，那该怎么做呢?”

“别慌，我来帮你。”

```
list = [1, 2, 3, 4, 5 ];
a = 10
b = 20
if (a in list):
print ("1 - 变量 a 在给定的列表中 list 中")
```

```
else:
print ("1 - 变量 a 不在给定的列表中 list 中")
if (b not in list):
print ("2 - 变量 b 不在给定的列表中 list 中")
else:
print ("2 - 变量 b 在给定的列表中 list 中")
# 修改变量 a 的值
a = 2
if (a in list):
print ("3 - 变量 a 在给定的列表中 list 中")
else:
print ("3 - 变量 a 不在给定的列表中 list 中")
1 - 变量 a 不在给定的列表中 list 中
2 - 变量 b 不在给定的列表中 list 中
3 - 变量 a 在给定的列表中 list 中
```

“首先，我们还是定义了一个范围，接着，再判断这个数据是否在定义的范围中。最后，只需要将在范围中的数据打印出来。这样是不是很方便就可以筛选客人了呢?”

“这么方便，编程猫你太棒了。”

第5章 函数与模块

函数是组织好的，可重复使用的，用来实现单一或相关联功能的代码段。使用函数可以实现某些运算和完成各种特定操作的重要手段，有效地将程序设计中纷繁复杂的诸多需求简化为一个个基本的功能模块。灵活使用函数能够使程序更加智能化，提高可读性，既能让程序的逻辑更加清晰，也能提高编程效率。

本章主要对 Python 函数、Python 模块、NumPy 库、Matplotlib 库进行介绍，并结合相应的实例。

要点提示

1）Python 函数的知识。
2）Python 模块的导入与使用。
3）NumPy 库的介绍。
4）Matplotlib 的介绍。

5.1 Python 函数

本节主要介绍 Python 函数，对于人类来说，函数能够发展到现在的数学思维中已经是一个飞跃了。可以说，函数的出现加快了现代科技和社会的发展，所以在本节中我们系统地来学习关于函数的内容。

阿短的前行目标

- 明晰 Python 函数的定义和语法格式。
- 了解并掌握 Python 函数的调用。
- 掌握 Python 函数中参数的类型。
- 掌握 Python 函数中变量的作用域。

5.1.1 函数的基本知识

函数主要用来完成一定的功能，可以看作是实现特定功能的方法或者程序。用户编写了一些语句，为了方便重复调用这些语句，就把这些语句整合在一起，并起一个名字。

下次使用的时候只要调用这个名字，就可以实现这些语句的功能。因此，我们首先要学习函数的定义方法和调用方法。

1. Python 函数的定义

在 Python 中，程序用到的所有函数，必须“先定义，后使用”。例如，想用 sum( ) 函数来对 100 个随机数进行求和，必须事先按照规范对 sum( ) 函数进行定义，指定它的名称、参数、函数事先的功能及函数的返回值。

在 Python 中要使用自定义函数，首先要创建函数，需要使用 def 关键字创建函数。格式如下：

```
def 函数名(参数表)：
    函数体
return 返回值
```

在 Python 中使用 def 关键字来定义或者创建函数的过程中，需要注意以下事项。

1）函数代码块以 def 关键字开头，代表定义或者创建一个函数。

2）Def 后面是函数名，名字由用户指定，def 和函数名之间至少要有一个空格。

3）函数名右侧是括号，括号右侧要加冒号。括号内用于定义函数参数，称为形式参数，简称为形参，参数是可选的。如果有多个参数，参数之间用逗号隔开。

4）每个函数中的代码块以冒号（:）开始，并缩进。

5）如果函数执行之后有返回值，称为带返回值的函数。带返回值的函数，需要使用关键字 return 开头的返回语句来返回一个值，执行 return 语句意味着函数执行结束。

2. 函数的调用

在定义函数后，要使函数发挥功能，还需要调用函数。调用函数的方式是使用函数名(实参列表)，实参列表中的参数个数和类型要与形参完全一致。当程序调用一个函数时，程序的控制权就会转移到被调用的函数上，当执行完函数的返回值语句或者执行到函数结束时，调用函数就会将控制权还给调用的程序。

在调用函数时需要注意以下四点。

1）函数在没有调用之前不会执行。

2）函数名加括号，并且进行对应的传参形式。

3）在定义函数的参照括号内定义的参数，称之为形参。

4）在调用函数的时候传递值，称之为实参。

3. 函数参数的类型

函数的作用在于处理参数的能力，当调用函数时，需要将实参传递给形参。函数参数的使用可以分为两个方面：一是函数形参是如何定义的，二是函数在调用时实参是如何传递给形参的。在 Python 中，定义函数时不需要指定参数的类型，形参的类型完全由调用者的实参本身的类型决定。按照参数类型划分，可以把 Python 函数形参的表现形式分为位置参数、关键字参数、默认值参数和参数组。

（1）位置函数

位置参数函数的定义方式为函数名（参数 1，参数 2，…）。调用位置参数形式的函数时，是根据函数定义的参数位置来传递参数的，也就是说在给函数传递参数时，按照顺序，依次传值，要求实参和形参的个数必须一致。

（2）关键字函数

关键字参数是指使用形式参数的名字来确定输入的参数值。通过此方式指定函数实参时，不再需要与形参的位置完全一致，只要输入正确的参数名即可。因此，Python 函数的参数名应该具有更好的语义，这样程序可以立刻明确传入函数的每个参数的含义。

（3）默认值参数

默认值传参是在定义参数的时候，我们给形参的一个默认值。在调用函数的时候，如果不给有默认值的形参传参，会自动采用默认值。

（4）参数组

处理比当初声明时更多的参数，会将传入的参数变成元组或者字典，声明的时候不需要命名。其中，元组参数组通过给形参前面添加 * 使参数变成一个元组，所有传递的参数变成元组的元素；字典参数组通过给形参前面添加 * * 使参数变成一个字典，所有传递的参数变成字典的键值对，要求键等于值的形式。

4. 变量的作用域

作为一段程序重要的组成部分，变量有着相当高的地位，接下来就让我们一起学习关于变量的相关知识。

（1）变量作用的范围

根据变量使用范围不同，可分为局部变量和全局变量，其中局部变量是指在程序中只在特定过程或函数中可以访问的变量。如果一个变量既能在一个函数中使用，也能在其他的函数中使用，这样的变量就是全局变量。总而言之，局部变量，就是在函数内部定义的变量，可以临时保存数据，需要在函数中定义变量来进行储存。需要注意的是，不同的函数，可以定义相同名字的局部变量，而且不会产生影响。

（2）声明变量

global 声明全局变量，nonlocal 声明非本地变量。需要注意的是：在函数中不使用 global 声明全局变量是不能修改全局变量的，其本质是不能修改全局变量的指向，即不能将全局变量指向新的数据。对于不可变类型的全局变量来说，因其指向的数据不能修改，所以不使用 global 时无法修改全局变量。对于可变类型的全局变量来说，因其指向的数据可以修改，所以不使用 global 时也可以修改全局变量。

5.1.2 训练 1：在晚宴上唱一首歌曲

离宴会越来越近了，但是关于宴会的一些细节阿短还是不能确定，于是阿短找到编程猫，就宴会上的一些细节和编程猫商量。

“编程猫，我想在宴会上加一个表演歌曲的小节目给大家助助兴，你觉得怎么样呢？”

“当然可以，这样一来，我们晚宴的气氛就更好了。”

“可是我该怎么用 Python 来实现呢？”

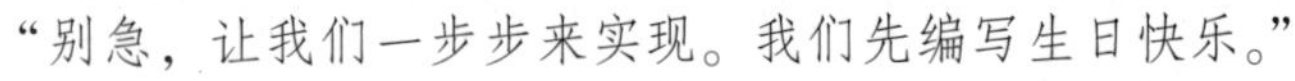


```
def blessings():
print("happy birthday to you")
```

```
blessings()
```

输出结果如下。

```
happy birthday to you
```

“编程猫，你太厉害了!”

“阿短，先别着急，这才只是一部分，想要自己编出一段歌曲还要继续学习。”

“好的，编程猫。”

5.1.3　训练 2：进一步完善程序

“阿短，之前的自定义函数你学会了吗?”

“嗯嗯，我已经掌握了编程猫。”

“好的，那我们开始下一步吧，这一步做完程序就可以得到进一步完善了”

```
def blessings(username):
print("happy birthday to you," + username.title + "!")
blessings("编程猫")
```

程序输出结果为：

```
happy birthday to you,编程猫!
```

“注意，首先，需要在函数定义 def blessings( ) 的括号内添加 username。在这里添加的 username 就可以让函数接受你给 username 指定的任何值。”

“明白了，编程猫，谢谢你。”

5.1.4　训练 3：向阿短的朋友们介绍编程猫

“编程猫，你是我的好朋友，你的属性是一只猫，那么我们应该怎样将这两条关于你的特性信息用定义函数的方式打印出来呢?”

“谢谢你阿短，你想向你的朋友们介绍我，这个用 Python 就可以实现了，现在让我们一步一步地来实现吧!”

```
def describe_pet(animal_type,pet_name):
print("I have a" + animal_type.title() + ",")
print("My" + animal_type.title() + " 's name is" + pet_name.title() + ".")
describe_pet("cat","编程猫")
```

程序输出结果如下。

```
I have a cat,my cat's name is 编程猫.
```

“注意，在这里我们需要将输入的实参储存到相应的形参中：

```
def describe_pet(animal_type,pet_name):
print("I have a" + animal_type.title() + ",")
```

```
print("my"+animal_type.title()+"'s name is "+pet_name.title()+".")
```
并对其进行调用。”

5.1.5 训练 4：另一种介绍编程猫的方法

“编程猫，我用 Python 向朋友们对你进行了介绍，现在大家都认识你了。”

“其实还有另外一种方法可以向你们朋友们介绍我。”

“那你快教教我吧。”

“没问题，这就教你。”

```
def describe_pet(animal_type,pet_name):
print("I have a "+animal_type.title()+",")
print("My"+animal_type.title()+"'s name is "+pet_name.title()+".")
describe_pet(animal_type="cat",pet_name="编程猫")
I have a cat,my cat‘s name is 编程猫.
describe_pet(animal_type="cat",pet_name="编程猫")
describe_pet(pet_name="编程猫",animal_type="cat")
```
程序输出结果为：

```
I have a cat,my cat's name is 编程猫.
```

“注意，在这里，我们需要重新编写 describe_ pet 函数，改用关键字函数定义。”

5.2 Python 模块

本节我们将深入探究函数的内容，主要学习函数的返回值。本节涉及的函数返回值是对于上一节而言的，再深度思考一些函数的相关应用。

阿短的前行目标

- 明晰并理解函数的返回值。
- 理解并利用函数返回字典。
- 掌握 Python 模块的导入。

5.2.1 返回值与函数的基本应用

返回值又被称作函数变量，是函数运行结束之后返回给调用者的值。充分理解返回值和函数之间的关系有助于我们更高效地编写程序。

1. 返回值

函数并非直接显示输出，它可以处理一些数据，并返回一个或一组值。函数返回的值称为返回值，函数可以返回任何类型的值，包括列表和字典。其中，为了让主程序容易理解，可以将函数存储在被称为模块的独立文件中，再将模块导入到主程序中。模块就是扩展名为 . py 的文件。要调用被导入模块中的函数，可指定导入模块的名称和函数名，并用句点分隔开，这些代码的输出与没有导入模块的原始模块相同。

2. 导入模块的方法

由于模块可分为整个模块和特定模块，因此导入的方式也分为两种，只有充分了解二者的差别，才能避免在编写程序时出现错误。

（1）导入整个模块

创建一个扩展名为 . py 的文件，包含要导入到程序中的代码，在文件所在的目录中创建另一个文件，这个文件导入新调用的模块，Python 在读取这个文件时会打开模板，执行其中的代码。

（2）导入特定的函数

from module_name function_name 通过“，”分隔函数名，可根据需要从模块中导入任意数量的函数，from module_name import function_0，function_1，function_2。

5.2.2　训练 1：编程猫的姓与名

“阿短，前面你已经学习了一些基本的函数知识，现在，将带你进一步学习关于函数的知识。”

“太好了，编程猫，那我们快点开始吧。”

“接下来将带你学习一个能显示出我名字的函数。”

```
def get_formatted_name(first_name, last_name):
full_name = first_name +last_name
return full_name.title()
name = get_formatted_name('编程','猫')
print (name)
```

程序输出结果如下。

编程猫

"def get_formatted_name(first_name, last_name):
full_name = first_name +last_name
return full_name.title() 编程猫,这一部分是什么意思?"

“前面我们已经将姓和名储存到变量中，那么在这里就需要将变量 full_ name 的结果返回到函数调用。最后将返回值存储到 name 变量中，并将其打印出来。”

5.2.3　训练 2：分配糖果

“编程猫，为了今天的晚宴我准备了很多糖果，看到这些袋子了吗，每个袋子中装有 0 ~ 10 颗数量不同的糖果。可是这里面的糖果该怎样分配呢?”

“口袋中有五颗以下的糖果就把口袋给我，口袋中有五颗以上的糖果就把口袋给你，可以吗?”

“当然可以！可是这里的袋子太多了，有没有一种简便的方法能够帮我们快速分拣呢？”

“这个简单，用 Python 就可以实现了。”

```
def calling_function_one():
print("编程猫")
def calling__function_two():
print("阿短")
if 0 < int(input("输入一个 0 ~10 之间的数字 : ")) < 5:
    calling_function_one()
else:
calling__function_two()
```

程序输出结果如下。

```
输入一个 0 ~10 之间的数字:5
阿短
输入一个 0 ~10 之间的数组:1
编程猫
```

“这样编写的思路是什么啊？编程猫。”

“首先我们需要定义两个函数，一个叫编程猫，一个叫阿短，接着就是用 if 进行判断，根据不同的判断结果，打印出你和我的名字就好了。”

“经过你的解释，我清楚多了。”

5.2.4 训练 3：晚宴上的菜品

“编程猫，这次我准备了很多不同的菜品，如何将不同菜品所对应不同菜系用函数打印成字典呢？”

“让我来告诉你吧！看看下面的程序。”

```
def car(oem_date, area_date, * * date):
car_dict = dict([('oem', oem_date), ('area', area_date)])
car_dict.update(date)
print(car_dict)
oem_date = '川菜'
area_date = '粤菜'
def car(oem_date, area_date, * * date):
car_dict = dict([('oem', oem_date), ('area', area_date)])
car_dict.update(date)
print(car_dict)
oem_date = '川菜'
area_date = '粤菜'
```

```
car(oem_date, area_date, color = '黑', model = 'G65')
```

“在上面的程序中，我们定义一个有两个位置参数和一个关键字参数的函数，并且使用 dict()将两个位置参数是放入字典，使用 update()将关键字参数加入字典。注意要将菜的菜品和菜系赋给两个参数位置。”

5.2.5　训练 4：制作蛋糕

“编程猫，我觉得光有糖果作为甜点不太够，还打算再做一个蛋糕，你觉得怎么样？”

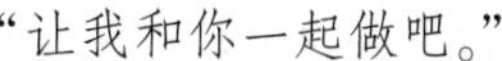

“让我和你一起做吧。”

```
def make_cake(size, * toppings):
    print("Making a " + str(size) + "_inch cake with the following toppings:")
    for topping in toppings:
        print(" - " + topping)
making_cake.py
import cake
cake.make_cake(16,‘pepperoni’)
cake.make_cake(12,‘mushrooms’,‘green peppers’)
```

让我们看看调用函数输出结果。

```
Making a 16_inch cake with the following toppings:
 - pepperoni
Making a 12_inch cake with the following toppings:
 - mushrooms
 - green peppers
```

“这个程序看起来有点特别，编程猫。”

“这都被你看出来了，阿短你真棒！没错，这次使用了导入模块的方法。首先我们创建了一个名为 cake.py 的模块，并且在 cake.py 的目录中创建另一个名为 making_cake.py 的文件，利用这个文件导入刚创建的模块。”

5.3　NumPy 库函数

Python 作为一款开源的开发软件，拥有很多供使用者直接调用的库，从而辅助使用者进行日常开发。本节将向大家介绍 NumPy 库函数的相关内容，熟练掌握这些库的使用，可以在很大程度上提高开发的效率。

阿短的前行目标

- 知晓 NumPy 库函数的原理。
- 熟练使用 NumPy 库，并进行相应的运算。

5.3.1 NumPy 库

简单了解 NumPy 库函数之后，接下来就让我们一起学习关于 NumPy 的具体使用方法，从而能够灵活调用 NumPy 函数库。

1. NumPy 库的定义

NumPy（Numerical Python）是 Python 语言的一个扩展程序库，支持大量的维度数组与矩阵运算，此外也针对数组运算提供大量的数学函数库。

NumPy 的前身是 Numeric，最早是由 Jim Hugunin 与其他协作者共同开发。2005 年，Travis Oliphant 在 Numeric 中结合了另一个同性质的程序库 Numarray 的特色，并加入了其他扩展而开发了 NumPy。NumPy 为开放源代码并且由许多协作者共同维护开发。NumPy 是一个运行速度非常快的数学库，主要用于数组计算，包含以下四种功能。

1）一个强大的 N 维数组对象 ndarray。

2）广播功能函数。

3）整合 C/C ++/Fortran 代码的工具。

4）线性代数、傅里叶变换、随机数生成等功能。

通常情况下，NumPy 与 SciPy（Scientific Python）和 Matplotlib（绘图库）一起使用，这种组合可替代 MatLab。这种组合是一个强大的科学计算环境，有助于我们通过 Python 学习数据科学或者机器学习。其中 SciPy 包含的模块有最优化、线性代数、积分、插值、特殊函数、快速傅里叶变换、信号处理和图像处理、常微分方程求解和其他科学与工程中常用的计算。Matplotlib 是 Python 编程语言及其数值数学扩展包 NumPy 的可视化操作界面。它利用通用的图形用户界面工具包（如 Tkinter，wxPython，Qt 或 GTK +）向应用程序嵌入式绘图提供了应用程序接口（API）。

2. NumPy ndarry 对象

NumPy 最重要的一个特点是 N 维数组对象 ndarray，它是一系列同类型数据的集合，以 0 下标为开始进行集合中元素的索引。

ndarray 对象是用于存放同类型元素的多维数组。

ndarray 中的每个元素在内存中都有相同存储大小的区域。

ndarray 内部由以下内容组成。

1）一个指向数据（内存或内存映射文件中的一块数据）的指针。

2）数据类型或 dtype，描述在数组中的固定大小值的格子。

3）一个表示数组形状（shape）的元组，表示各维度大小的元组。

4）一个跨度元组（stride），其中的整数指的是为了前进到当前维度下一个元素需要"跨过"的字节数。

3. NumPy 库中参数的说明

在 NumPy 函数库中有很多类型的参数，不同类型的参数所指的数据类型也不相同，只有确定了具体的参数类型，才能定义合适的类型，具体参数说明如表 5-1 所示。

表 5-1　参数说明

名　称	描　述
object	数组或嵌套的数列
dtype	数组元素的数据类型，可选
copy	对象是否需要复制，可选
order	创建数组样式，C 为行方向，F 为列方向，A 为任意方向（默认）
subok	默认返回一个与基类类型一致的数组
ndmin	指定生成数组的最小维度

“接下来将展示一些示例，通过示例读者将进一步理解本节知识。”

```
import numpy as np
a = np.array([1,2,3])
print (a)
```

程序输出结果如下：

```
[1, 2, 3]
```

“假如我们增加它的维度。”

```
import numpy as np
a = np.array([[1, 2], [3, 4]])
print (a)
```

相应的输出结果也会增加。

```
[[1, 2]
[3, 4]]
```

4. NumPy 数据类型

NumPy 支持的数据类型比 Python 内置的类型要多很多，基本上可以和 C 语言的数据类型对应上。其中部分类型与 Python 内置的类型对应，如表 5-2 所示。

表 5-2　Python 内置类型

名　称	描　述
bool_	布尔型数据类型（True 或者 False）
int_	默认的整数类型（类似于 C 语言中的 long，int32 或 int64）
intc	与 C 的 int 类型一样，一般是 int32 或 int 64
intp	用于索引的整数类型（类似于 C 的 ssize_ t，一般情况下仍然是 int32 或 int64）
int8	字节（－128 to 127）
int16	整数（－32768 to 32767）
int32	整数（－2147483648 to 2147483647）
int64	整数（－9223372036854775808 to 9223372036854775807）
uint8	无符号整数（0 to 255）
uint16	无符号整数（0 to 65535）
uint32	无符号整数（0 to 4294967295）

（续）

名　称	描　述
uint64	无符号整数（0 to 18446744073709551615）
float_	float64 类型的简写
float16	半精度浮点数，包括：1 个符号位，5 个指数位，10 个尾数位
float32	单精度浮点数，包括：1 个符号位，8 个指数位，23 个尾数位
float64	双精度浮点数，包括：1 个符号位，11 个指数位，52 个尾数位
complex_	complex128 类型的简写，即 128 位复数
complex64	复数，表示双 32 位浮点数（实数部分和虚数部分）
copmlex128	复数，表示双 64 位浮点数（实数部分和虚数部分）

注意：NumPy 的数值类型实际上是 dtype 对象的实例，并对应唯一的字符，包括 np. bool_、np. int32、np. float32 等。

数据类型对象是用来描述与数组对应的内存区域如何使用，这依赖以下几个方面。

1）数据的类型（整数，浮点数或者 Python 对象）。

2）数据的大小（例如，整数使用多少个字节存储）。

3）数据的字节顺序（小端法或大端法）。

4）在结构化类型的情况下，字段的名称、每个字段的数据类型和每个字段所取的内存块的部分。

5）如果数据类型是子数组，它的形状和数据类型。

字节顺序是通过对数据类型预先设定“<”或“>”来决定的。“<”意味着小端法（最小值存储在最小的地址，即低位组放在最前面）。“>”意味着大端法（最重要的字节存储在最小的地址，即高位组放在最前面）。

举例如下。

```
import numpy as np
# 使用标量类型
dt = np.dtype(np.int32)
print(dt)
```

输出结果如下。

```
int32
```

需要注意的是，每个内建类型都有一个唯一定义它的字符代码，如表 5-3 所示。

表 5-3　内建类型的字符代码

字　符	对应类型
b	布尔型
i	整数（有符号）
u	无符号整型 integer
f	浮点型
c	复数浮点型

（续）

字　　符	对应类型
m	timetable（时间间隔）
M	datetime（日期时间）
O	对象（python）
S，a	字符串（byte_ ）
U	Unicode
V	原始数据（viod）

5. NumPy 数组属性

NumPy 数组的维数称为秩（rank），秩就是轴的数量，即数组的维度。一维数组的秩为1，二维数组的秩为 2，以此类推。

在 NumPy 中，每一个线性的数组称为一个轴（axis），也叫维度（dimensions）。

比如说，二维数组相当于是两个一维数组，其中第一个一维数组中每个元素又是一个一维数组，所以一维数组就是 NumPy 中的轴（axis）。第一个轴相当于是底层数组，第二个轴是底层数组里的数组。而轴的数量——秩，就是数组的维数。

很多时候可以声明 axis。axis = 0，表示沿着第 0 轴进行操作，即对每一列进行操作；axis = 1，表示沿着第 1 轴进行操作，即对每一行进行操作。

表 5-4 为 NumPy 的数组中比较重要 ndarray 对象属性。

表 5-4　对象属性

属　　性	说　　明
ndarray. ndim	秩，即轴的数量或维度的数量
ndarray. shape	数组的维度，对于矩阵，n 行 m 列
ndarray. size	数组元素的总个数，相当于 . shape 中 n * m 的值
ndarray. dtype	ndarray 对象的元素类型
ndarray. itemsize	ndarray 对象中每个元素的大小，以字节为单位
ndarray. flags	ndarray 对象的内存信息
ndarray. real	ndarray 元素的实部
ndarray. imag	ndarray 元素的虚部
ndarray. data	包含实际数组元素的缓冲区，由于一般通过数组的索引获取元素，所以通常不需要使用这个属性。

6. NumPy 创建数组

ndarray 数组除了可以使用底层 ndarray 构造器来创建外，还可以通过以下几种方式来创建。

（1） numpy. empty( ) 函数

使用 numpy. empty 方法来创建一个指定形状（shape）、数据类型（dtype）且未初始化的数组。

```
numpy.empty(shape, dtype = float, order = 'C')
```

其中，shape 表示数组形状；dtype 表示数据类型，可选；order 表示有“C”和“F”两个选项，分别代表，行优先和列优先，在计算机内存中的存储元素的顺序。

举例如下。

```
import numpy as np
x = np.empty([3,2],dtype = int)
print (x)
```

其相应的输出结果为：

```
[[ 6917529027641081856  5764616291768666155]
 [ 6917529027641081859 -5764598754299804209]
 [          4497473538       844429428932120]]
```

（2） numpy.zeros( )函数

使用 numpy.zeros 方法创建指定大小的数组，数组元素以 0 来填充。

```
numpy.zeros(shape, dtype = float, order = 'C')
```

其中，shape 表示数组形状；dtype 表示数据类型，可选择；order 表示 “C” 用于 C 的行数组，或者 “F” 用于 FORTRAN 的列数组

举例如下。

```
import numpy as np
# 默认为浮点数
x = np.zeros(5)
print(x)
# 设置类型为整数
y = np.zeros((5,),dtype = np.int)
print(y)
# 自定义类型
z = np.zeros((2,2),dtype = [('x','i4'), ('y','i4')])
print(z)
```

输出结果如下。

```
[0. 0. 0. 0. 0.]
[0 0 0 0 0]
[[(0, 0) (0, 0)]
 [(0, 0) (0, 0)]]
```

（3） numpy.ones( )函数

使用 numpy.ones 方法创建指定形状的数组，数组元素以 1 来填充。

```
numpy.ones(shape, dtype = None, order = 'C')
```

其中，shape 表示数组形状；dtype 表示数据类型，可选；order 表示 “C” 用于 C 的行数组，或者 “F” 用于 FORTRAN 的列数组

举例如下。

```
import numpy as np
# 默认为浮点数
x = np.ones(5)
print(x)
```

```
# 自定义类型
x = np.ones([2,2],dtype = int)
print(x)
```

程序输出结果如下。

```
[1.1.1.1.1.]
[[1 1]
[1 1]]
```

5.3.2　训练1：计算数学函数

NumPy库提供了很多方便计算的函数可供使用者直接调用，使用者可以灵活调用NumPy库中的函数使计算更简单。下面将介绍如何用NumPy进行一些常见的运算。

“编程猫，Python中除了简单的运算之外，还能够帮我实现一些复杂运算吗？”

“我这就和你一起来学习如何计算三角函数。NumPy提供了标准的三角函数：sin()、cos()、tan()。”

```
import numpy as np
a = np.array([0,30,45,60,90])
print ('不同角度的正弦值:')
print (np.sin(a * np.pi/180))
print ('\n')
print ('数组中角度的余弦值:')
print (np.cos(a * np.pi/180))
print ('\n') print ('数组中角度的正切值:')
print (np.tan(a * np.pi/180))
```

程序输出结果如下。

```
[0.         0.5        0.70710678 0.8660254  1.        ]
数组中角度的余弦值:
[1.00000000e+00 8.66025404e-01 7.07106781e-01 5.00000000e-01
6.12323400e-17]
数组中角度的正切值:
[0.00000000e+00 5.77350269e-01 1.00000000e+00 1.73205081e+00
 1.63312394e+16]
```

“在这里我们需要通过乘法使其转换为弧度，即：print (np.sin(a * np.pi/180))。”

“同样，arcsin、arccos和arctan函数返回给指定角度的sin、cos和tan的反三角函数。这些函数的结果可以通过numpy.degrees()函数将弧度转换为角度。”

举例如下。

```
import numpy as np
a = np.array([0,30,45,60,90])
```

```
print ('含有正弦值的数组:')
sin = np.sin(a*np.pi/180)
print (sin) print ('\n')
print ('计算角度的反正弦,返回值以弧度为单位:')
inv = np.arcsin(sin)
print (inv) print ('\n')
print ('通过转化为角度制来检查结果:')
print (np.degrees(inv))
print ('\n')
print ('arccos 和 arctan 函数行为类似:')
cos = np.cos(a*np.pi/180)
print (cos) print ('\n')
print ('反余弦:')
inv = np.arccos(cos)
print (inv) print ('\n')
print ('角度制单位:')
print (np.degrees(inv))
print ('\n')
print ('tan 函数:')
tan = np.tan(a*np.pi/180)
print (tan)
print ('\n')
print ('反正切:')
inv = np.arctan(tan)
print (inv)
print ('\n')
print ('角度制单位:')
print (np.degrees(inv))
```

程序输出结果如下。

```
含有正弦值的数组:
[0.          0.5         0.70710678 0.8660254  1.        ]
计算角度的反正弦,返回值以弧度为单位:
[0.          0.52359878 0.78539816 1.04719755 1.57079633]
通过转化为角度制来检查结果:
[ 0. 30. 45. 60. 90. ]
arccos 和 arctan 函数行为类似:
[1.00000000e+00 8.66025404e-01 7.07106781e-01 5.00000000e-01
6.12323400e-17]
反余弦:
```

```
[0.         0.52359878 0.78539816 1.04719755 1.57079633]
角度制单位:
[ 0. 30. 45. 60. 90. ]
tan 函数:
[0.00000000e+00 5.77350269e-01 1.00000000e+00 1.73205081e+00
1.63312394e+16]
反正切:
[0.         0.52359878 0.78539816 1.04719755 1.57079633]
角度制单位:
[ 0. 30. 45. 60. 90. ]
```

5.3.3 训练2：计算算术函数

"编程猫，你刚刚向我展示的都是最简单的计算，NumPy中有库可以进行一些复杂的运算吗?"

"接下来我就带你学一些不一样的东西。在Python中，算术函数包含简单的加减乘除：add()、subtract()、multiply()和divide()。"

```
import numpy as np
a = np.arange(9, dtype = np.float_).reshape(3,3)
print ('第一个数组:')
print(a)
print ('第二个数组:')
b = np.array([10,10,10])
print(b)
print ('两个数组相加:')
print (np.add(a,b))
print ('两个数组相减:')
print (np.subtract(a,b))
print ('两个数组相乘:')
print (np.multiply(a,b))
print ('两个数组相除:')
print (np.divide(a,b))
```

程序输出结果如下。

```
第一个数组:
[[0. 1. 2. ]
[3. 4. 5. ]
[6. 7. 8. ]]
第二个数组:
[10 10 10]
两个数组相加:
[[10. 11. 12. ]
[13. 14. 15. ]
[16. 17. 18. ]]
两个数组相减:
[[ -10.   -9.   -8. ]
[ -7.   -6.   -5. ]
[ -4.   -3.   -2. ]]
```

```
两个数组相乘:
[[ 0.10.20. ]
[30.40.50. ]
[60.70.80. ]]
```

```
两个数组相除:
[[0.   0.1 0.2]
[0.3 0.4 0.5]
[0.6 0.7 0.8]]
```

“首先，我们需要构造如下两个数组。

```
a = np.arange(9, dtype = np.float_).reshape(3,3)
b = np.array([10,10,10])
```

接着只需要直接调用需要的运算就好了。

```
print (np.subtract(a,b))”
```

5.3.4 训练 3：调用统计函数

“在之前的活动中，我们已经对数据进行了筛选，但是都较为烦琐，利用 NumPy 库，可以直接对数据进行筛选调用。numpy.amin( ) 用于计算数组中的元素沿指定轴的最小值。numpy.amax( ) 用于计算数组中的元素沿指定轴的最大值。”

举例如下。

```
import numpy as np
a = np.array([[3,7,5],[8,4,3],[2,4,9]])
print ('我们的数组是:')
print (a) print ('\n')
print ('调用 amin() 函数:')
print (np.amin(a,1))
print ('\n')
print ('再次调用 amin() 函数:')
print (np.amin(a,0))
print ('\n')
print ('调用 amax() 函数:')
print (np.amax(a))
print ('\n')
print ('再次调用 amax() 函数:')
print (np.amax(a, axis = 0))
```

程序输出结果如下。

```
我们的数组是:
[[3 7 5]
[8 4 3]
[2 4 9]]
调用 amin() 函数:
[3 3 2]
再次调用 amin() 函数:
[2 4 3]
```

```
调用 amax() 函数:
9
再次调用 amax() 函数:
[8 7 9]
```

“此外，通过调用 numpy. ptp( )函数，我们可以直接计算出数组中最大值与最小值的差值。”

举例如下。

```
import numpy as np
a = np.array([[3,7,5],[8,4,3],[2,4,9]])
print ('我们的数组是:')
print (a) print ('\n')
print ('调用 ptp() 函数:')
print (np.ptp(a))
print ('\n')
print ('沿轴 1 调用 ptp() 函数:')
print (np.ptp(a, axis = 1))
print ('\n')
print ('沿轴 0 调用 ptp() 函数:')
print (np.ptp(a, axis = 0))
```

程序输出结果如下。

```
我们的数组是:
[[3 7 5]
[8 4 3]
[2 4 9]]
调用 ptp() 函数:
7
沿轴 1 调用 ptp() 函数:
[4 5 7]
沿轴 0 调用 ptp() 函数:
[6 3 6]
```

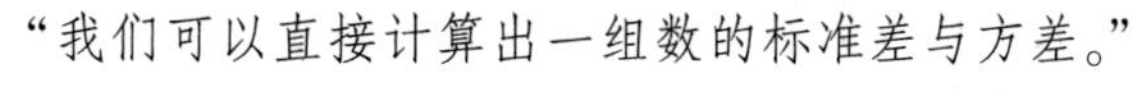

举例如下。

```
import numpy as np
print (np.std([1,2,3,4]))
```

程序输出结果如下。

```
1.1180339887498949
```

```
import numpy as np
```

```
print (np.var([1,2,3,4]))
```

程序输出结果如下。

```
1.25
```

5.3.5 训练 4：对数组进行切片处理

“ndarray 对象的内容可以通过索引或切片来访问和修改，与 Python 中 list 的切片操作一样。ndarray 数组可以基于 0 ~ n 的下标进行索引，切片对象可以通过内置的 slice 函数，并设置 start、stop 及 step 参数，从原数组中切割出一个新的数组。”

举例如下。

```
import numpy as np
a = np.arange(10)
s = slice(2,7,2) # 从索引 2 开始到索引 7 停止,间隔为 2
print (a[s])
```

程序输出结果如下。

```
[2  4  6]
```

“而一旦涉及二维和三维的矩阵时则不同。”

举例如下。

对于 X[:,0];

是取二维数组中第一维的所有数据

对于 X[:,1]

是取二维数组中第二维的所有数据

对于 X[:,m:n]

是取二维数组中第 m 维到第 n-1 维的所有数据

对于 X[:,:,0]

是取三维矩阵中第一维的所有数据

对于 X[:,:,1]

是取三维矩阵中第二维的所有数据

对于 X[:,:,m:n]

是取三维矩阵中第 m 维到第 n-1 维的所有数据

这样的讲解可能还是有点抽象，下面我们用具体的实例来讲解，相信会更加容易理解，具体如下。

```
import numpy as np
def simple_test():
data_list=[[1,2,3],[1,2,1],[3,4,5],[4,5,6],[5,6,7],[6,7,8],[6,7,9],
[0,4,7],[4,6,0],[2,9,1],[5,8,7],[9,7,8],[3,7,9]]
# data_list.toarray()
data_list=np.array(data_list)
print 'X[:,0]结果输出为:'
print data_list[:,0]
```

```
print 'X[:,1]结果输出为:'
print data_list[:,1]
print 'X[:,m:n]结果输出为:'
printdata_list[:,0:1]     data_list=[[[1,2],[1,0],[3,4],[7,9],[4,0]],
[[1,4],[1,5],[3,6],[8,9],[5,0]],[[8,2],[1,8],[3,5],[7,3],[4,6]],
         [[1,1],[1,2],[3,5],[7,6],[7,8]],[[9,2],[1,3],[3,5],[7,67],
[4,4]],[[8,2],[1,9],[3,43],[7,3],[43,0]],            [[1,22],[1,2],
[3,42],[7,29],[4,20]],[[1,5],[1,20],[3,24],[17,9],[4,10]],[[11,2],
[1,110],[3,14],[7,4],[4,2]]]     data_list=np.array(data_list)
print 'X[:,:,0]结果输出为:'
print data_list[:,:,0]
print 'X[:,:,1]结果输出为:'
print data_list[:,:,1]
print 'X[:,:,m:n]结果输出为:'
print data_list[:,:,0:1]
if __name__ == '__main__':
simple_test()
```

程序输出结果如下。

```
X[:,0]结果输出为:
[1 1 3 4 5 6 6 0 4 2 5 9 3]
X[:,1]结果输出为:
[2 2 4 5 6 7 7 4 6 9 8 7 7]
X[:,m:n]结果输出为:
[[1]
[1]
[3]
[4]
[5]
[6]
[6]
[0]
[4]
[2]
[5]
[9]
[3]]
X[:,:,0]结果输出为:
[[ 1  1  3  7  4]
[ 1  1  3  8  5]
[ 8  1  3  7  4]
[ 1  1  3  7  7]
[ 9  1  3  7  4]
[ 8  1  3  7 43]
[ 1  1  3  7  4]
[ 1  1  3 17  4]
[11  1  3  7  4]]
X[:,:,1]结果输出为:
[[  2   0   4   9   0]
[   4   5   6   9   0]
[   2   8   5   3   6]
[   1   2   5   6   8]
[   2   3   5  67   4]
[   2   9  43   3   0]
[  22   2  42  29  20]
[   5  20  24   9  10]
[   2 110  14   4   2]]
X[:,:,m:n]结果输出为:
[[[ 1]
[ 1]
[ 3]
[ 7]
[ 4]]

[[ 1]
```

```
[ 1]
[ 3]
[ 8]
[ 5]]

[[ 8]
[ 1]
[ 3]
[ 7]
[ 4]]

[[ 1]
[ 1]
[ 3]
[ 7]
[ 7]]

[[ 9]
[ 1]
[ 3]
[ 7]
[ 4]]
[[ 8]
[ 1]
[ 3]
[ 7]
[43]]

[[ 1]
[ 1]
[ 3]
[ 7]
[ 4]]

[[ 1]
[ 1]
[ 3]
[17]
[ 4]]

[[11]
[ 1]
[ 3]
[ 7]
[ 4]]]
[Finished in 0.6s]
```

5.3.6　训练 5：使用 NumPy 进行排序

"NumPy 提供了多种排序的方法。这些排序函数实现不同的排序算法，每个排序算法的特征在于执行速度、最坏情况性能、所需的工作空间和算法的稳定性。表 5-5 为三种排序算法的比较"

表 5-5　三种排序算法

种　类	速　度	最坏情况	工作空间	稳定性
'quicksort'（快速排序）	1	O（n^2）	0	否
'mergesort'（归并排序）	2	O（n*log（n））	~n/2	是
'heapsort'（堆排序）	3	O（n*log（n））	0	否

"numpy. argsort() 函数返回的是数组值从小到大的索引值。"

```
import numpy as np
x = np.array([3, 1, 2])
print ('我们的数组是:')
print (x) print ('\n')
```

```
print ('对 x 调用 argsort() 函数:')
y = np.argsort(x)
print (y)
print ('\n')
print ('以排序后的顺序重构原数组:')
print (x[y])
print ('\n')
print ('使用循环重构原数组:')
for i in y:
print (x[i], end=" ")
```

程序输出结果如下。

```
我们的数组是:
[3 1 2]
对 x 调用 argsort() 函数:
[1 2 0]
以排序后的顺序重构原数组:
[1 2 3]
使用循环重构原数组
1 2 3
```

"numpy. argmax( ) 和 numpy. argmin( ) 函数分别为沿给定轴返回最大和最小元素的索引。"

例如:

```
import numpy as np
a = np.array([[30,40,70],[80,20,10],[50,90,60]])
print ('我们的数组是:')
print (a)
print ('\n')
print ('调用 argmax() 函数:')
print (np.argmax(a))
print ('\n')
print ('展开数组:')
print (a.flatten())
print ('\n')
print ('沿轴 0 的最大值索引:')
maxindex = np.argmax(a, axis = 0)
print (maxindex) print ('\n')
print ('沿轴 1 的最大值索引:')
maxindex = np.argmax(a, axis = 1)
print (maxindex) print ('\n')
print ('调用 argmin() 函数:')
minindex = np.argmin(a)
print (minindex)
print ('\n')
```

```
print ('展开数组中的最小值:')
print (a.flatten()[minindex])
print ('\n')
print ('沿轴 0 的最小值索引:')
minindex = np.argmin(a, axis = 0)
print (minindex)
print ('\n')
print ('沿轴 1 的最小值索引:')
minindex = np.argmin(a, axis = 1)
print (minindex)
```

程序输出结果如下。

```
我们的数组是:
[[30 40 70]
[80 20 10]
[50 90 60]]
调用 argmax() 函数:
7
展开数组:
[30 40 70 80 20 10 50 90 60]
沿轴 0 的最大值索引:
[1 2 0]
沿轴 1 的最大值索引:
[2 0 1]
调用 argmin() 函数:
5
展开数组中的最小值:
10
沿轴 0 的最小值索引:
[0 1 1]
沿轴 1 的最小值索引:
[0 2 0]
```

“numpy.extract() 函数根据某个条件从数组中抽取元素，返回满条件的元素。”举例如下。

```
import numpy as np
x = np.arange(9.).reshape(3, 3)
print ('我们的数组是:')
print (x) # 定义条件，选择偶数元素
condition = np.mod(x,2) = = 0
print ('按元素的条件值:')
print (condition)
print ('使用条件提取元素:')
print (np.extract(condition, x))
```

程序输出结果如下。

```
我们的数组是:
[[0. 1. 2. ]
[3. 4. 5. ]
[6. 7. 8. ]]
按元素的条件值:
[[ True False  True]
[False  True False]
```

```
[ True False  True]]
使用条件提取元素:
[0. 2. 4. 6. 8. ]
```

5.3.7　训练 6：用 NumPy 计算矩阵

“NumPy 中包含了一个矩阵库 numpy. matlib，该模块中的函数返回的是一个矩阵，而不是 ndarray 对象。一个 m * n 的矩阵是由 m 行（row）n 列（column）元素排列成的矩形阵列。矩阵里的元素可以是数字、符号或数学式。matlib. empty( ) 函数返回一个新的矩阵，语法格式如下。

numpy. matlib. empty（shape，dtype，order）

其中，shape 为定义新矩阵形状的整数或整数元组；Dtype 为可选，数据类型；order 为 C（行序优先）或者 F（列序优先）。

numpy. matlib. zeros( ) 函数创建一个以 0 填充的矩阵；numpy. matlib. ones( ) 函数创建一个以 1 填充的矩阵。”

举例如下。

```
import numpy.matlib
import numpy as np
print (np.matlib.zeros((2,2)))
```

程序输出结果如下。

```
[[0. 0. ]
[0. 0. ]]
```

“numpy. matlib. eye( ) 函数返回一个矩阵，对角线元素为 1，其他位置为零。

```
numpy.matlib.eye(n, M,k, dtype)
```

其中，n 为返回矩阵行数；M 为返回矩阵列数，默认值为 n；k 为对角线的索引；dtype 为数据类型。”

举例如下。

```
import numpy.matlib
import numpy as np
print (np.matlib.eye(n = 3, M = 4, k = 0, dtype = float))
```

程序输出结果如下。

```
[[1. 0. 0. 0. ]
[0. 1. 0. 0. ]
 [0. 0. 1. 0. ]]
```

“而 numpy. matlib. rand( ) 函数创建一个给定大小的矩阵，数据是随机填充的。”

举例如下。

```
import numpy.matlib
import numpy as np
print (np.matlib.rand(3,3))
```

程序输出结果如下。

```
[[0.23966718 0.16147628 0.14162   ]
[0.28379085 0.59934741 0.62985825]
[0.99527238 0.11137883 0.41105367]]
```

5.3.8 训练 7：用 NumPy 计算线性代数

“NumPy 提供了线性代数函数库 linalg，该库包含了线性代数所需的大部分功能，如表 5-6 所示。”

表 5-6 函数描述

函 数	描 述
Dot	两个数组的点积，即元素对应相乘
Vdot	两个向量的点积
Inner	两个数组的内积
Matmul	两个数组的矩阵积
Determinant	数组的行列式
Solve	求解线性矩阵方程
inv	计算矩阵的乘法逆矩阵

“numpy. dot( ) 对于两个一维的数组，计算的是这两个数组对应下标元素的乘积和（数学上称之为内积）；对于二维数组，计算的是两个数组的矩阵乘积；对于多维数组，它的通用计算公式如下，即结果数组中的每个元素都是：数组 a 的最后一维上的所有元素与数组 b 的倒数第二位上的所有元素的乘积和。

```
dot(a,b)[i,j,k,m] = sum(a[i,j,:]* b[k,:,m])
numpy.dot(a,b,out=None)
```

其中，a 、b 表示 ndarray 数组；out 表示 ndarray，可选，用来保存 dot( )的计算结果。”

举例如下。

```
import numpy.matlib
import numpy as np
a = np.array([[1,2],[3,4]])
b = np.array([[11,12],[13,14]])
print(np.dot(a,b))
```

程序输出结果如下。

```
[[37 40]
[85 92]]
```

其中计算式为：[[1 * 11 +2 * 13, 1 * 12 +2 * 14], [3 * 11 +4 * 13, 3 * 12 +4 * 14]]

"numpy. vdot( ) 函数是两个向量的点积。如果第一个参数是复数，那么它的共轭复数会用于计算。如果参数是多维数组，它会被展开。"

举例如下。

```
import numpy
as np a = np.array([[1,2],[3,4]])
b = np.array([[11,12],[13,14]])
#vdot 将数组展开计算内积
print (np.vdot(a,b))
```

程序输出结果如下。

130 其中计算式为：1 * 11 + 2 * 12 + 3 * 13 + 4 * 14 = 130

"numpy. inner( ) 函数返回一维数组的向量内积。对于更高的维度，它返回最后一个轴上的和的乘积。"

举例如下。

```
import numpy as np
print (np.inner(np.array([1,2,3]),np.array([0,1,0])))
# 等价于 1 * 0 + 2 * 1 + 3 * 0
```

程序输出结果如下。

```
2
```

"假如我们增加数组的数量"

```
import numpy as np
a = np.array([[1,2], [3,4]])
print ('数组 a:') print (a)
b = np.array([[11, 12], [13, 14]])
print ('数组 b:')
print (b)
print ('内积:')
print (np.inner(a,b))
```

程序输出结果如下。

```
数组 a:
[[1 2]
[3 4]]
数组 b:
[[11 12]
[13 14]]
```

```
内积:
[[35 41]
[81 95]]
内积计算式为:
1 * 11 + 2 * 12, 1 * 13 + 2 * 14
3 * 11 + 4 * 12, 3 * 13 + 4 * 14
```

"numpy. matmul 函数返回两个数组的矩阵乘积。虽然它返回二维数组的正常乘积，但是如果任一参数的维数大于 2，则将其视为存在于最后两个索引的矩阵的栈，并进行广播。

另一方面，如果任一参数是一维数组，则通过在其维度上附加 1 来为其提升为矩阵，并在乘法之后被去除。对于二维数组它就是矩阵乘法。”

举例如下。

```
import numpy.matlib
import numpy as np
a = [[1,0],[0,1]]
b = [[4,1],[2,2]]
print (np.matmul(a,b))
```

程序输出结果如下。

```
[[4 1]
[2 2]]
```

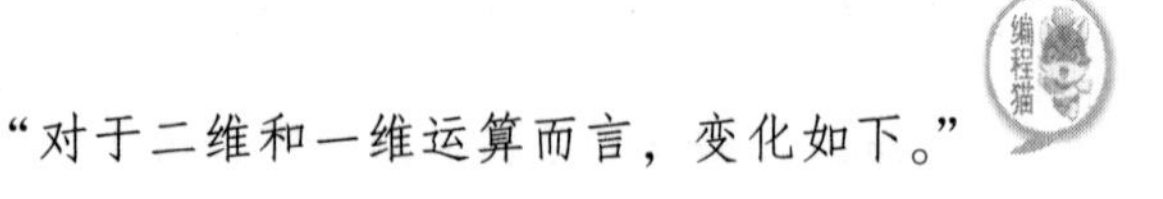

“对于二维和一维运算而言，变化如下。”

```
import numpy.matlib
import numpy as np
a = [[1,0],[0,1]]
b = [1,2]
print (np.matmul(a,b))
print (np.matmul(b,a))
```

程序输出结果如下。

```
[1 2]
[1 2]
```

“至于那些大于二维的数组，变化如下。”

```
import numpy.matlib
import numpy as np
a = np.arange(8).reshape(2,2,2)
b = np.arange(4).reshape(2,2)
print (np.matmul(a,b))
```

程序输出结果如下。

```
[[[ 2 3]
[ 6 11]]
[[10 19]
[14 27]]]
```

“numpy.linalg.det()函数计算输入矩阵的行列式。行列式在线性代数中是非常有用的值、它从方阵的对角元素计算。对于 2×2 矩阵，它是左上和右下元素的乘积与其他两个的乘积的差。换句话说，对于矩阵 [[a, b], [c, d]]，行列式计算为 ad-bc。较大的方阵被认为是 2×2 矩阵的组合。”

举例如下。

```
import numpy as np
b = np.array([[6,1,1], [4, -2, 5], [2,8,7]])
print (b)
```

```
print (np.linalg.det(b))
print (6*(-2*7 - 5*8) - 1*(4*7 - 5*2) + 1*(4*8 - -2*2))
```

程序输出结果如下。

```
[[ 6 1 1]
[ 4 -2 5]
[ 2 8 7]]
-306.0
-306
```

“同样，我们也可以利用Python来计算线性方程组。”

举例如下。

```
方程组x + y + z = 6
      2y + 5z = -4
      2x + 5y - z = 27
```

可以使用矩阵表示为：$\begin{bmatrix} 9 & 1 & 1 \\ 0 & 2 & 5 \\ 2 & 5 & -1 \end{bmatrix} \begin{bmatrix} x \\ y \\ z \end{bmatrix} = \begin{bmatrix} 6 \\ -4 \\ 27 \end{bmatrix}$

如果矩阵成为A、X和B，方程变为。

```
AX = B
或
X = A^(-1)B
```

“既然提到了矩阵，那么就一定会涉及逆矩阵。numpy.linalg.inv()函数就可以计算矩阵的乘法逆矩阵。”

举例如下。

```
import numpy as np
a = np.array([[1,1,1],[0,2,5],[2,5, -1]])
print ('数组 a:')
print (a)
ainv = np.linalg.inv(a)
print ('a 的逆:')
print (ainv)
print ('矩阵 b:')
b = np.array([[6],[ -4],[27]])
print (b)
print ('计算:A^(-1)B:')
x = np.linalg.solve(a,b)
print (x)
# 这就是线性方向 x = 5, y = 3, z = -2 的解
```

程序输出结果如下。

```
数组 a:
[[ 1 1 1]
```

```
[ 0 2 5]
[ 2 5 -1]]
a 的逆:
[[ 1.28571429 -0.28571429 -0.14285714]
[ -0.47619048 0.14285714 0.23809524]
[ 0.19047619 0.14285714 -0.0952381 ]]
矩阵 b:
[[ 6]
[ -4]
[27]]
计算:A^(-1)B:
[[ 5.]
[ 3.]
[ -2.]]
结果也可以使用以下函数获取:
x = np.dot(ainv,b)
```

5.4 Matplotlib 库函数

Matplotlib 是 Python 的绘图库，可与 NumPy 一起使用，提供一种有效的 MATLAB 开源替代方案。它也可以和图形工具包一起使用，如 PyQt 和 wxPython。

阿短的前行目标

- 了解 Matplotlib 库函数的原理。
- 熟练使用 Matplotlib 库，并用其进行绘图。

5.4.1 Matplotlib 函数库

Matplotlib 函数库作为一个与 NumPy 函数库结合使用频率较高的函数库，使用的范围非常广泛。同时，二者结合使用有助于高效地进行编写程序。

1. Matplotlib 库的安装

在 Windows 系统下，进入到 cmd 窗口，执行以下命令。

```
python -m pip install -U pipsetuptools
python -m pip installMatplotlib
```

安装完成之后，使用 python-m pip list 命令来查看是否成功安装了 Matplotlib 模块。

```
$ python -m pip list | grepMatplotlib
Matplotlib (1.3.1)
```

出现上述代码，就代表 Matplotlib 库安装成功，同时可以查看到相应的版本。

2. 图像、子图、坐标轴记号

在快速绘图中，我们可以很方便地使用隐式的方法来绘制图像和坐标轴，相反，我们也可以显式地控制图像、子图、坐标轴。Matplotlib 中的“图像”指的是用户界面看到的整个窗口的内容。在图像里面有所谓的“子图”，子图的位置是由坐标网格确定的，而“坐标轴”却不受此限制，可以放在图像的任意位置。

1）图像：所谓“图像”就是 GUI 里以“Figure#”为标题的窗口。图像编号从 1 开始，与 MATLAB 的风格一致，而与 Python 从 0 开始编号的风格不同。

这些默认值可以在源文件中指明，如表 5-7 所示。不过除了图像数量参数外，其余的参数都很少修改。

表 5-7　参数的默认值

参　　数	默 认 值	描　　述
num	1	图像的数量
figsize	figure. figsize	图像的长和宽（英寸）
dpi	figure. dpi	分辨率（点/英寸）
facecolor	figure. facecolor	绘图区域的背景颜色
edgecolor	figure. degecolor	绘图区域边缘的颜色
frameon	Ture	是否绘制图像边缘

在图形界面中可以单击右上角的 × 按钮来关闭窗口。Matplotlib 也提供了名为 close 的函数来关闭这个窗口。close 函数的具体行为取决于提供的参数：不传递参数为关闭当前窗口；传递窗口编号或窗口实例（instance）作为参数为关闭指定的窗口；all 为关闭所有窗口。

同样，我们可以使用 setp 或者 set_ something 方法来设置图像的属性。

2）子图：我们可以用子图来将图样（plot）放在均匀的坐标网格中。用 subplot 函数的时候，需要指明网格的行列数量，以及希望将图样放在哪一个网格区域中。此外，gridspec 的功能更强大，也可以选择它来实现这个功能。

3）坐标轴：坐标轴和子图功能类似，不过它可以放在图像的任意位置。因此，如果希望在一幅图中绘制一个小图，就可以用这个功能。

3. 图形中显示中文

Matplotlib 默认情况不支持中文，需要在 https：//www. fontpalace. com/font - details/SimHei/ 下载相应的字体，接着将 SimHei. ttf 文件放在当前执行的代码文件中：

```
#fname 为 你下载的字体库路径,注意 SimHei. ttf 字体的路径
zhfont1 = Matplotlib. font_manager. FontProperties(fname = "SimHei. ttf")
```

操作完成后就可以显示出中文字体了。

4. 格式化字符

作为线性图的替代，可以通过向 plot( ) 函数添加格式字符串来显示离散值。可以使用以下格式化字符，如表 5-8 所示。

表 5-8　字符表

字　　符	描　　述
'_'	实线样式
'_ _'	点画线样式
'：'	虚线样式
'. '	点标记
'o'	圆标记
'v'	倒三角标记
'^'	正三角标记
' < '	左三角标记
' > '	右三角标记

（续）

字　　符	描　　述
'1'	下箭头标记
'2'	上箭头标记
'3'	左箭头标记
'4'	右箭头标记
's'	正方形标记
'p'	五边形标记
'*'	星形标记
'h'	六边形标记 1
'H'	六边形标记 2
'+'	加号标记
'x'	X 标记
'D'	菱形标记
'd'	窄菱形标记
'|'	竖直线标记
'_'	水平线标记

字符颜色如表 5-9 所示。

表 5-9　字符颜色

字　　符	颜　　色
'b'	蓝色
'g'	绿色
'r'	红色
'c'	青色
'm'	品红色
'y'	黄色
'k'	黑色
'w'	白色

5. 表格的基本元素

一个图表包含了图名、x 轴标签、y 轴标签、图例、x 轴边界、y 轴边界、x 刻度、y 刻度、x 刻度标签、y 刻度标签等元素。需要注意的是，范围只限定图表的长度，刻度则是决定显示的标尺。

在传统的编程语言中，绘制图像一直是一个十分烦琐的过程，而 Python 提供 Matplotlib 库，灵活调用这个库就可以将绘图操作变得简单。下面我们通过一些实际的例子来学 Matplotlib 库的使用。

5.4.2 训练1：绘制正弦波

“接下来我们将直接调用 Matplotlib 库绘制正弦波图像。”

举例如下。

```
import numpy as np
import Matplotlib.pyplot as plt
x = np.arange(0, 3 * np.pi, 0.1)
y = np.sin(x)
plt.title("sine wave form")
plt.plot(x, y)
plt.show()
```

程序输出结果，如图5-1所示。

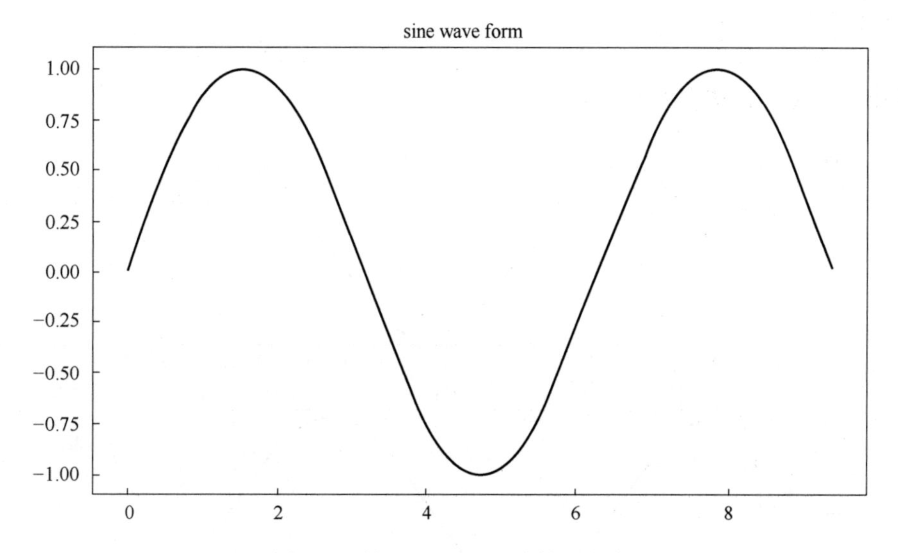

图5-1　利用Matplotlab绘制正弦波

“编程猫，这个代码你能给我解释一下吗？”

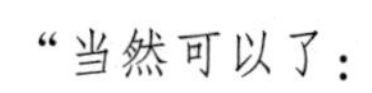

“当然可以了：

```
x = np.arange(0, 3 * np.pi, 0.1)
y = np.sin(x)
```

这里计算正弦曲线上点x和点y的坐标；

```
plt.title("sine wave form")
```

该行代码为绘制的图像命名，其中括号中的内容就是图像的名字。

同样，我们也可以绘制出余弦和正切的函数图像。”

5.4.3　训练2：同时绘制正弦和余弦值

“上面我们已经学会了绘制一个图像，接下来将向大家展示如何一次同时绘制两张图像。”

举例如下。

```
import numpy as np
import Matplotlib.pyplot as plt
x = np.arange(0, 3 * np.pi, 0.1)
y_sin = np.sin(x)
y_cos = np.cos(x)
plt.subplot(2, 1, 1)
# 绘制第一个图像
plt.plot(x, y_sin)
plt.title('Sine')
plt.subplot(2, 1, 2)
plt.plot(x, y_cos)
plt.title('Cosine')
plt.show()
```

程序输出结果，如图 5-2 所示。

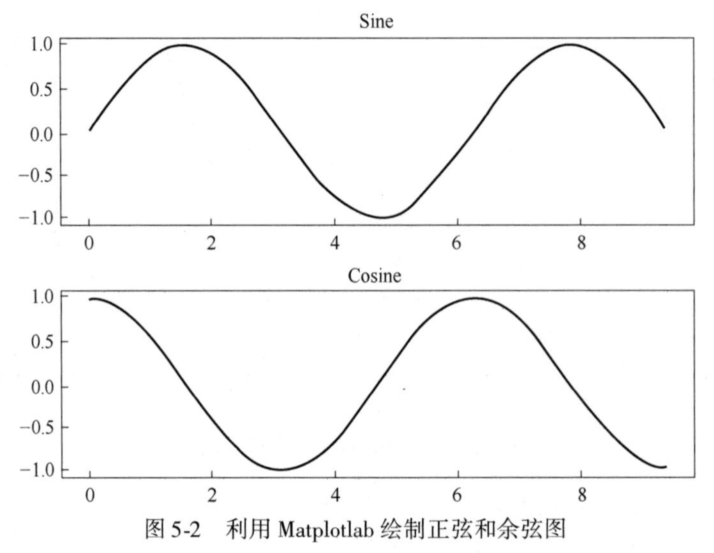

图 5-2　利用 Matplotlab 绘制正弦和余弦图

“在这段程序中，首先还是需要对正弦和余弦曲线上 x 和 y 的坐标进行计算。

x = np. arange （0，3 * np. pi，0. 1）

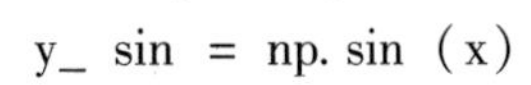

y_ sin = np. sin （x）

y_ cos = np. cos （x）

接着需要建立一个 subplot 网格，此网格的高为 2 宽为 1。

plt. subplot （2，1，1）

接着，将第二个 subplot 激活，并且在其中绘制第二个图像。

plt. subplot （2，1，2）

plt. plot （x，y_ cos）

plt. title （' Cosine '）

最后，我们将图像展示出来就可以了。”

5.4.4　训练3：绘制条形图

“我们可以使用bar()模块生成条形图，通过直接定义数据生成相应的图像。”举例如下。

```
from Matplotlib import pyplot as plt
x = [5,8,10]
y = [12,16,6]
x2 = [6,9,11]
y2 = [6,15,7]
plt.bar(x, y, align = 'center')
plt.bar(x2, y2, color = 'g', align = 'center')
plt.title('Bar graph')
plt.ylabel('Y axis')
plt.xlabel('X axis')
plt.show()
```

程序输出结果，如图5-3所示。

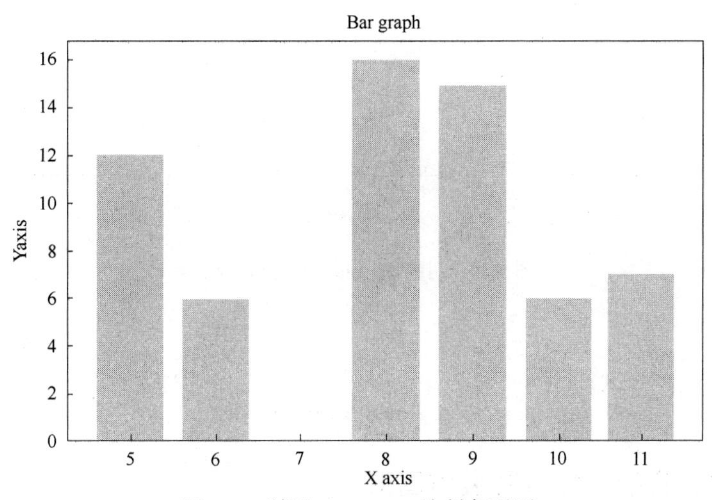

图5-3　利用Matplotlab绘制条形图

“编程猫，这里面的g代表着什么意思?”

“这就是前面介绍的图像颜色，在这里我们选择了绿色。”

5.4.5　训练4：绘制点状图

“编程猫，前面绘制的都是直接的线性图像，那Python可以绘制只有点的点状图吗?”

“当然可以。”

```
import numpy as np
from Matplotlib import pyplot as plt
```

```
x = np.arange(1,11)
y = 2 * x + 5
plt.title("Matplotlib demo")
plt.xlabel("x axis caption")
plt.ylabel("y axis caption")
plt.plot(x,y,"ob")
plt.show()
```

程序输出结果，如图 5-4 所示。

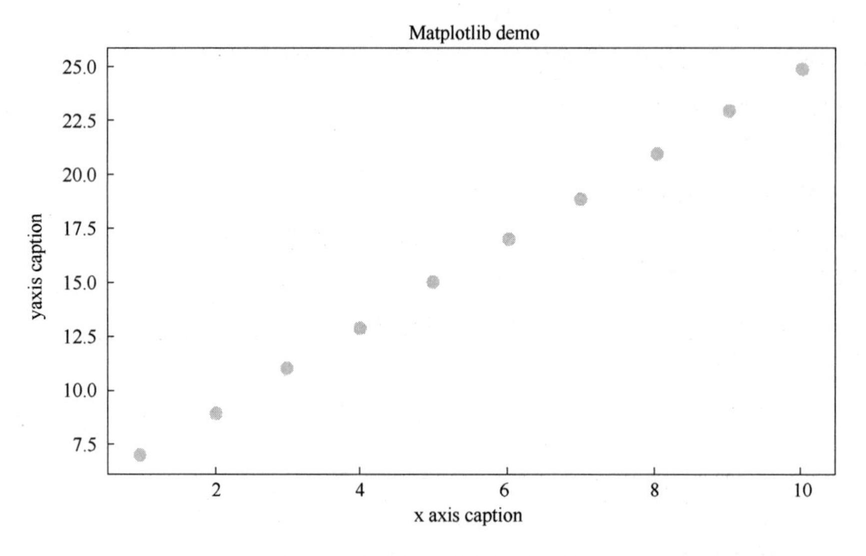

图 5-4　利用 Matplotlab 绘制点状图

“我们需要注意的是：

```
plt.plot(x,y,"ob")
```

这里的 ob 就决定了我们绘制的是点状图像了。”

5.4.6　训练 5：直接将数字转换为图形

“编程猫，如果我现在有一串数字，那可以使用 Python 直接将这些数据转换成图形吗？”

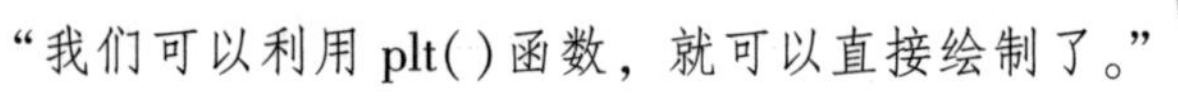

“我们可以利用 plt( )函数，就可以直接绘制了。”

```
from Matplotlib import pyplot as plt
import numpy as np
a = np.array([22,87,5,43,56,73,55,54,11,20,51,5,79,31,27])
plt.hist(a, bins = [0,20,40,60,80,100])
plt.title("histogram")
plt.show()
```

程序输出结果，如图 5-5 所示。

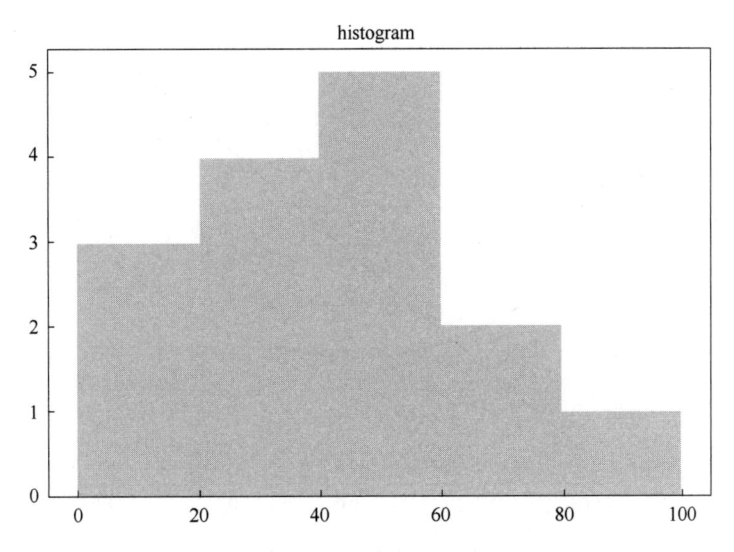

图 5-5　利用 Matplotlab 数字转换成图形

“通过这种方式，我们就可以直接将数字转化为图形了。”

5.4.7　训练 6：调用 figure 画图

“前面已经介绍了 figure 中的基本参数，现在我们就来试试如何使用 figure 画出图像。”

```
import Matplotlib.pyplot as plt
import numpy as np
x = np.linspace(-1, 1, 50)

y1 = 2 * x + 1
plt.figure()
plt.plot(x, y1)

y2 = x**2
plt.figure()
plt.plot(x, y2)

y2 = x**2
plt.figure(num = 5, figsize = (4, 4))
plt.plot(x, y1)
plt.plot(x, y2, color = 'red', linewidth = 1.0, linestyle = '--')
plt.show()
```

程序输出结果，如图 5-6 所示。

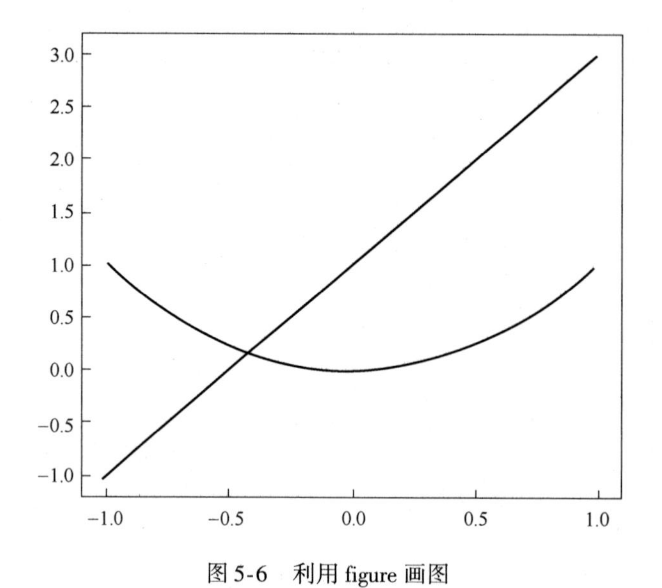

图 5-6　利用 figure 画图

“编程猫

```
y2 = x**2
plt.figure(num = 5, figsize = (4, 4))
plt.plot(x, y1)
plt.plot(x, y2, color = 'red', linewidth = 1.0, linestyle = '--')
plt.show()
```

这一段函数是什么意思呢?”

“在这里，指定了 figure 的编号并且确定了大小，指定了线条的颜色，类型和宽度，并且确定让一个坐标轴上同时出现两个图形。”

5.4.8　训练 7：设置图像的坐标轴

“一个图像的坐标轴决定了一张图的具体展现情况，接下来阿短就来和我学习如何设置图像的坐标轴吧。”

```
import Matplotlib.pyplot as plt
import numpy as np
x = np.linspace(-1, 1, 50)
y1 = 2 * x + 1
y2 = x**2
plt.figure()
plt.plot(x, y1)
plt.plot(x, y2, color = 'red', linewidth = 1.0, linestyle = '--')
plt.xlim((-1, 1))
```

```
plt.ylim((0, 3))
plt.xlabel(u'这是 x 轴',fontproperties ='SimHei',fontsize =14)
plt.ylabel(u'这是 y 轴',fontproperties ='SimHei',fontsize =14)
plt.xticks(np.linspace(-1, 1, 5))
plt.show()
```

程序输出结果，如图 5-7 所示。

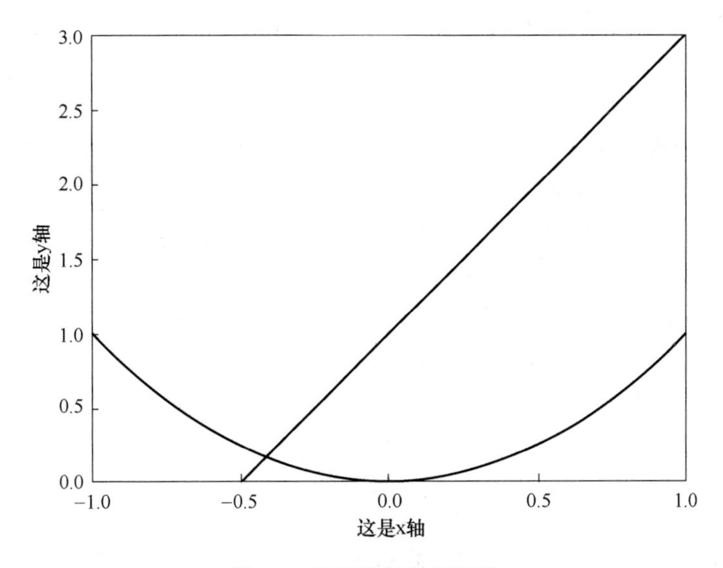

图 5-7　设置坐标轴的图像

“首先，我们绘制普通的图像，在普通图像绘制完成之后再设置坐标轴的取值范围

```
plt.xlim((-1, 1))
plt.ylim((0, 3))
```

接着设置坐标轴的一些细节，为 x、y 两轴加上了相应的标识。需要注意的是，这里一定要在标签中添加需要的字体变量：

```
fontproperties ='SimHei',fontsize =14
```

否则有可能会出现乱码情况。

```
plt.xticks(np.linspace(-1, 1, 5))
```

该行代码设置 x 轴的坐标刻度。”

“接下来我们开始对坐标轴的细节进行优化，
直接在上面代码的打印代码前进行修改，添加以下代码。”

```
ax =plt.gca()
ax.spines['right'].set_color('none')
ax.spines['top'].set_color('none')
ax.xaxis.set_ticks_position('bottom')
ax.yaxis.set_ticks_position('left')
```

```
ax.spines['bottom'].set_position(('data', 0))
ax.spines['left'].set_position(('data', 0))
```

"首先我们需要获取当前的坐标。"

ax = plt.gca()

gca 的全拼为 get current axis 即获取当前坐标轴。

接着对右边框和上边框进行如下设置。

ax.spines['right'].set_color('none')

ax.spines['top'].set_color('none')

这里选择不对边框设置颜色。

ax.xaxis.set_ticks_position('bottom')

ax.yaxis.set_ticks_position('left')

右边框和上边框设置完成之后，再设置 x 轴为下边框，y 轴为左边框。

最后，设置 x、y 轴相对于（0，0）坐标的位置。

ax.spines['bottom'].set_position(('data', 0))

ax.spines['left'].set_position(('data', 0))

程序输出结果，如图 5-8 所示。

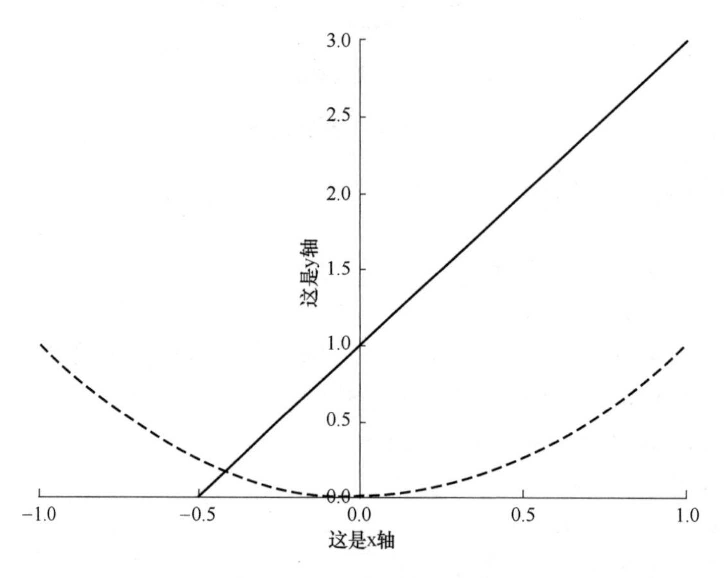

图 5-8　坐标位移后的图像

"我们再来设置坐标轴的大小、背景等信息。"

```
for label in ax.get_xticklabels() + ax.get_yticklabels():
    label.set_fontsize(12)
    label.set_bbox(dict(facecolor = 'green', edgecolor = 'None', alpha
= 0.7))
```

程序输出结果，如图 5-9 所示。

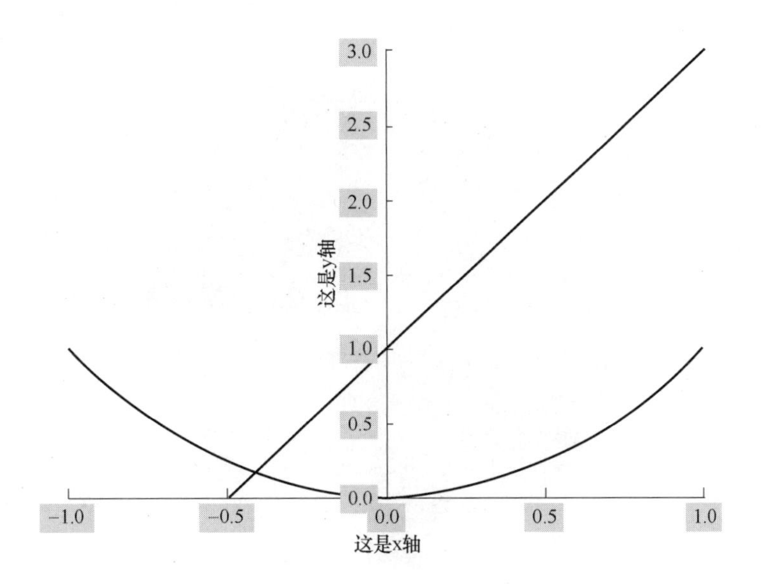

图 5-9　最终呈现的图像

5.4.9　训练 8：绘制饼状

“阿短，接下来我将向你展示如何绘制一张饼状图。”

```
s = pd.Series(3 * np.random.rand(4), index=['a','b','c','d'], name=
'series')
plt.axis('equal')
plt.pie(s,
      explode = [0.1,0,0,0],
      labels = s.index,
      colors=['r','g','b','c'],
      autopct='%.2f%%',
      pctdistance=0.6,
      labeldistance = 1.2,
      shadow = True,
      startangle=0,
      radius=1.5,
      frame=False)
plt.show()
```

“让我们来看看结果吧，程序输出结果，如图 5-10 所示。”

“在这个程序中，plt.axis（'equal'）的设置保证了确定图形的长宽都相等。其余的部分就是对关键字调用了。Explode 代表了每部分的偏移量；autopct 代表在饼状图的数据标签的不同显示方式；pctdistance 代表了切片的中心和通过 autopct 生成的文本开始之间的比例。通过对这些关键词的调用就可以修改绘制的饼状图了。”

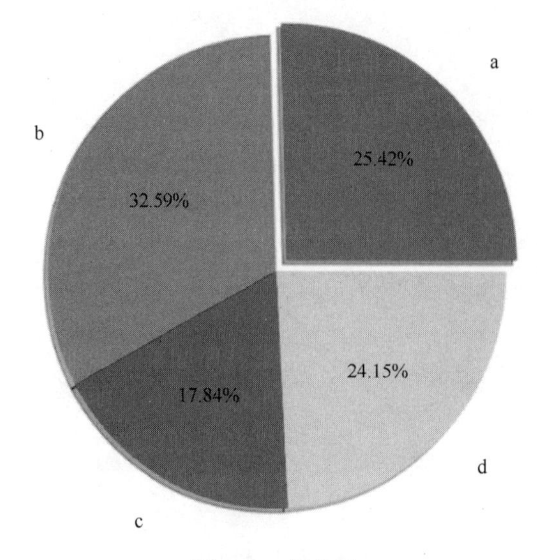

图 5-10　饼状图

提　高　篇

第6章 机器学习

近年来，全球新一代信息技术创新浪潮迭起。作为全球信息领域产业竞争的新一轮焦点，人工智能的发展迎来了新的浪潮，它正在推动工业发展进入新的阶段。而作为人工智能的重要组成部分，机器学习也成了炙手可热的概念。本章首先向读者介绍机器学习的基础知识，为后面的学习打好基础。在下面的小节中详细介绍机器学习的三种算法，分别是KNN算法、决策树算法、线性回归算法以及它们的开发流程。每节设置了二至三个活动，帮助大家更好地掌握各个算法的应用。

要点提示

1）机器学习的定义和分类。
2）机器学习常用库NumPy、pandas、Matplotlib、scikit-learn等的安装方法。
3）KNN算法、决策树算法和线性回归算法的原理及应用。

6.1　机器学习认知

机器学习是一门多领域交叉学科，涉及概率论、统计学、时间序列分析和算法复杂度理论等多门学科，主要应用在数据挖掘、计算机视觉、自然语言处理和生物特征识别等领域。机器学习主要是研究让计算机可以自主“学习”的算法，是人工智能及模式识别领域的共同研究热点，其理论和方法已被广泛应用于解决工程应用和科学领域的复杂问题。

阿短的前行目标

- 能够描述人工智能与机器学习、深度学习的关系。
- 能够明确机器学习的不同分类方式。
- 能够了解机器学习常用库NumPy、SciPy、pandas、Matplotlib、scikit-learn。
- 能够正确安装并调用Python库。

6.1.1　机器学习相关概念

机器学习是指通过计算机学习数据中的内在规律性信息，获得新的经验和知识，以提高计算机的智能性，使计算机能够像人那样去决策。一言以蔽之就是人类定义一定的计算机算法，让计算机根据输入的数据和一些人为的干预来归纳总结其特征，并用这些特征和一定的学习目标形成对应关系，从而主动地做出智能反应的过程。这个反应可以是做出相应的判断或者分类，也可能是输出一段声音、文本、图片、代码或声音。在正式学习机器学习的相关内容前，我们先来了解一下机器学习的相关概念。

1. 人工智能与机器学习、深度学习

随着科技的发展，人工智能技术越来越多地融入我们的生活中，出现了智能机器人、智能引擎、智能助理等。根据应用领域的不同，人工智能研究的技术也不尽相同，目前机器学习、计算机视觉等成为热门的 AI 技术方向。但是，很多人容易混淆人工智能、机器学习和深度学习三者的关系，下面主要剖析三者之间的联系和区别。

人工智能（Artificial Intelligence，AI）是研究、开发用于模拟、延伸和扩展人的智能的理论、方法、技术及应用系统的一门新技术科学。也可以理解为研究人类智能活动的规律，构造具有一定智能行为的人工系统。

机器学习（Machine Learning）是人工智能的一种途径或子集，主要研究如何使用计算机模拟或实现人类的学习活动，是使计算机具有智能的根本途径，也是人工智能研究的核心课题之一。

深度学习（Deep Learning）是机器学习领域一个研究方向，是一种实现机器学习的技术，它适合处理大数据。深度学习使得机器学习能够实现众多应用，并拓展了人工智能的领域范畴。深度学习近年来在图像处理、语音识别等领域应用中取得突破性的进展。

人工智能、机器学习和深度学习三者之间的关系如图 6-1 所示，不难看出人工智能范围最大，涵盖机器学习和深度学习。如果把人工智能比喻成人类大脑，那么机器学习是让人类去掌握认知能力的过程，而深度学习是这种过程中很有效率的一种手段。

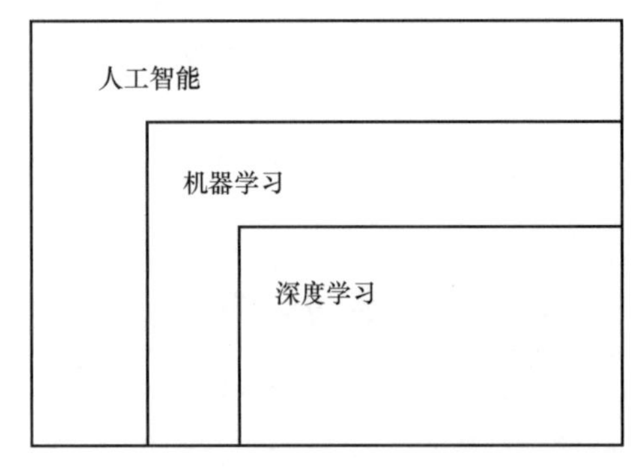

图 6-1　人工智能与机器学习、深度学习关系

因此，简单来说，人工智能是目的、是结果，机器学习是一种实现人工智能的方法，深度学习是一种实现机器学习的技术。

2. 机器学习的演化

机器学习是人工智能研究中较为年轻的分支，目前开始迅速成长，并成为一个独立的学科。机器学习的起源最早可以追溯到 20 世纪 50 年代，大体分为三个发展历程。

第一阶段为萌芽时期，时间从 20 世纪 50 年代中期到 60 年代中期，人们尝试使计算机具有一定程度上类似人类一样的智能思考能力，主要通过计算机完成一系列的逻辑推理功能。主要代表人物有阿兰・图灵（Alan Turing）、冯・诺依曼（John von Neumann）、约翰・麦卡锡（John McCarthy）等，主要成果有自动机模型理论、MP 模型、符号演算和 LISP 等。

第二阶段为发展时期，时间从 20 世纪 60 年代中期到 80 年代中期，这一时期人们试图利用自身思维提取出来的规则教会计算机执行决策行为，主要体现在各式各样的“专家系统”。主要代表人物有拉特飞・扎德（Lotfi Zadeh）、布坎南（Buchanan）和莱德伯格（Lederberg）等，主要成果为模糊逻辑、模糊集、DENDRA 和 MYCIN 等。

第三阶段为繁荣时期，时间从 20 世纪 80 年代至今，机器学习开始爆炸式发展，开始成为一门独立热门学科并且被应用到各个领域。各种机器学习算法不断涌现，而利用深层次神经网络的深度学习也得到进一步发展。主要代表人物有里奥·布雷曼（Leo Breiman）、阿黛勒·卡特（Adele Cutler）和杰弗里·希尔顿（Geoffrey Hinton）等，主要成果为支持向量机、随机森林、决策树 ID3 算法和深度信念网络等。

（1）机器学习的五大流派

正所谓“合抱之木，生于毫末，九层之台，起于垒土”，机器学习的发展也历经了很长时间，在这过程中形成了五个主要流派，各个流派各有千秋。图 6-2 为机器学习的五大流派。

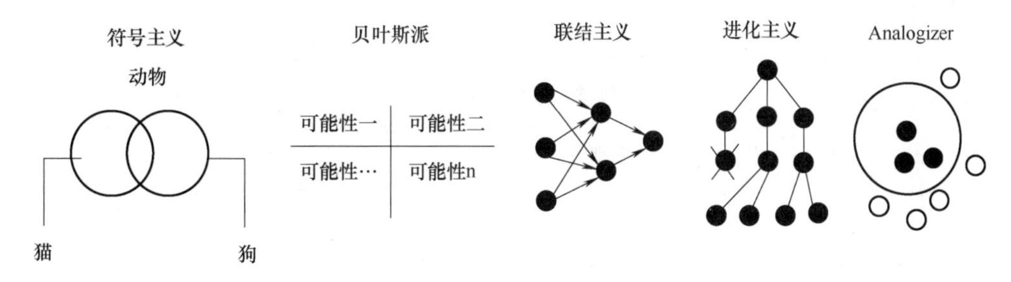

图 6-2 机器学习的五大流派

1）符号主义：以逻辑学、哲学为基础，核心思想是通过使用符号、规则和逻辑来实现知识和逻辑的推理，主要通过构建知识结构来解决问题。代表算法是逆演绎算法（Inverse deduction），主要应用于知识图谱，代表人物有纽厄尔（Newell）、西蒙（Simon）和尼尔逊（Nilsson）。

2）贝叶斯派：以统计学为基础，核心思想是通过获取发生的可能性来实现概率推理，代表算法为概率推理（Probabilistic inference），主要解决一些不确定性的问题，比如反垃圾邮件和概率预测，代表人物有 DavidHeckerman、Judea Pearl 和 Michael Jordan。

3）联结主义：以神经科学为基础，核心思想是运用概率矩阵和加权神经元来动态地识别和归纳模式，主要解决信度分配方面的问题。代表算法有反向传播算法（Backpropagation）和深度学习（Deep learning），主要应用在机器视觉、语音识别等方面，代表人物有 Yann LeCun、Geoff Hinton 和 Yoshua Bengio。

4）进化主义：起源于进化生物学，其核心思想是对进化进行模拟，通过使用遗传算法和遗传编程为特定目标获取其中的最优解。代表算法是基因编程（Genetic programming），代表应用为海星机器人，该算法的代表人物有 John Koda、John Holland 和 Hod Lipson。

5）Analogizer：起源于心理学，其核心思想是根据约束条件来优化函数，从而找到新旧知识间的相关性。能够解决相关性问题，代表算法有核机器（Kernel machines）和近邻算法（Nearest Neightor），代表应用为 Netflix 推荐系统，该算法的代表人物有 Peter Hart、Vladimir Vapnik 和 Douglas Hofstadter。

（2）机器学习演化的阶段

图 6-3 为机器学习从 20 世纪 80 年代到 21 世纪 10 年代中期的演化过程。20 世纪 80 年代的主导流派是符号主义，其构架为服务器或大型机，以知识工程为主导流程，将决策支持系统和实用性有限作为基本决策逻辑。20 世纪 90 年代到 2000 年的主导流派变成贝叶斯，

其构架为小型服务器集群，以概率论为主导理论，能够对许多任务进行可扩展的比较或对比。21 世纪 10 年代早期到中期的主导流派是联结主义，其构架为大型服务器农场，以神经科学和概率为主导理论，能够更加精准地识别图像和声音，并且能够完成翻译和情绪分析等功能。

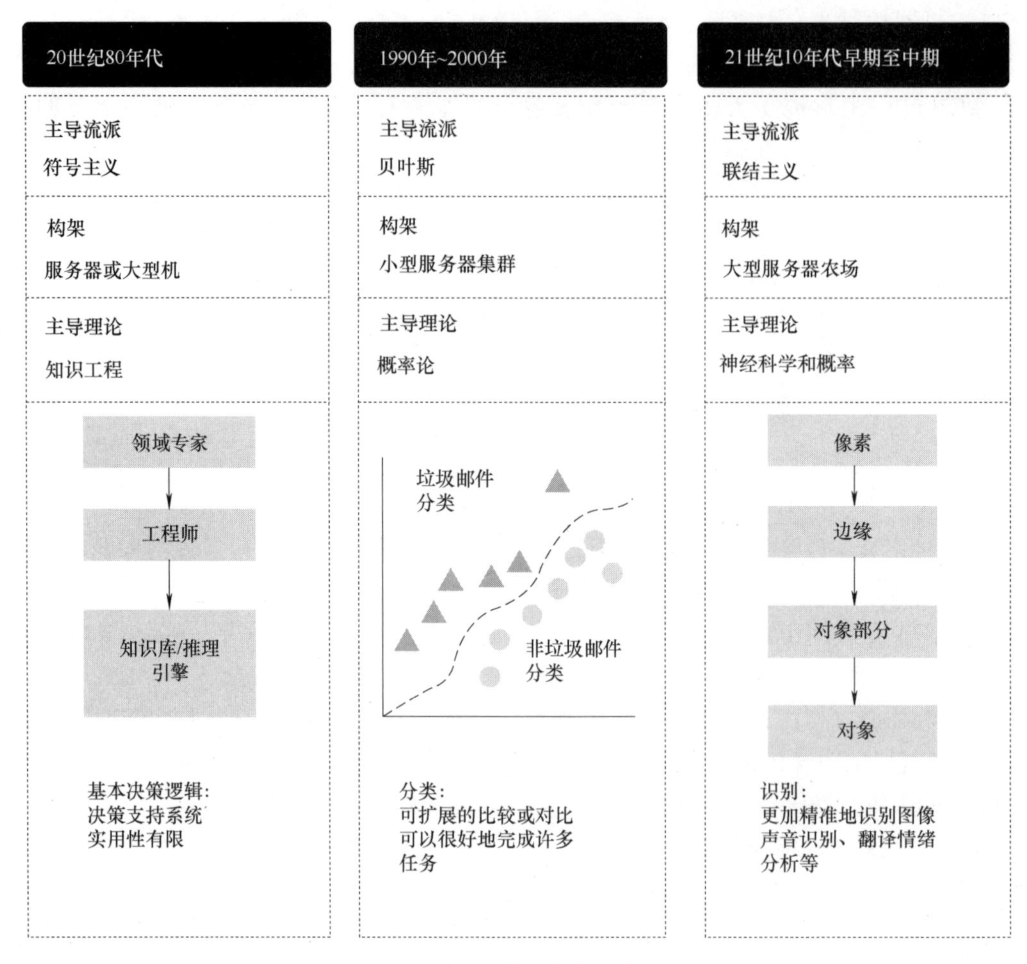

图 6-3　机器学习演化的阶段

这些流派有望合作，并将各自的方法融合到一起，如图 6-4 所示。21 世纪 10 年代末期，联结主义和符号主义相结合作为主导流派，以大量云计算作为架构，其主导理论为记忆神经网络、大规模集成和基于知识的推理，能够实现范围狭窄的、领域特定的知识共享。21 世纪 20 年代至 21 世纪 40 年代，预测联结主义、符号主义、贝叶斯以及其他流派有望合作，以云计算和雾计算为架构，将感知的时候有网络、推理和工作的时候有规则作为主导理论，能够实现有限制的自动化或人机交互。21 世纪 40 年代后主导流派预计会有更多的算法进行融合，构架是无处不在的服务器，将最佳组合的元学习作为主导理论，可以通过多种学习方式获得知识，从而采取行动或做出回答。

3. 机器学习数据分类

机器学习中数据、模型、算法是三个重要元素。俗话说，“巧妇难为无米之炊”，数据

21世纪10年代末	21世纪20年代至21世纪40年代	21世纪40年代后
主导流派 联结主义+符号主义	主导流派 联结主义+符号主义+贝叶斯+……	主导流派 算法融合
构架 服务器或大型机	构架 服务器或大型机	构架 服务器或大型机
主导理论 记忆神经网络、大规模集成、基于知识的推理	主导理论 感知的时候有网络，推理和工作的时候有规则	主导理论 最佳组合的元学习
简单的问答： 范围狭窄的、领域特定的知识共享	简单感知、推理和行动： 有限制的自动化或人机交互	感知和相应： 基于通过多种学习方式获得的知识或经验采取行动或做出回答

图6-4 预测机器学习的演化

和特征就是“米”，模型和算法则是“巧妇”，如果没有大量的数据、匹配的特征，再强大的模型和算法也鞭长莫及，无法得到满意的输出，为了更好地使用模型和算法，必须先对数据有个正确的认识。

机器学习进行预测分析时，主要将数据分为训练数据和测试数据。训练数据用于构建模型，测试数据用于检验模型。在模型的构建过程中，有时需要检验模型，辅助模型的构建，又将训练数据分为训练数据和验证数据。验证数据用于负责模型的构建，测试数据用于检验模型的准确性。测试数据不能用于模型构建之中。

- 训练数据（Train Data）：用于模型构建。
- 验证数据（Validation Data）：可选，用于辅助模型构建，可以重复使用。
- 测试数据（Test Data）：用于检测模型构建，此数据只在模型检验时使用，用于评估模型的准确率。绝对不允许用于模型构建过程，否则会导致过度拟合。

显然，训练数据是用来训练模型或确定模型参数的；验证数据用来做模型选择（model selection），即做模型的最终优化及确定；而测试数据则纯粹是为了测试已经训练好的模型的推广能力。当然，测试数据并不能保证模型的正确性，它只能表明相似的数据用此模型会得出相似的结果。但实际应用中，一般只将数据集分成两类，即训练数据和测试数据，大多数并不涉及验证数据。

4. 机器学习的学习方式分类

机器学习从学习的种类来说，习惯分为有监督学习、无监督学习和半监督学习。

1）监督学习（supervised learning），表示机器学习通过已有的训练样本来训练，样本数据是带标签的，主要包括数据类别、数据属性以及特征点位置等。这些标签作为预期效果，不断来修正机器的预测结果。具体过程是：通过大量带有标记的数据来训练机器，机器将预测结果与期望结果进行比对；之后根据比对结果来修改模型中的参数，再一次输出预测结果；再将预测结果与期望结果进行比对…… 重复多次直至收敛，最终生成具有一定鲁棒性的模型来达到智能决策的能力。

监督学习中只要输入样本集，机器就可以从中推演出制定目标变量的可能结果。如协同过滤推荐算法，通过对训练集进行监督学习，并对测试集进行预测，从而达到预测的目的。监督学习的典型例子有 KNN、SVM、决策树、神经网络以及疾病监测。

2）无监督学习（unsupervised learning），事先没有任何训练数据样本，需要直接对数据进行建模。常见的无监督学习有聚类和降维。在聚类（clustering）学习中，数据类别是不明晰的，因此只能通过基于密度或是基于统计学概率模型等手段来分析数据样本在特征空间中的分布，从而把相似数据聚为一类。降维（dimensionality reduction）是将数据的维度降低。例如进行人脸识别时，需要考虑人眼、鼻子、嘴部、轮廓等特征，由于数据本身具有庞大的数量和各种属性特征，若对全部数据信息进行分析，将会增加训练的负担和存储空间。因此可以通过主成分分析等其他方法，考虑主要影响因素，舍弃次要因素，来平衡准确度与效率。

3）半监督学习（unsupervised learning），半监督学习方法在机器学习领域是比较新兴的方法，是监督学习与无监督学习相结合的一种学习方法。也就是同时采用标签的样本数据和未标签的样本数据的机器学习方法，其训练数据的一部分是有标签的，另一部分没有标签，而没标签数据的数量常常大于有标签数据数量。半监督学习主要有 TSVM、模型生成算法、基于图和流形的半监督学习方法和协同训练算法等几种方法。随着数据量呈指数增长，半监督学习相比较传统的监督学习与无监督学习，具有能够利用少量带标签的数据指导大量无标签数据的优点，半监督学习俨然成为机器学习研究的热点与重点。近年来，半监督学习研究成果丰硕，成功应用到经济、金融、医疗等各个行业。

5. 机器学习回归、分类与聚类

从机器学习的任务角度，可以将机器学习主要方位分为三类，分别为回归方法、分类方法和聚类方法，是三种最主要的机器学习数据评估方式。其中回归和分类属于有监督学习的两大应用领域，聚类属于无监督学习应用领域。给定一个样本标签，我们希望预测其对应的属性值。如果是离散的，就是一个分类问题；如果是连续值，就是一个回归问题。如果给定一组样本标签，我们没有对应的属性值，而是想发掘这组标签在二维空间的分布，比如分析哪些样本靠得更近、哪些样本之间离得很远，这就属于聚类问题。

1）回归方法是一种对数值型连续随机变量进行预测和建模的监督学习算法，主要反映了数据库中数据属性值的特性，通过函数表达数据映射的关系来发现属性值之间的依赖关系。使用案例一般包括气候预测、股票走势或测试成绩等连续变化的案例。如通过对本季度销售的回归分析，对下一季度的销售趋势做出预测并做出针对性的营销改变。回归任务的特点是标注的数据集具有数值型的目标变量。也就是说，每一个观察样本都有一个数值型的标注真值以监督算法，逻辑回归——是一种常用的回归方法。

2）分类方法是一种对离散型随机变量建模或预测的监督学习算法，主要找出数据库中一组数据对象的共同特点并按照分类模式将其划分为不同的类，其目的是通过分类模型，将数据库中的数据项映射到特定的类别中。使用案例包括商品情感分类和预测雇员异动等输出为类别的任务，如淘宝商铺将用户在一段时间内的购买情况划分成不同的类，根据情况向用户推荐关联类的商品，从而增加商铺的销售量。许多回归算法都有与其相对应的分类算法，分类算法通常适用于预测一个类别（或类别的概率）而不是连续的数值，决策树算法是一种典型的分类方法。

3）聚类是一种无监督学习任务，该算法基于数据的内部结构寻找观察样本的自然族群（即集群）。聚类类似于分类，但与分类的目的不同，是针对数据的相似性和差异性将一组数据分为几个类别。通常，人们根据样本间的某种距离或者相似性来定义聚类，即把相似的（或距离近的）样本聚为同一类，而把不相似的（或距离远的）样本归在其他类。使用案例包括细分客户、新闻聚类、文章推荐等。我们需要将分类和聚类区别开来，分类是事先定义好类别，类别数不变。分类器需要由人工标注的分类训练语料训练得到，属于有指导学习范畴。聚类则没有事先预定的类别，类别数不确定，不需要人工标注和预先训练分类器，类别在聚类过程中自动生成。比如，对特定运营目的和商业目的所挑选出的指标变量进行聚类分析，把目标群体划分成几个具有明显特征区别的细分群体，从而可以在运营活动中为这些群体进行细分，提供个性化的运营和服务，最终达到商业效果。

6. 机器学习的算法

应该使用哪种机器学习算法，在很大程度上依赖于可用数据的性质和数量以及每一个特定用例中你的训练目标。不要使用最复杂的算法，除非其结果值得付出昂贵的开销和资源。下面按使用简单程度排序，对一些最常见的算法进行介绍。

（1）决策树（Decision Tree）

决策树是一种常用于预测模型的算法，它是通过将大量数据有目的地分类，从中找到一些有价值的信息供决策者做出正确的决策。典型的决策树分析会使用分层变量或决策节点，擅长对人、地点、事物的一系列不同特征、品质、特性进行评估。图6-5为基于规则的信用评估，可将一个给定用户分类成信用可靠或不可靠。

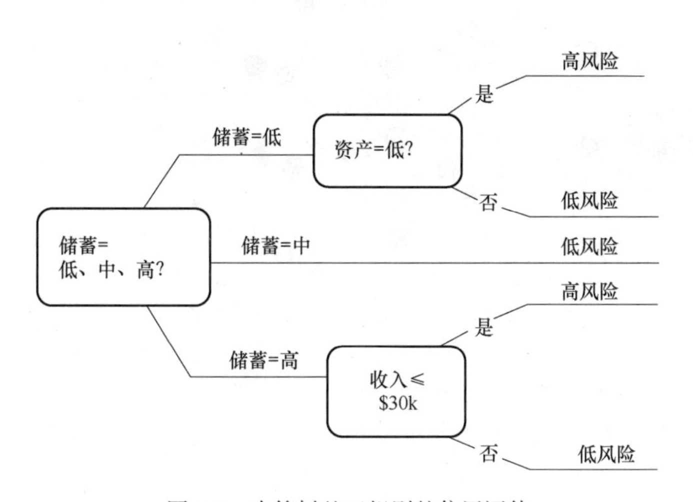

图6-5 决策树基于规则的信用评估

（2）支持向量机（Support Vector Machine）

支持向量机是在统计学习理论的基础上，以结构风险最小化为原则建立起来的机器学习算法，通过控制参数自动调节模型结构，实现经验风险和结构风险最小化。基于超平面（hyperplane），支持向量机可以对数据群进行分类，如图6-6所示。支持向量机擅长在变量X与其他变量之间进行二元分类操作，无论其关系是否是线性的。我们可应用该算法进行新闻分类和手写识别等。

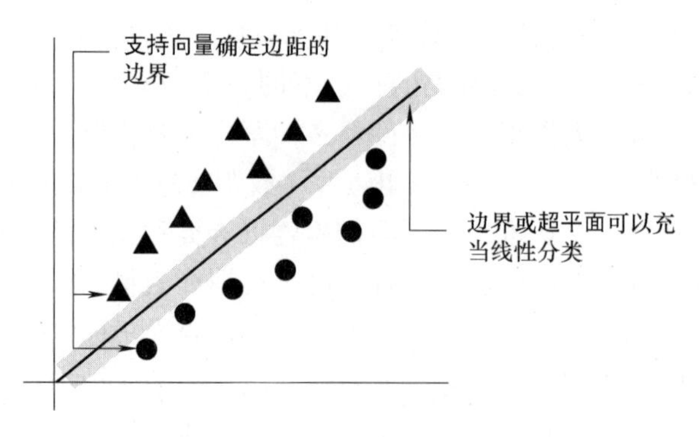

图 6-6　支持向量机

（3）朴素贝叶斯分类（Naive Bayes Classification）

朴素贝叶斯分类是基于贝叶斯定理与特征条件独立假设的分类方法，主要用于计算可能条件的分支概率。由于每个独立的特征都是朴素或条件独立的，因此它们不会影响别的对象。对于在小数据集上有显著特征的相关对象，朴素贝叶斯方法可对其进行快速分类。图 6-7 为在一个装有共 5 个黑色和灰色小球的罐子里，计算连续拿到两个灰色小球的概率是多少。从图中最上方分支可见，前后抓取两个灰色小球的概率为 1/10。朴素贝叶斯分类器可以计算多个特征的联合条件概率，可应用于情感分析、消费者分类等。

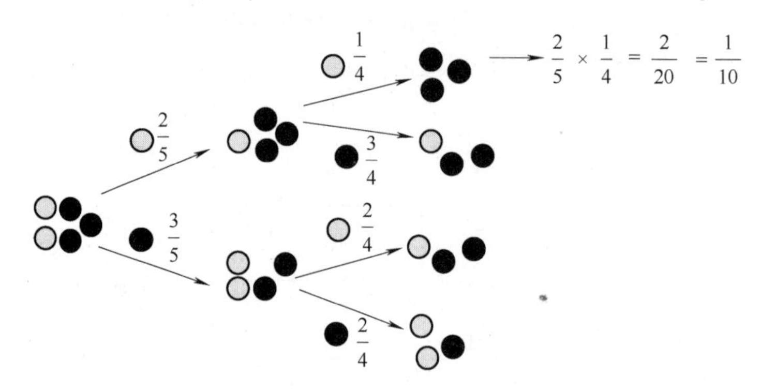

图 6-7　朴素贝叶斯分类计算概率

（4）隐马尔可夫模型（Hidden Markov Model，HMM）

隐马尔可夫模型是统计模型，主要用来描述一个含有隐含未知参数的马尔可夫过程。显马尔可夫过程是完全确定性的——一个给定的状态经常会伴随另一个状态。交通信号灯就是一个例子。相反，隐马尔可夫模型通过分析可见数据来计算隐藏状态的发生。随后，借助隐藏状态分析，隐马尔可夫模型可以估计可能的未来观察模式，容许数据的变化性，适用于识别（recognition）和预测操作。图 6-8 为高或低气压的概率（这是隐藏状态），可用于预测晴天、雨天或多云天的概率。

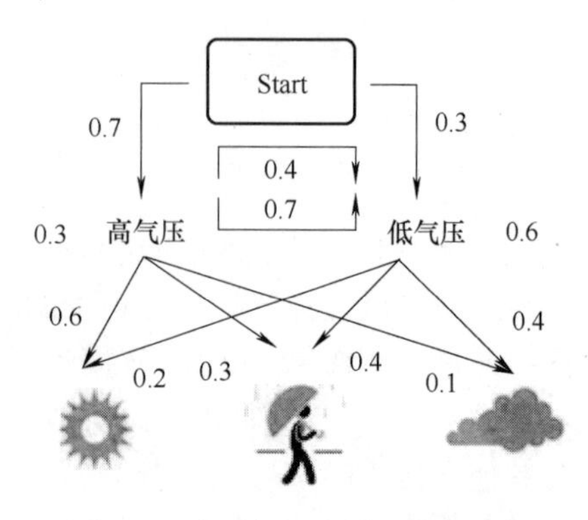

图 6-8　隐马尔可夫模型预测天气

（5）随机森林（Random forest）

随机森林在以决策树为基学习器构建 Bagging 集成的基础上，进一步在决策树的训练过程中引入随机属性的选择。随机森林算法通过使用多个带有随机选取的数据子集的树（tree）改善了决策树的精确性。随机森林方法被证明对大规模数据集和存在大量且有时不相关特征的项（item）来说很有用。图 6-9 为在基因表达层面上考察了大量与乳腺癌复发相关的基因，并计算出复发风险。

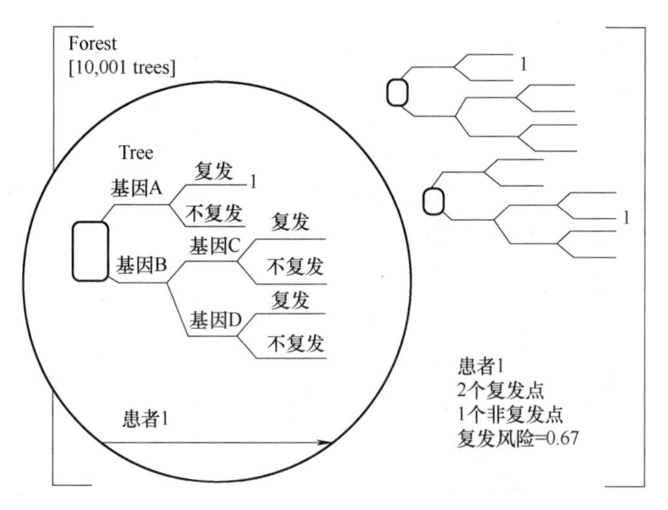

图 6-9　随机森林计算乳腺癌复发风险

（6）循环神经网络（Recurrent neural network）

循环神经网络（RNN）是一类非常强大的用于处理和预测序列数据的神经网络模型。循环结构的神经网络克服了传统机器学习方法对输入和输出数据的许多限制，使其成为深度学习领域中一类非常重要的模型。图 6-10 为任意神经网络与循环神经网络图。在任意神经网络中，每个神经元都通过 1 个或多个隐藏层来将很多输入转换成单个输出。循环神经网络（RNN）会将值进一步逐层传递，让逐层学习成为可能。长短期记忆（LSTM）与门控循环单元（GRU）神经网络都有长期与短期的记忆。换句话说，RNN 存在某种形式的记忆，允许先前的输出去影响后面的输入。循环神经网络在存在大量有序信息时具有预测能力。

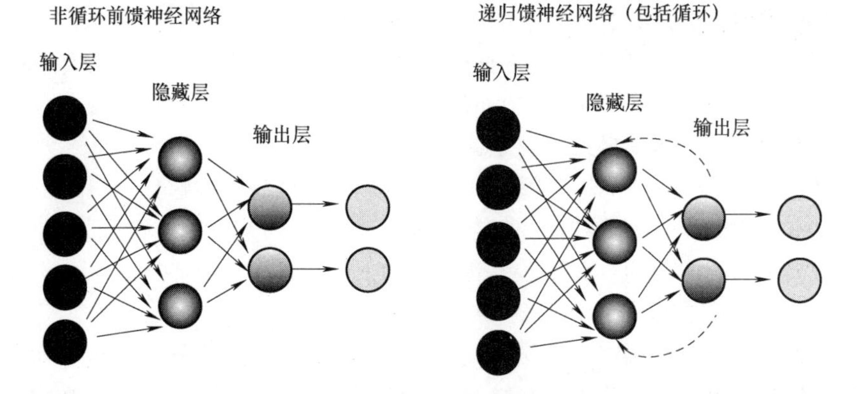

图 6-10　任意神经网络与循环神经网络

(7) 长短期记忆与门控循环单元神经网络

循环神经网络（RNN）很大程度上会受到短期记忆的影响，如果序列足够长，它们将很难将信息从早期时间步传递到靠后的时间步。因此，如果试图处理一段文字来做预测，RNN 可能从一开始就遗漏掉重要的信息。

在反向传播过程中，循环神经网络也存在梯度消失等问题。一般而言，梯度是用来更新神经网络权值的，梯度消失问题是梯度会随着时间的推移逐渐缩小接近零。如果梯度值变得非常小，它就不能为学习提供足够的信息。所以在 RNN 中，通常是前期的层会因为梯度消失而停止学习。因此，RNN 会忘记它在更长的序列中看到的东西，从而只拥有短期记忆。

创建长短期记忆（LSTM）和门控循环单元（GRU）可以作为短期记忆的解决方案，它们有一种称为“门”的内部机制，通过调节信息流，这些门可以判断数据在一个序列中该保留或弃用，它一次可以将相关信息传递到较长序列链中进行预测。就像是人的记忆，在与他人对话中，你没必要记住对方所说的每一个字，只需记住其中的关键词，将其他不必要的信息遗忘。

RNN 对于处理用于预测的序列数据很有帮助，但其存在短期记忆问题。创建 LSTM 和 GRU 的目的是利用“门”的机制来降低短期记忆，如图 6-11 所示。LSTM 和 GRU 广泛应用在语音识别、语音合成、自然语言理解等最先进的深度学习应用中。

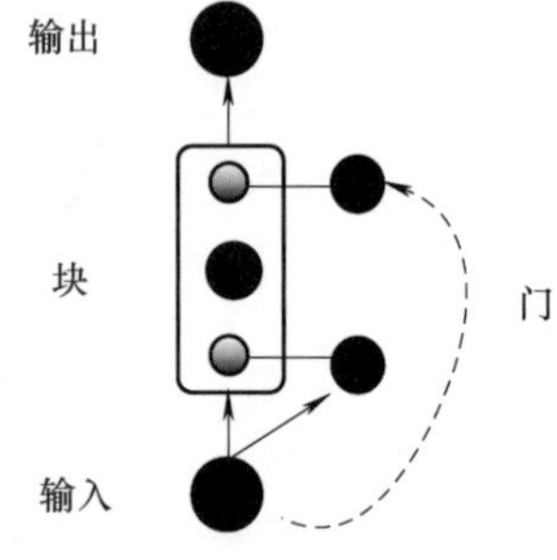

图 6-11 长短期记忆与门控循环单元神经网络

(8) 卷积神经网络（convolutional neural network）

卷积神经网络是一种前馈型神经网络，相比其他神经网络结构，卷积神经网络需要的参数相对较少，这使得其能够广泛应用。

卷积神经网络中有三个基本的概念：局部感受野（Local Receptive Fields）、共享权值（Shared Weights）和池化（Pooling）。

1）局部感受野。对于一般的深度神经网络，往往会把图像的每一个像素点连接到全连接的每一个神经元中，而卷积神经网络则是把每一个隐藏节点只连接到图像的某个局部区域，从而减少参数训练的数量。例如，一张 1024×720 的图像，使用 9×9 的感受野，则只需要 81 个权值参数。对于一般的视觉也是如此，当我们观看一张图像时，多数时候关注的是局部。

2）共享权值。在卷积神经网络的卷积层中，神经元对应的权值是相同的，由于权值相同，因此可以减少训练的参数量。共享的权值和偏置也被称作卷积核或滤汲器。

3）池化。由于待处理的图像往往都比较大，而在实际过程中，没有必要对原图进行分析，能够有效获得图像的特征才是最主要的，因此可以采用类似于图像压缩的思想，对图像进行卷积之后，通过一个下采样过程，来调整图像的大小。

图 6-12 为卷积神经网络模型。卷积是指来自后续层的权重的融合，可用于标记输出层。当存在非常大型的数据集、大量特征和复杂的分类任务时，卷积神经网络是非常有用的。卷积神经网络可应用于图像识别、文本转语音和药物发现等。

7. 机器学习的工作方式

图 6-13 为机器学习的工作方式。第一步，选择数据并将数据分成三组：训练数据、验证数据和测试数据。第二步，使用训练数据来构建相关特征的模型，这部分数据称为模型数据。第三步，构建验证模型，即将验证数据接入构造的模型中。第四步，构建测试模型，通

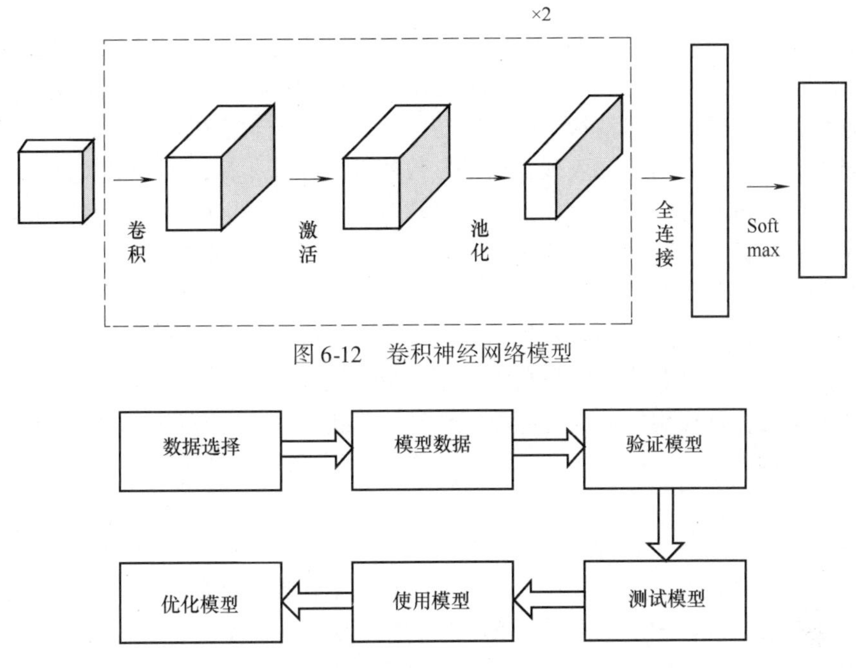

图 6-12 卷积神经网络模型

图 6-13 机器学习的工作方式

过测试数据检查被验证模型的表现。第五步，使用模型，使用完全训练好的模型在新数据上做预测。最后，调优模型，使用更多数据、不同的特征或调整参数来提升算法的性能表现。

8. 机器学习知识框架

图 6-14 为机器学习的知识框架，机器学习涵盖微积分、线性代数以及概率统计的数学知识，Python、C ++ 等编程知识和复杂算法知识，使用计算机作为工具模拟或实现人类的学习行为，并将现有内容进行知识结构划分来有效提高学习效率。机器学习知识框架广泛应用于图像识别，垃圾邮件分类和语音识别等方面。

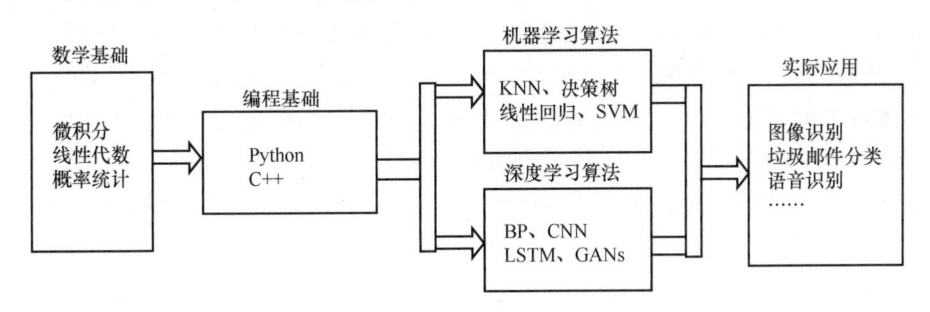

图 6-14 机器学习知识框架

在后面的几个章节中，我们将着重介绍 KNN 算法、决策树算法以及线性回归这三种算法和应用。

9. 机器学习常用库介绍

如果要开始一段真正的机器学习旅途，做好充足的准备工作是必不可少的，以下这些第三方 Python 库是进行机器学习的必要工具。

（1） NumPy

NumPy 是 Python 中最为基础的用于科学计算的库，它的功能包括计算高维数组（array）、线性代数、傅里叶变换以及生产伪随机数等。NumPy 除了提供一些高级的数学运算机制以外，还具备非常高效的向量和矩阵运算功能。这些功能对于机器学习的计算任务是尤为重要的。因为不论是数据的特征表现，还是参数的批量计算，都离不开更加方便快捷的矩阵和向量计算。而 NumPy 更为突出的是它内部独到的设计，使得处理这些矩阵和向量计算比起一般程序员自行编写、甚至是 Python 自带程序库的运行效率都要高很多。

（2） SciPy

SciPy 是 Python 中用于科学计算的工具集，它在 NumPy 的基础上构建得更为强大，用于科学计算的函数几何，具有线性代数高级程序、数学函数优化信号处理、特殊数学函数和统计分布等多项功能，是应用领域更为广泛的科学计算包。注意，SciPy 需要依赖 NumPy 的支持进行安装和运行。

（3） pandas

pandas 是一个 Python 中用于进行数据分析的库，它可以生成类似 Excel 表格式的数据表，而且可以对数据表进行修改操作。pandas 还有一个强大的功能，它可以从很多不同种类的数据库中提取数据，如 SQL 数据库、Excel 表格，甚至是 CSV 文件。pandas 还支持在不同的列中使用不同类型的数据，如整型数、浮点数或是字符串。

（4） Matplotlib

Matplotlib 是一个 Python 绘图库，它以各种硬拷贝格式和跨平台的交互式环境生成出版质量级别的图形，能够输出的图形包括折线图、散点图、直方图等。在数据可视化方面，Matplotlib 拥有数量众多的忠实用户，其强悍的绘图能力能够帮助我们对数据形成非常清晰直观地认识。

（5） scikit-learn

scikit-learn 是一个建立在 Scipy 基础上的用于机器学习的 Python 模块。而在所有的分支版本中，scikit-learn 是最有名的。它是开源的，任何人都可以免费地使用它或者进行二次发行。scikit-learn 包含众多顶级机器学习算法，主要有六大类的基本功能，分别是分类、回归、聚类、数据降维、模型选择和数据预处理。scikit-learn 拥有非常活跃的用户社区，其所有的功能基本上都有非常详尽的文档供用户查阅，建议读者可以抽时间认真研究一下 scikit-learn 的用户指南以及文档，以便对其算法的使用有更充分地了解。

通过对机器学习相关概念的介绍，明确了人工智能与机器学习、深度学习的关系，以及机器学习的分类并构建了知识框架，下面我们将学习使用机器学习常用库，为后面的算法学习奠定基础。

6.1.2　训练 1：安装 Python 机器学习常用库

“编程猫，我已经对前面关于 Python 机器学习所需要的常用库有了一定的了解，那么如何安装这些库呢？”

“可以通过三种方法安装 Python 库，下面我以安装 numpy 为例，分别介绍这三种方法的具体安装步骤。”

“谢谢编程猫。”

“方法一：利用 PyCharm 自带功能进行安装。第一步，双击桌面上的 PyCharm 图标，打开 PyCharm，单击界面左上角的 File 菜单选项，在下拉列表中找到 Settings... 命令，如图 6-15 所示。”

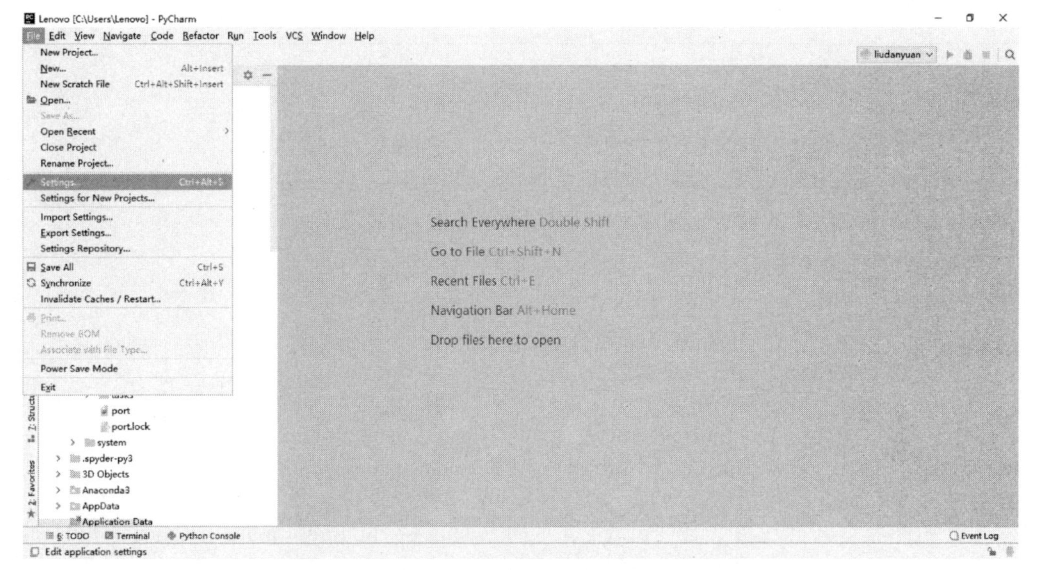

图 6-15 选择 File 菜单下的 Settings... 命令

“第二步，在打开的 Settings 中选择左侧列表框中的 Project Interpreter 选项，右侧面板中显示了目前 PyCharm 中已安装的库。”

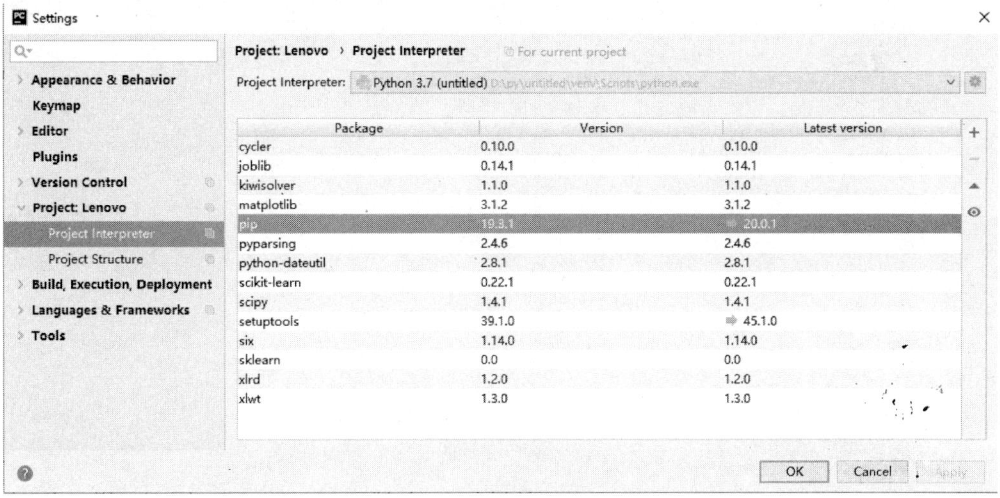

Settings

Project: Lenovo › Project Interpreter

Project Interpreter: Python 3.7 (untitled)

Package	Version	Latest version
cycler	0.10.0	0.10.0
joblib	0.14.1	0.14.1
kiwisolver	1.1.0	1.1.0
matplotlib	3.1.2	3.1.2
pip	19.3.1	➡ 20.0.1
pyparsing	2.4.6	2.4.6
python-dateutil	2.8.1	2.8.1
scikit-learn	0.22.1	0.22.1
scipy	1.4.1	1.4.1
setuptools	39.1.0	➡ 45.1.0
six	1.14.0	1.14.0
sklearn	0.0	0.0
xlrd	1.2.0	1.2.0
xlwt	1.3.0	1.3.0

图 6-16 Settings 对话框

“第三步，单击对话框右上角的‘+’图标，进入 Available Packages 界面，在搜索框内搜索 numpy，单击左下角的 Install Package 按钮后，可出现图 6-17 所示的状态，即在 numpy 后面出现‘(installing)’状态提示，表示正在安装。”

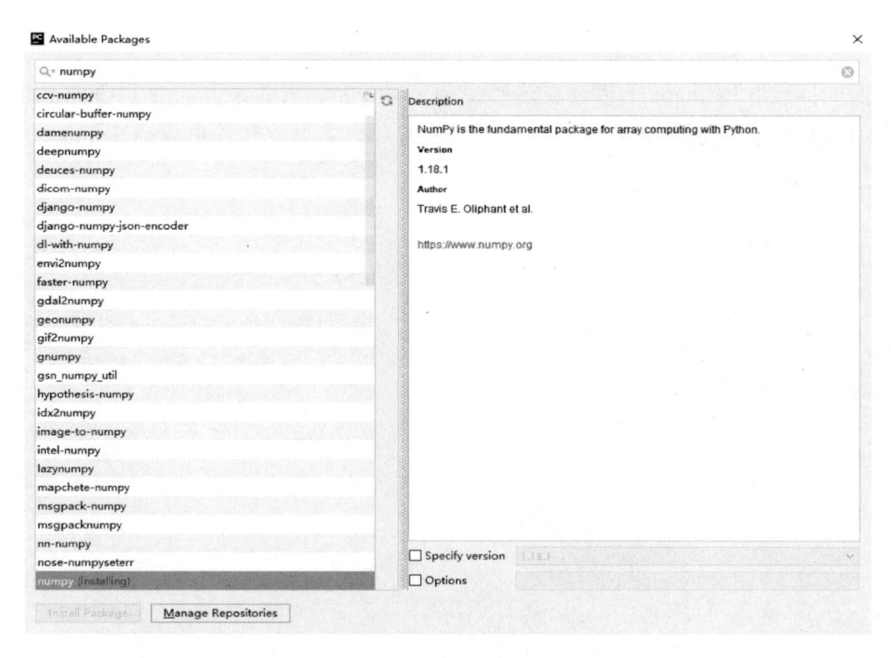

图 6-17　安装 numpy

“安装成功后将出现图 6-18 左下角所示的 Package ‘numpy’ installed successfully 英文提示。”

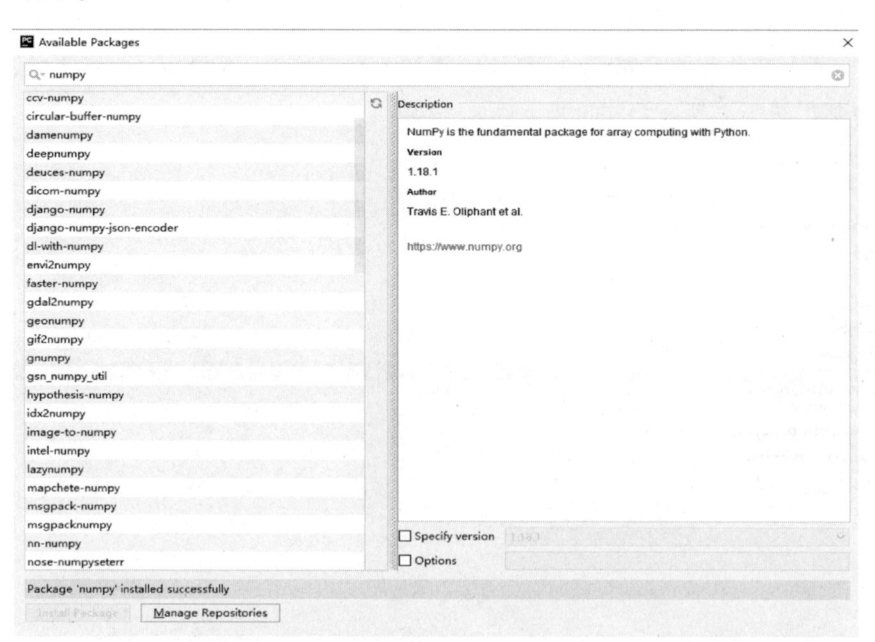

图 6-18　numpy 安装成功

“编程猫，第一种方法我学会了，那么如何使用其他方法安装 Python 库呢？”

"方法二：利用 pip 在线安装。下载最新版本的 Python 之后都会自动为我们下载 pip，在 Python 文件夹下的 Scripts 文件夹里即可找到，如图 6-19 所示。"

numba.exe	2018/5/9 7:26	应用程序	40 KB
numba-script.py	2018/5/18 13:30	PY 文件	1 KB
odo.exe	2017/9/19 21:10	应用程序	40 KB
odo-script.py	2017/9/22 11:36	PY 文件	1 KB
pandoc.exe	2017/2/1 7:51	应用程序	44,566 KB
pandoc-citeproc.exe	2017/2/1 7:51	应用程序	40,754 KB
pep8.exe	2018/1/3 12:18	应用程序	40 KB
pep8-script.py	2018/1/12 7:01	PY 文件	1 KB
pip.exe	2018/4/17 1:25	应用程序	40 KB
pip-script.py	2018/4/20 21:28	PY 文件	1 KB
pkginfo.exe	2018/3/23 4:19	应用程序	40 KB
pkginfo-script.py	2018/3/27 1:41	PY 文件	1 KB
pt2to3.exe	2017/9/13 19:26	应用程序	40 KB

图 6-19 找到 pip 包

"编程猫，我没有找到 pip 怎么办?"

"别担心！可以去 https：//pypi. python. org/pypi/pip#downloads 地址下载 pip。下载成功后解压下载的文件，进入解压后的文件夹，调出命令提示符窗口 cmd，输入图 6-20 所示的命令行，并按回车键进行 pip 安装。"

图 6-20 安装 pip

"输入：pip-v 查看相关信息，当出现图 6-21 所示的信息，则代表 pip 安装成功。"

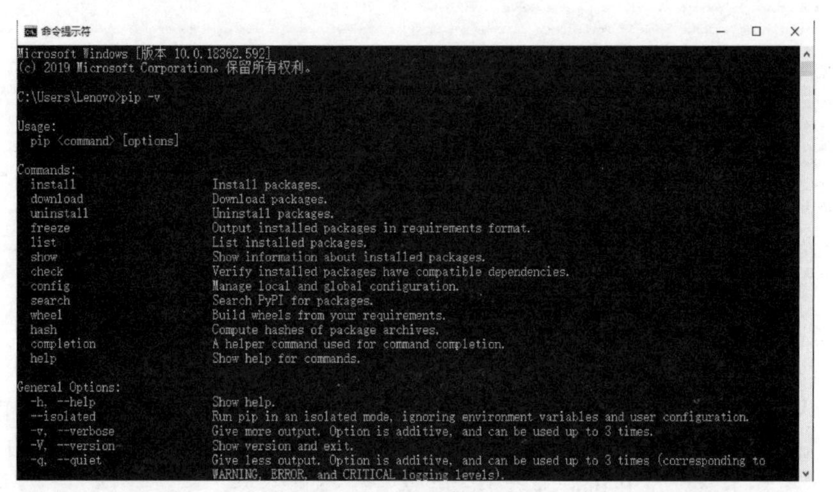

图 6-21 pip 安装成功

“pip 安装结束后，就可以在命令提示符中安装需要安装的库了。格式为在 pip install 包/模块名，如图 6-22 所示。在线安装过程中，可能会由于网络不好等原因出现下载失败或超时，这时需要再次输入安装命令，直到 100% 下载完成，然后自动安装。”

图 6-22　安装 numpy

“编程猫，为什么某些库通过 pip 安装不了？”

“原因是因为这些库没有打包上传到 pypi（Python Package Index，Python 编程语言的软件存储库）中。我们可以用第三种方法：下载安装包后离线安装。首先进入 https：//www. lfd. uci. edu/ ~ gohlke/pythonlibs/地址，这时将出现图 6-23 所示的页面。”

https://www.lfd.uci.edu/~gohlke/pythonlibs/

若要在此处查看收藏夹，请依次选择 ☆ 和 ☆，然后将其拖动到收藏夹栏文件夹。也可从其他浏览器导入。导入收藏夹

Unofficial Windows Binaries for Python Extension Packages

by Christoph Gohlke, Laboratory for Fluorescence Dynamics, University of California, Irvine.

Updated on 3 February 2020 at 05:31 UTC.

This page provides 32- and 64-bit Windows binaries of many scientific open-source extension packages for the official CPython distribution of the Python programming language. A few binaries are available for the PyPy distribution.

The files are unofficial (meaning: informal, unrecognized, personal, unsupported, no warranty, no liability, provided "as is") and made available for testing and evaluation purposes.

Most binaries are built from source code found on PyPI or in the projects public revision control systems. Source code changes, if any, have been submitted to the project maintainers or are included in the packages.

Refer to the documentation of the individual packages for license restrictions and dependencies.

If downloads fail, reload this page, enable JavaScript, disable download managers, disable proxies, clear cache, use Firefox, reduce number and frequency of downloads. Please only download files manually as needed.

Use pip version 19.2 or newer to install the downloaded .whl files. This page is not a pip package index.

Many binaries depend on numpy-1.16+mkl and the current Microsoft Visual C++ Redistributable for Visual Studio 2015, 2017 and 2019 for Python 3, or the Microsoft Visual C++ 2008 Redistributable Package x64, x86, and SP1 for Python 2.7.

Install numpy+mkl before other packages that depend on it.

The binaries are compatible with the most recent official CPython distributions on Windows >=6.0. Chances are they do not work with custom Python distributions included with Blender, Maya, ArcGIS, OSGeo4W, ABAQUS, Cygwin, Pythonxy, Canopy, EPD, Anaconda, WinPython etc. Many binaries are not compatible with Windows XP or Wine.

The packages are ZIP or 7z files, which allows for manual or scripted installation or repackaging of the content.

The files are provided "as is" without warranty or support of any kind. The entire risk as to the quality and performance is with you.

The opinions or statements expressed on this page should not be taken as a position or endorsement of the Laboratory for Fluorescence Dynamics or the University of California.

Index by date: gvar lsqfit boost.python lxml moderngl pymatgen openimageio cvxopt matplotlib scikits.odes glfw pillow-simd cupy imagecodecs numba recordclass qutip hddm dulwich pygit2 cython pycairo shapely ruamel.yaml jupyter gdal pandas pymol-open-source spectrum statsmodels sqlalchemy scipy numpy cffile pywinhook lucam

图 6-23　下载 Python 包界面

“按下 Ctrl + F 组合键，即可出现搜索栏，在搜索栏中输入需要安装的库，并按下回车键，即可出现有关该库全部版本的 whl 文件。图 6-24 为 numpy 库的搜索结果，选择下载对应 Python 版本的 whl 文件，否则会安装失败。”

NumPy: a fundamental package needed for scientific computing with Python.
Numpy+MKL is linked to the Intel® Math Kernel Library and includes required DLLs in the numpy.DLLs directory.
Numpy+Vanilla is a minimal distribution, which does not include any optimized BLAS libray or C runtime DLLs.

numpy-1.18.1+mkl-cp38-cp38-win_amd64.whl
numpy-1.18.1+mkl-cp38-cp38-win32.whl
numpy-1.18.1+mkl-cp37-cp37m-win_amd64.whl
numpy-1.18.1+mkl-cp37-cp37m-win32.whl
numpy-1.18.1+mkl-cp36-cp36m-win_amd64.whl
numpy-1.18.1+mkl-cp36-cp36m-win32.whl
numpy-1.17.5+mkl-cp38-cp38-win_amd64.whl
numpy-1.17.5+mkl-cp38-cp38-win32.whl
numpy-1.17.5+mkl-cp37-cp37m-win_amd64.whl
numpy-1.17.5+mkl-cp37-cp37m-win32.whl
numpy-1.17.5+mkl-cp36-cp36m-win_amd64.whl
numpy-1.17.5+mkl-cp36-cp36m-win32.whl
numpy-1.17.5+mkl-cp35-cp35m-win_amd64.whl
numpy-1.17.5+mkl-cp35-cp35m-win32.whl
numpy-1.16.6+vanilla-pp373-pypy36_pp73-win32.whl
numpy-1.16.6+vanilla-pp273-pypy_73-win32.whl
numpy-1.16.6+vanilla-cp37-cp37m-win_amd64.whl
numpy-1.16.6+vanilla-cp37-cp37m-win32.whl
numpy-1.16.6+vanilla-cp36-cp36m-win_amd64.whl
numpy-1.16.6+vanilla-cp36-cp36m-win32.whl

图6-24　选择whl文件

"编程猫，每个文件名代表什么意思，如何进行选择呢？"

"我们一般选择最新版本的whl文件。例如numpy-1.18.1+mkl-cp37-cp37m-win32.whl文件，cp37是指对应Python的版本是3.7；win32指的是Python是32位的，win_amd64则表示是64位的。"

"那么如何查看自己的Python版本呢？"

"直接在cmd中输入Python，并按下回车键。图6-25为当前的Python版本信息，即3.7.3版本64位。"

```
命令提示符 - python
Microsoft Windows [版本 10.0.18362.592]
(c) 2019 Microsoft Corporation。保留所有权利。

C:\Users\Lenovo>python
Python 3.7.3 (v3.7.3:ef4ec6ed12, Mar 25 2019, 22:22:05) [MSC v.1916 64 bit (AMD64)] on win32
Type "help", "copyright", "credits" or "license" for more information.
>>>
```

图6-25　查看Python版本

"下面应该怎样操作呢？"

"下载whl文件，并解压到Python/Lib/site-packages中，打开命令提示符cmd输入pip install libpath/....whl，其中libpath为本地安装包地址。图6-26为安装numpy的命令，按下回车键等待安装成功。"

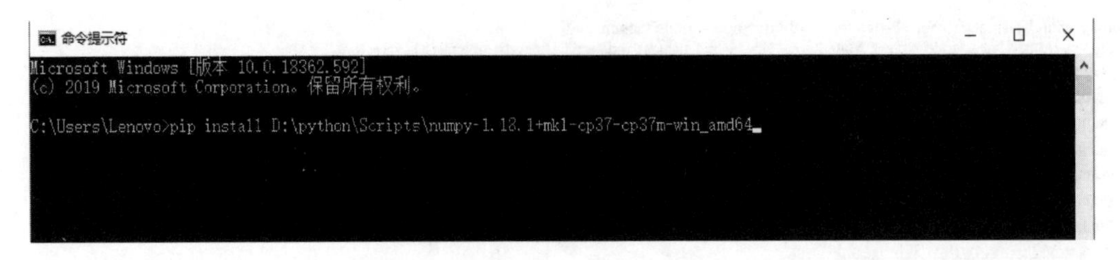

图 6-26　安装 numpy

“编程猫，以上三种方法都介绍了 Python 中 numpy 库的安装，如何查看该库是否安装成功呢?”

“最直接的方法是打开 PyCharm，输入图 6-27 所示语句调用 numpy 库。然后，单击运行按钮，下方无错误提示，则代表安装成功。”

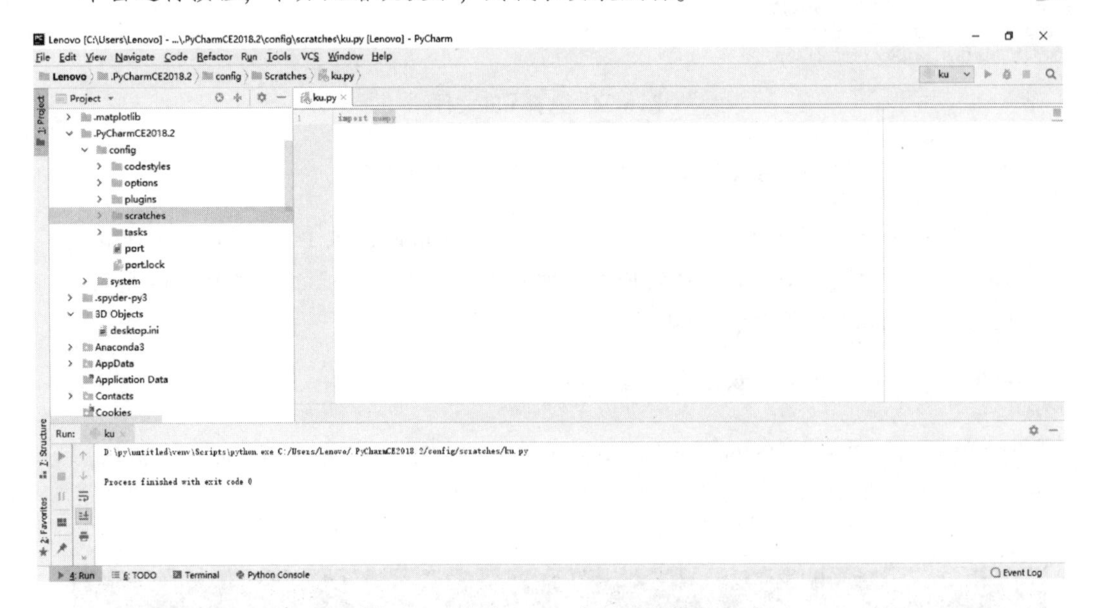

图 6-27　检验 numpy 库是否安装成功

“阿短，其他库的安装与 numpy 的安装方法相同，希望你在课后完成其他机器学习所需库的安装。”

“谢谢编程猫，课后我一定认真完成任务。”

6.1.3　训练 2：绘制方程 y = 2x + 5

“Matplotlib 作为 Python 的绘图库，能够绘制函数吗?”

“当然可以，并且它与 numpy 一起使用，提供了一种有效的 MATLAB 开源替代方案。Matplotlib 也可以和图形工具包一起使用，如 PyQt 和 wxPython。通常，Matplotlib 通过添加以下语句将包导入到 Python 脚本中。”

```
from Matplotlib import pyplot as plt
```

“编程猫，pyplot( )函数具有什么功能?”

“pyplot( )是 Matplotlib 库中最重要的函数，用于绘制 2D 数据。”

“以下是我绘制方程 y = 2x + 5 的代码。”

```
import numpy as np
from Matplotlib import pyplot as plt

x = np.arange(1,11)
y =  2  * x +  5 #导入方程
plt.title("Matplotlib demo") #绘图标题
plt.xlabel("x axis caption") #x 轴名称
plt.ylabel("y axis caption") #y 轴名称
plt.plot(x,y) #以 x 值为横坐标、y 值为纵坐标作图
plt.show() #显示图形
```

运行结果如图 6-28 所示。

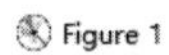

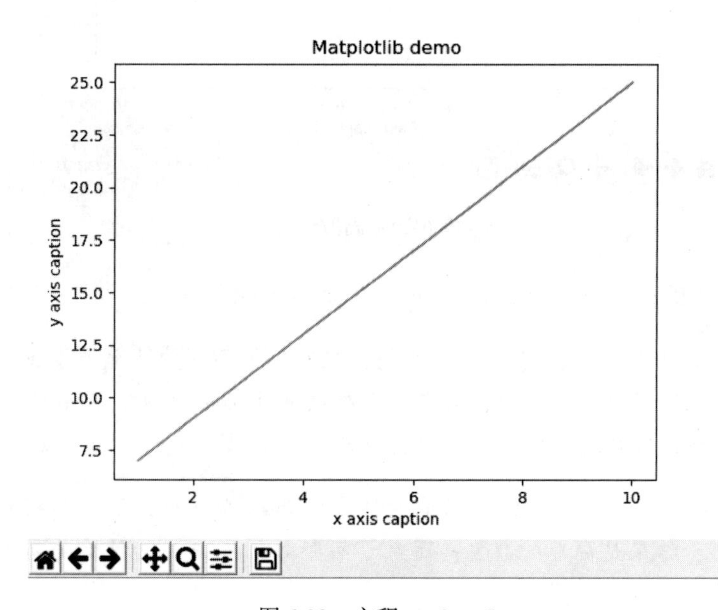

图 6-28 方程 y = 2x + 5

“作为线性图的替代，可以通过向 plot( )函数添加格式字符串来显示离散值，代码如下。”

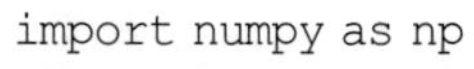

```
import numpy as np
from Matplotlib import pyplot as plt

x = np.arange(1,11)
```

```
y =  2  * x +  5
plt.title("Matplotlib demo")
plt.xlabel("x axis caption")
plt.ylabel("y axis caption")
plt.plot(x,y,"ob")
plt.show()
```

运行结果如图 6-29 所示。

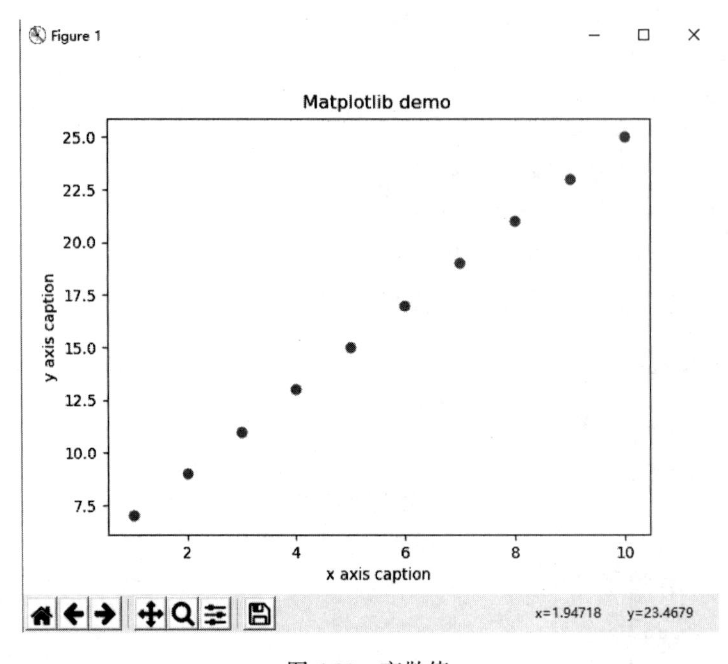

图 6-29　离散值

"编程猫，只在 plt.plot(x,y,"ob")多加了 ob 就实现了离散，为什么呢？"

"其中'o'代表圆标记，'b'代表蓝色，在其他值不变的情况下生成了上面的离散图形。我们将模型抽象化，其中，直线反映了回归方法，离散的点代表分类方法。阿短，你知道回归方法与分类方法的区别吗？"

"对于分类来说，机器学习的目标是对样本的类标签进行预测，判断样本属于哪一个分类，结果是离散的数值；而对于回归分析来说，其目标是要预测一个连续的数值或者是范围。"

"在后面的算法学习中，将进一步明确分类与回归这两个概念及应用。"

6.2 KNN 算法研习及应用

最简单最初级的分类器是将全部的训练数据所对应的类别都记录下来，当测试对象的属性和某个训练对象的属性完全匹配时，便可以对其进行分类。但是怎么可能所有测试对象都会找到与之完全匹配的训练对象呢？另外，存在一个测试对象同时与多个训练对象匹配，导致一个训练对象被分到了多个类的问题，基于这些问题，就产生了 KNN 算法。

阿短的前行目标

- 能够掌握 KNN 算法的计算步骤。
- 能够了解 KNN 算法的优缺点。
- 能够应用 KNN 算法进行数据分类。

6.2.1 KNN 算法要点

KNN 算法的指导思想是“近朱者赤，近墨者黑”，由其邻居来判断自身的类别。如果一个样本在特征空间中的 k 个最相似（即特征空间中最邻近）的样本中的大多数属于某一个类别，则该样本也属于这个类别。K 通常是不大于 20 的整数。KNN 算法中，所选择的邻居都是已经正确分类的对象。该方法在定类决策上只依据最邻近的一个或者几个样本的类别来决定待分样本所属的类别。

1. KNN 算法的计算步骤

1）KNN 算法实现的步骤一为计算距离。即给定测试对象，计算它与训练集中每个对象的距离。

基本的距离量度方式包括：闵可夫斯基距离、欧氏距离、曼哈顿距离、切比雪夫距离和余弦距离。其中，欧式距离是最易于理解的一种距离计算方法，该方法源自欧氏空间中两点间的距离公式，也是最常用的距离量度。

二维空间两个点的欧式距离计算公式如下。

$$\sqrt{(x_2-x_1)^2+(y_2-y_1)^2} \tag{6.1}$$

延伸至三维或更多维的情况，它的公式可以总结如下。

$$d(x,y):=\sqrt{(x_1-y_1)^2+(x_2-y_2)^2+...+(x_n-y_n)^2}=\sqrt{\sum_{i=1}^{n}(x_i-y_i)^2} \tag{6.2}$$

2）KNN 算法实现的步骤二为选择 k 值。圈定距离最近的 k 个训练对象，作为测试的近邻。

K 值的选择会影响结果，图 6-30 的圆要被决定赋予哪个类，是三角形还是四边形？

如果 $K=3$，由于三角形所占比例为 2/3，圆将被赋予三角形那个类；如果 $K=5$，由于四边形比例为 3/5，因此圆被赋予四边形类。

如何选择一个最佳的 K 值取决于数据。一般情况下，在分类时较大的 K 值能够减小噪声的影响，但会使类别之间的界限变得模糊。因此 K 的取值一般比较小（$K<20$）。

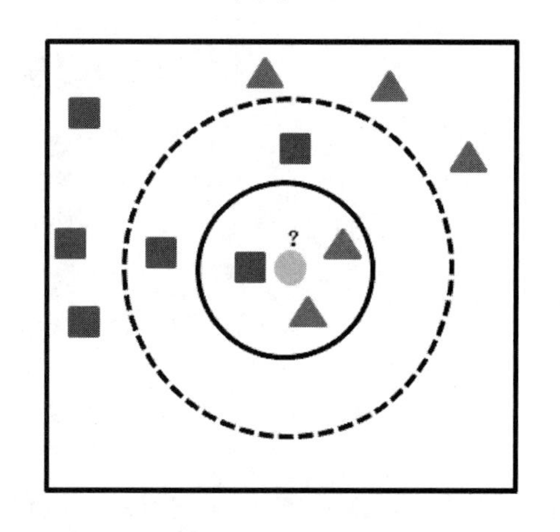

图 6-30 K 值的选择

3）KNN 算法实现的步骤三为数据分类。根据这 k 个近邻归属的主要类别，来对测试对象进行分类。

类别的判定分为多数表决法和加权多数表决法。多数表决法遵从少数服从多数的原则，近邻中哪个类别的点最多就分为该类。加权多数表决法根据距离的远近，对近邻的投票进行加权，距离越近则权重越大（权重为距离平方的倒数）。

2. KNN 算法的优缺点

KNN 算法可以说是一个非常经典而且原理十分容易理解的算法，作为第一个算法来进行学习是可以帮助大家在未来能够更好地理解其他的算法模型。不过，KNN 算法在实际使用当中会有很多问题，例如它需要对数据集认真地进行预处理、对规模超大的数据集拟合的时间较长、对高维数据集拟合欠佳，以及对稀疏数据集束手无策等。

前面系统地介绍了 KNN 算法的计算步骤及其优缺点，下面让我们具体应用 KNN 算法解决实际的分类问题吧！

6.2.2 训练 1：电影分类

"阿短，你能通过 KNN 算法判断电影《唐人街探案》属于哪种电影类别吗？"

"当然可以，首先需要建立一个电影数据集，依据属性判断类别。"

```
import math
#分好类的数据集
movie_data = {"宝贝当家": [45, 2, 9, "喜剧片"],
              "美人鱼": [21, 17, 5, "喜剧片"],
              "澳门风云 3": [54, 9, 11, "喜剧片"],
              "功夫熊猫 3": [39, 0, 31, "喜剧片"],
              "谍影重重": [5, 2, 57, "动作片"],
              "叶问 3": [3, 2, 65, "动作片"],
              "伦敦陷落": [2, 3, 55, "动作片"],
              "我的特工爷爷": [6, 4, 21, "动作片"],
              "奔爱": [7, 46, 4, "爱情片"],
              "夜孔雀": [9, 39, 8, "爱情片"],
              "代理情人": [9, 38, 2, "爱情片"],
              "新步步惊心": [8, 34, 17, "爱情片"]}
```

"阿短，数据集中每部电影后面的特征值分别代表什么含义呢？"

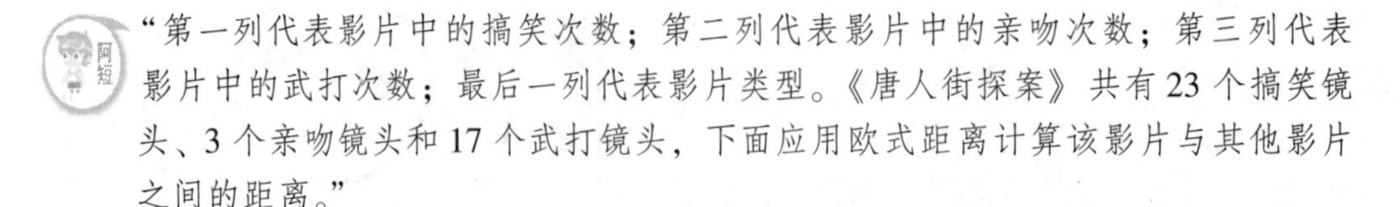

"第一列代表影片中的搞笑次数；第二列代表影片中的亲吻次数；第三列代表影片中的武打次数；最后一列代表影片类型。《唐人街探案》共有 23 个搞笑镜头、3 个亲吻镜头和 17 个武打镜头，下面应用欧式距离计算该影片与其他影片之间的距离。"

```
x = [23, 3, 17]
KNN = []
for key, v in movie_data.items():
    d = math.sqrt((x[0] - v[0]) ** 2 + (x[1] - v[1]) ** 2 + (x[2] - v[2]) ** 2)
    KNN.append([key, round(d, 2)])
```

```
print(KNN)
```

运行结果如下。

[['宝贝当家', 23.43], ['美人鱼', 18.55], ['澳门风云3', 32.14], ['功夫熊猫3', 21.47], ['谍影重重', 43.87], ['叶问3', 52.01], ['伦敦陷落', 43.42], ['我的特工爷爷', 17.49], ['奔爱', 47.69], ['夜孔雀', 39.66], ['代理情人', 40.57], ['新步步惊心', 34.44]]

“接下来，按照距离大小进行递增排序，选取距离最小的 k 个样本，这里取 $k=5$。”

```
KNN.sort(key = lambda dis: dis[1])
KNN = KNN[:5]
print(KNN)
```

运行结果如下。

[['我的特工爷爷', 17.49], ['美人鱼', 18.55], ['功夫熊猫3', 21.47], ['宝贝当家', 23.43], ['澳门风云3', 32.14]]

“最后，确定前 k 个样本所在类别出现的频率，并输出出现频率最高的类别。”

```
labels = {"喜剧片":0,"动作片":0,"爱情片":0}
for s in KNN:
    label = movie_data[s[0]]
    labels[label[3]] += 1
labels = sorted(labels.items(),key = lambda l: l[1],reverse = True)
print(labels,labels[0][0],sep = '\n')
```

运行结果如下。

[('喜剧片', 4), ('动作片', 1), ('爱情片', 0)]
喜剧片

“根据运行结果可知，电影《唐人街探案》属于喜剧片。”

“正确！”

6.2.3 训练2：鸢尾花数据分类

“因为自然环境不同，鸢尾花的类别可以细分，首先导入数据，看看鸢尾花数据量的大小和数据集介绍（注意：‘#’及后面文字代表注解，在运行及结果中并不存在）。”

```
#导入所需库
import pandas as pd
from sklearn import datasets
from sklearn.model_selection import train_test_split
from sklearn.preprocessing import StandardScaler
from sklearn.neighbors import KneighborsClassifier
#导入鸢尾花数据集
iris = datasets.load_iris()
```

```
X = iris.data
y = iris.target
print(X[0:10])
print(y[0:10])
print(iris.DESCR)  #查看数据说明
```

“单击运行按钮，输出结果，下面的输出结果说明了什么呢？”

```
#x
[[5.1 3.5 1.4 0.2]
[4.9 3.  1.4 0.2]
[4.7 3.2 1.3 0.2]
[4.6 3.1 1.5 0.2]
[5.  3.6 1.4 0.2]
[5.4 3.9 1.7 0.4]
[4.6 3.4 1.4 0.3]
[5.  3.4 1.5 0.2]
[4.4 2.9 1.4 0.2]
[4.9 3.1 1.5 0.1]]
#y
[0 0 0 0 0 0 0 0 0 0]
.._iris_dataset:
Iris plants dataset
- - - - - - - - - - - - - - - - - - - -
```

“*X* 的输出结果表示鸢尾花的数据集，数据集共分为 4 列，代表了鸢尾花的 4 个属性，分别为花萼长度、花萼宽度、花瓣长度和花瓣宽度；*Y* 表示鸢尾花的目标值，即鸢尾花的种类，在下面的运行结果中将更加详细地进行介绍。”

```
**Data Set Characteristics:**   #鸢尾花特征

    :Number of Instances: 150 (50 in each of three classes)   #150 个样本
    :Number of Attributes: 4 numeric, predictive attributes and the class  #4 个属性
    :Attribute Information:  #特征信息
        - sepal length in cm  #花萼的长度
        - sepal width in cm  #花萼的宽度
        - petal length in cm  #花瓣的长度
        - petal width in cm  #花瓣的宽度
        - class:  #鸢尾花类别
                - Iris-Setosa
                - Iris-Versicolour
                - Iris-Virginica
```

“阿短，根据运行结果你能知道鸢尾花的哪些信息?”

“根据 Data Set Characteristics（鸢尾花特征信息）可以知道，鸢尾花数据集有150株花的数据（每一个样本中有50个信息）。鸢尾花有4个特征：Sepal. Length（花萼长度）、Sepal. Width（花萼宽度）、Petal. Length（花瓣长度）和Petal. Width（花瓣宽度），特征值都为正浮点数，单位为厘米。目标值为鸢尾花的分类，鸢尾花分为三类：Iris Setosa（山鸢尾）、Iris Versicolour（杂色鸢尾）和Iris Virginica（弗吉尼亚鸢尾）。”

“没错！下面的结果统计了鸢尾花四种特征的最小值、最大值、中间值、SD值以及相关系数。”

```
:Summary Statistics:  #汇总统计
============== ==== ==== ======= ===== ====================
                Min  Max   Mean    SD   Class Correlation
============== ==== ==== ======= ===== ====================
sepal length:   4.3   7.9  5.84   0.83    0.7826
sepal width: 2.0    4.4  3.05   0.43   -0.4194
petal length: 1.0    6.9  3.76    1.76    0.9490  (high!)
petal width: 0.1    2.5  1.20    0.76    0.9565  (high!)
============== ==== ==== ======= ===== ====================
```

“将鸢尾花数据一分为二，一部分用于训练，另一部分用于测试，随机采样25%的数据用于测试，剩下的75%用于构建训练集合。”

```
#拆分训练集、测试集
X_train, X_test, y_train, y_test = train_test_split(X, y, test_size = 0.25)
print(X_train[0:10])  #随机取出鸢尾花的10组数据做训练
print(y_train[0:10])  #随机取出鸢尾花的10个目标值做训练
```

运行结果如下。

```
#X
[[5.9 3.2 4.8 1.8]
[6.7 2.5 5.8 1.8]
[6.  2.9 4.5 1.5]
[5.  3.5 1.6 0.6]
[4.9 3.6 1.4 0.1]
[5.7 3.  4.2 1.2]
[6.8 3.2 5.9 2.3]
[7.7 2.8 6.7 2. ]
[5.3 3.7 1.5 0.2]
[7.3 2.9 6.3 1.8]]
#y
[1 2 1 0 0 1 2 2 0 2]
```

“下面将数据标准化，简单来说就是把数据按比例缩放，使之落入一个小的空间里。”

“编程猫，数据标准化有什么好处呢？”

“在不改变原始数据分布的情况下，使不同度量之间的特征具有可比性。”

```
std =StandardScaler()
X_train = std.fit_transform(X_train)
X_test = std.transform(X_test)
print(X_train[0:10])
```

运行结果为如下。

```
[[ 0.07526968  0.32610237  0.56116921  0.78161412]
 [ 1.01195899 -1.37832601  1.12485486  0.78161412]
 [ 0.19235584 -0.40436694  0.39206351  0.38550199]
 [ -0.9785058  1.05657167 -1.2426249  -0.80283441]
 [ -1.09559196  1.30006144 -1.35536204 -1.4630213 ]
 [ -0.15890265 -0.16087717  0.22295781 -0.01061015]
 [ 1.12904515  0.32610237  1.18122343  1.441801   ]
 [ 2.18282063 -0.6478567  1.63217196  1.04568887]
 [ -0.62724731  1.54355121 -1.29899347 -1.33098392]
 [ 1.71447597 -0.40436694  1.40669769  0.78161412]]
```

“接下来构建 KNN 模型，设置模型参数 $k=5$。最后，预测模型并对模型进行评估。”

```
knn = KNeighborsClassifier(n_neighbors=5)
knn.fit(X_train, y_train)
y_predict =knn.predict(X_test[0:10])
print("实际结果", y_test[0:10])
print("预测结果", y_predict)
print("准确率",knn.score(X_test, y_test))
```

最终的运行结果如下。

```
实际结果 [0 0 0 2 0 2 1 2 0 2]
预测结果 [0 0 0 2 0 2 1 2 0 2]
准确率 0.9736842105263158   #模型评估结果
```

“最后通过对比，预测结果与实际结果相同，准确率达到 97%，说明该算法效果很好，可以应用于实际。”

6.2.4 训练 3：手写数字识别

“阿短，随着社会的发展，世界各国已进入信息化时代，你知道什么是数字识别吗？”

“数字识别（Digit Recognition），是计算机从纸质文档、照片或其他来源接收和理解并识别可读的数字的能力。”

“没错，根据数字来源的产生方式的不同，目前数字识别问题可以区分为手写体数字识别、印刷体数字识别、光学数字识别和自然场景下的数字识别等，具有很大的实际应用价值。”

“编程猫，我们可以通过KNN算法实现手写数字识别吗?”

“可以的，首先导入所需库，代码如下。”

```
import numpy as np
import cv2
import Matplotlib.pyplot as plt
from sklearn.neighbors import KNeighborsClassifier
from sklearn.model_selection import train_test_split
```

“编程猫，在之前的训练中没有接触过cv2模块，它具有什么功能?”

“cv2用于加载图片，cv2在加载图片上要比Matplotlib快，在处理大量图片时选用cv2。下面我们就用cv2识别并加载一张内容为数字2的图片。”

```
#bitmap 位图
digit=cv2.imread(r'E:\data1\2\2_1.bmp')
print(digit.shape)
cv2.imshow('digit',digit)
cv2.waitKey(0)
```

“在运行结果中，(28，28，3）代表加载的图片高度和宽度都是28，像素为3，图片内容为数字2，图片的显示结果如图6-31所示。”

运行结果如下。

```
(28,28,3)
```

显示图片的结果如下。

图6-31 显示图片的结果

“编程猫，我们的数据是三维的，显示的图片却是二维的黑白图片，这是什么原因?”

“的确，当三个彩色通道值相同，图片本质虽然还是三维的，但是将不显示为彩色。下面直接输出数据，结果每一列数据都是0，共三列，进一步表明该数据是三维的。”

```
print(digit)
```

运行结果如下。

```
[[[0 0 0]
  [0 0 0]
  [0 0 0]
  ...
  [0 0 0]
  [0 0 0]
  [0 0 0]]
[[0 0 0]
  [0 0 0]
  [0 0 0]
  ...
  [0 0 0]
  [0 0 0]
  [0 0 0]]
[[0 0 0]
  [0 0 0]
  [0 0 0]
  ...
  [0 0 0]
  [0 0 0]
  [0 0 0]]
...
[[0 0 0]
  [0 0 0]
  [0 0 0]
  ...
  [0 0 0]
  [0 0 0]
  [0 0 0]]
[[0 0 0]
  [0 0 0]
  [0 0 0]
  ...
  [0 0 0]
```

```
  [0 0 0]
  [0 0 0]]
[[0 0 0]
  [0 0 0]
  [0 0 0]
  ...
  [0 0 0]
  [0 0 0]
  [0 0 0]]]
```

“对于数据来说，有效的信息越少越好，下面将三维图片通过图片灰度化处理转化成二维图片，数据会大大减少，但有效信息是等效的，并不会因此而改变。”

```
digit = cv2.cvtColor(digit,code = cv2.COLOR_BGR2GRAY)
print(digit.shape)
```

运行结果如下。

```
(28,28)
```

“通过展示digit形状，运行结果变成（28，28），相比于（28，28，3），数据量减少了2/3，只有原来的1/3。”

“接下来加载数据，并放进X［］列表中。我们有0～9共10个文件夹，每个文件夹里有100张图片，range（1，101）为左闭右开区间，取不到101，因此共有1000张图片。调用cv2.imread()函数读取其中的图片，路径为E盘中data1文件夹下的子文件夹。其中%d就代表子文件夹，%d_%d.bmp为读取的图片名称，(i，j，k）则概括地表示了读取路径的各个文件夹和读取的图片。接下来调用cv2.cvtColor()函数，将每一张图片进行灰度化处理，digit［::1］将图片通道进行切片，将三维图片转化成二维图片，减少数据量。最后，将数据赋值给X，将目标值赋值给y，并调用sort()方法对目标值进行排序。”

```
X = []
for i in range(10):
    for j in range(1,101):
        digit = cv2.imread(r'E:\data1\%d\%d_%d.bmp'% (i,i,j))
        digit = cv2.cvtColor(digit,code = cv2.COLOR_BGR2GRAY)
        X.append(digit[::1])
X = np.asarray(X)
y = np.array([i for i in range(10)] * 100)
y.sort()
```

“将数据集分为训练集和测试集，对算法进行训练和预测，最后测试程序的准确率，运行结果为0.865，因此该程序准确率为86.5%。”

```
#X,y 划分成训练数据和验证数据
```

```
X_train,X_test,y_train,y_test = train_test_split(X,y,test_size = 0.2)
#算法训练和预测
X_train = X_train.reshape(800, -1)
X_test = X_test.reshape(200, -1)
knn = KNeighborsClassifier(n_neighbors = 5)
knn.fit(X_train,y_train)
y_ = knn.predict(X_test)
#准确率
print(knn.score(X_test,y_test))
```

运行结果如下。

0.865

“编程猫，在算法训练和预测的过程中，为什么要调用 reshape( )方法改变数组的形状？”

“reshape( )是数组对象中的方法，用于改变数组的形状，而数组中的数据不改变。由于训练数据不符合要求，要将三维数据转换为二维，同时预测数据要与测试数据同一类型，因此调用了 reshape( )方法改变数组的形状。”

“谢谢编程猫。”

6.3 决策树与随机森林分析应用

决策树是一种十分常用的分类方法，其为一种监管学习。所谓监管学习，就是给定一堆样本，每个样本都有一组属性和一个类别，这些类别是事先确定的，那么通过学习得到一个分类器，这个分类器能够对新出现的对象给出正确的分类。决策树是机器学习中一种简单而又经典的算法。

随机森林指的是利用多棵树对样本进行训练并预测的一种分类器。在机器学习中，随机森林是一个包含多个决策树的分类器，并且其输出的类别是由个别树输出的类别的众数而定。本节将带领大家了解决策树以及随机森林的基本原理和应用。

阿短的前行目标

- 能掌握决策树的基本原理并能在修剪中使用 ID3、C4.5 及 CART 算法。
- 能应用决策树算法进行实例验证。
- 能简述随机森林 RF（Random Forests）算法以及应用。

6.3.1 关于决策树和随机森林的相关概念

决策树是一种特殊的树形结构，一般由节点和有向边组成。其中，节点表示特征、属性或者一个类，而有向边包含判断条件。

图6-32为决策树的结构，决策树从根节点开始延伸，经过不同的判断条件后，到达不同的子节点。而上层子节点又可以作为父节点被进一步划分为下层子节点。一般情况下，我们从根节点输入数据，经过多次判断后，这些数据就会被分为不同的类别。这就构成了一棵简单的分类决策树。

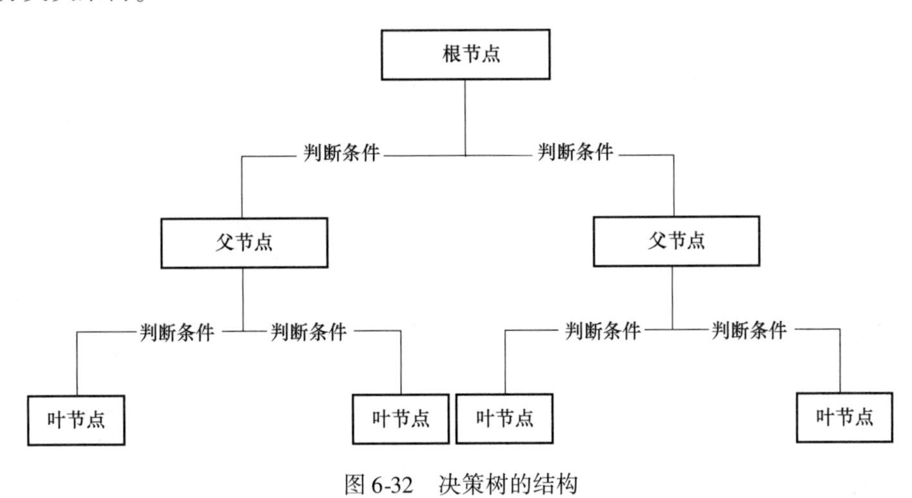

图6-32　决策树的结构

在研究决策树算法之前，我们需要熟悉信息论中熵的概念。熵度量了事物的不确定性，越不确定的事物，它的熵就越大。接下来介绍一下熵的表达式。

X是一个取有限个值的离散性随机变量，其概率分布为如下。

$$P(X=xi)=pi,1,2,3,\cdots,n \tag{6.3}$$

则熵的定义如下。

$$H(X)=-\sum_{i=1}^{n}p_i\log(p_i) \tag{6.4}$$

当随机变量值取两个值时，例如1，0，则X的分布如下。

$$\begin{cases}P(X=1)=p\\P(X=0)=1-p\end{cases}\quad 0\leqslant p\leqslant 1 \tag{6.5}$$

此时，熵表示如下。

$$H=-p\log_2(1-p)\log_2(1-p) \tag{6.6}$$

熵随p的变化曲线如图6-33所示。

当$p=0$或$p=1$时，$H(p)=0$，随机变量完全没有不确定性。当$p=0.5$时，不确定性最大。

熟悉了一个变量的熵，接下来转换为多个变量的联合熵，这里给出两个变量X和Y的联合熵的表达式，具体如下。

$$H(X,Y)=-\sum_{i=1}^{n}p(x_i,y_i)\log p(x_i,y_i) \tag{6.7}$$

有了联合熵，又可以得到条件熵的表达式$H(X|Y)$。条件熵类似于条件概率，它度量了我们的X在知道Y以后剩下的不确定性，表达式如下。

$$H(X|Y)=-\sum_{i=1}^{n}p_i(x_i,y_i)\log p(x_i|y_i)=\sum_{j=1}^{n}p(y_j)H(X|y_i) \tag{6.8}$$

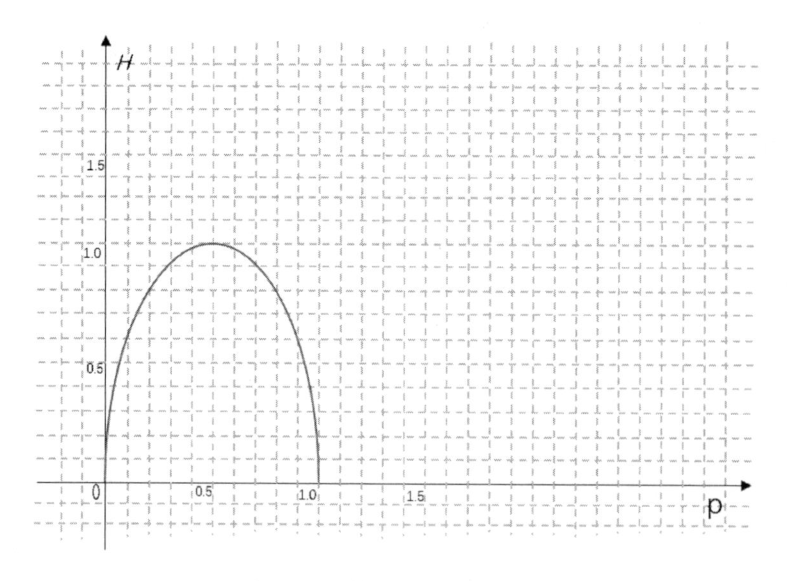

图 6-33　熵随 p 的变化曲线

刚才提到了 $H(X)$ 度量了 X 的不确定性，条件熵 $H(X|Y)$ 度量了 Y 以后 X 剩下的不确定性，那么 $H(X)-H(X|Y)$ 呢？从上述的信息中大家可以看出，它度量了 X 在知道了 Y 以后不确定减少程度，这个度量我们在信息论中称为互信息，记为 $I(X,Y)$ 也称为信息增益。

在图 6-34 中可以很容易地明白熵之间的关系，左边的椭圆代表 $H(X)$，右边的椭圆代表 $H(Y)$，中间重合的部分就是我们的互信息或者叫信息增益 $I(X,Y)$，左边的椭圆去掉重合部分就是 $H(X|Y)$，右边的椭圆去掉重合部分就是 $H(Y|X)$，两个椭圆合并就是 $H(X,Y)$。

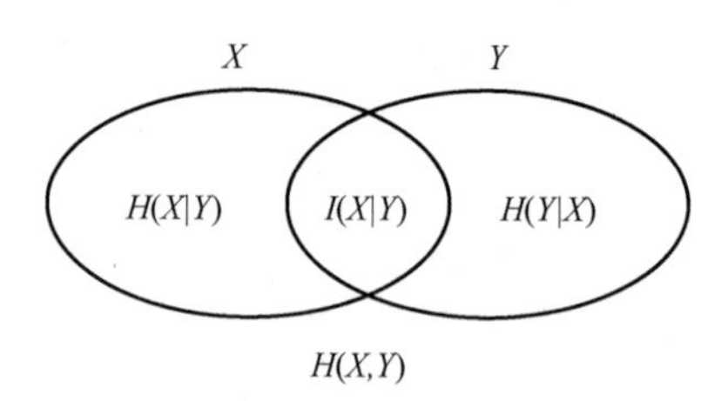

图 6-34　熵之间的关系

了解完基础知识后，下面将开始正式介绍决策树的相关算法。

1. 决策树 ID3 算法

ID3 算法就是用信息增益大小来判断当前节点用什么特征来构建决策树，用计算出的信息增益最大的特征来建立决策树的当前节点。下面将介绍具体 ID3 算法的过程大概是怎样的。

输入的为 m 个样本，样本输出集合为 D，每个样本有 n 个离散特征，特征集合为 A，输出决策树为 T。算法的具体过程如下。

1）初始化信息增益的阈值。

2）判断样本是否为同一类输出D_i，如果是，则返回单节点数 T。标记类别为D_i。

3）判断特征是否为空，如果是，则返回节点数 T，标记类别为样本中输出类别 D 实例最多的类别。

4）计算 A 中的各个特征（一共 n 个）对输出 D 的信息增益，选择信息增益最大的特征A_g。

5）如果A_g的信息增益小于阈值?，则返回单节点数 T，标记类别为样本中输出类别 D 实例数最多的类别。

6）否则，按特征A_g的不同取值A_{gi}将对应的样本输出 D 分成不同的类别D_i。每个类别产生一个子节点，对应特征值为A_{gi}，返回增加了节点的书 T。

7）对于所有的子节点，令 $D = D_i$，$A = A - \{A_g\}$ 递归调用 2 ~6 步，得到子树T_i并返回。

这就是 ID3 算法的基本过程，在 20 世纪 70 年代 ID3 算法的简洁和高效引起了轰动。虽然 ID3 算法提出了新思路，但是还有很多需要改进的地方，具体如下。

1）ID3 算法没有考虑连续特征，例如长度、密度都是连续值，无法在 ID3 中运用。

2）ID3 采用信息增益大的特征优先建立决策树的节点。

3）ID3 算法对于缺失值的情况没有做考虑。

4）ID3 没有考虑拟合的问题。

以上这些问题大大地限制了 ID3 的用途，所以 C4. 5 算法应运而生。C4. 5 算法就是 ID3 算法的作者根据以上的不足，对 ID3 算法进行的改正。下面，我们将对 C4. 5 算法进行详细介绍。

2. 决策树 C4. 5 算法的改进

上面我们提到了 ID3 算法有着很多的不足，所以 ID3 算法的作者在 C4. 5 算法中改进了上述的问题。

对于第一个不足，不能处理连续特征的问题，C4. 5 的思路是将连续的特征离散化。假设 m 个样本，它的连续特征 A 有 m 个，从小到大排列为 a_1，a_2，…，a_m，则 C4. 5 取相邻两样本的平均数，一共取得 $m-1$ 个划分点，其中第 i 个划分点T_i如下。

$$T_i = \frac{a_i + a_{i+1}}{2} \tag{6.9}$$

对于这 $m-1$ 个点，分别计算以该点作为二元分类点时的信息增益。选择信息增益最大的点作为该连续特征的二元离散分类点。比如取得的增益最大的点为a_t，则小于a_t的值为类别 1，大于a_t的值为类别 2，这样我们就做到了连续特征的离散化。要注意的是，与离散的属性不同的是，如果当前节点为连续属性，则该属性后面还可以参与子节点的产生选择过程。

对于第二个不足，信息增益作为表中容易偏向于取值较多特征的问题。我们引入一个信息增益比的变量，它是信息增益和特征熵的比值，具体表达式如下。

$$I_R(D,A) = \frac{I(A,D)}{H_A(D)} \tag{6.10}$$

其中 D 为样本特征输出的集合，A 为样本特征，对于特征熵$H_A(D)$，表达式如下。

$$H_A(D) = -\sum_{i=1}^{n} \frac{|D_i|}{|D|}\log_2 \frac{|D_i|}{|D|} \tag{6.11}$$

其中 n 为特征 A 的类别数，D_i为特征 A 的第 i 个取值对应的样本个数，$|D|$为样本个数。

特征数越多的特征对应的特征熵越大，它作为分母，可以校正信息增益容易偏向于取值较多的特征的问题。

对于第三个缺失值处理的问题，主要需要解决的是两个问题，一是在样本默写特征缺失的情况下选择划分的属性，选定的划分属性，对于在该属性上缺失特征的样本的处理。

对于第四个不足，C4. 5 引入了正则化系数进行了初步的剪枝。在这里先不介绍剪枝的方法。在后续讲述 CART 算法时会详细介绍剪枝的方法。

C4. 5 算法除了处理了上述的四个问题外，剩下的思路与 ID3 算法区别不大。

C4.5 算法虽然进一步改善了 ID3 算法的几个主要问题，但是还有改善和优化的空间，具体如下。

1）因为决策树算法非常容易过拟合，所以对于生成的决策树必须要进行剪枝。剪枝的算法非常多，C4.5 的剪枝方法有优化的空间。思路主要是两种，一种是预剪枝，即在生成决策树的时候就决定是否剪枝。另一种是后剪枝，即先生成决策树，再通过交叉验证来剪枝。后面讲述 CART 树时将专门讲述决策树的剪枝思路。

2）C4.5 算法生成的是多叉数，即一个父节点可以有多个节点。很多时候，在计算机中二叉树模型会比多叉树运算效率高。如果采用二叉树，可以提高效率。

3）C4.5 算法只能用于分类，如果能将决策树用于回归的话可以扩大它的使用范围。

4）C4.5 算法由于使用了熵模型，里面有大量耗时的对数运算，如果是连续值还有大量的排序运算。

以上就是 C4.5 算法的不足，进而产生了 CART 树。在决策树算法中，CART 算法是比较完善的算法了，接下来将要讲述 CART 算法的主要改进思路。

3. CART 分类树算法

之前介绍过在 ID3 算法中我们使用了信息增益来选择特征，信息增益大的优先选择。在 C4.5 算法中，采用了信息增益比来选择特征，以减少信息增益容易选择特征值多的特征的问题。但是无论是 ID3 还是 C4.5，都是基于信息论的熵模型，这里面会涉及大量的对数运算。那么有没有什么算法能在简化模型的同时，也不至于完全丢失熵模型的优点吗？有！CART 分类树算法使用基尼系数来代替信息增益比，基尼系数代表了模型的不纯度，基尼系数越小，则不纯度越低，特征越好。这和信息增益（比）是相反的。

（1）CART 分类树算法的最优特征选择方法

举个例子，在分类问题中，假设有 K 个类别，第 k 个类别的概率为p_k，则基尼系数的表达式如下。

$$Gini(p) = \sum_{k=1}^{K} p_k(1-p_k) = 1 - \sum_{k=1}^{K} p_k^2 \tag{6.12}$$

如果是二类分类问题，计算就更加简单了，如果属于第一个样本输出的概率是 p，则基尼系数的表达式如下。

$$Gini(p) = 2p(1-p) \tag{6.13}$$

对于给定的样本 D，假设有 K 个类别，第 k 个类别的数量为C_k，则样本 D 的基尼系数表达式如下。

$$Gini(D) = 1 - \sum_{k=1}^{K} \left(\frac{|C_k|}{|D|}\right)^2 \tag{6.14}$$

特别的，对于样本 D，如果根据特征 A 的某个值 a，把 D 分成 D_1 和 D_2 两部分，则在特征 A 的条件下，D 的基尼系数表达式如下。

$$Gini(D,A) = \frac{|D_1|}{|D|}Gini(D_1) + \frac{|D_2|}{|D|}Gini(D_2) \tag{6.15}$$

大家可以比较下基尼系数表达式和熵模型的表达式，二次运算是不是比对数简单很多？尤其是二类分类的计算，更加简单。虽然简单，但是和熵模型的度量方式比，基尼系数对应的误差有多大呢？对于二类分类，基尼系数和熵之半的曲线如图 6-35 所示。

从右图可以看出，基尼系数和熵之半的曲线非常接近，仅仅在45度角附近误差稍大。因此，基尼系数可以作为熵模型的一个近似替代。而CART分类树算法就是使用基尼系数来选择决策树的特征。同时，为了进一步简化，CART分类树算法每次仅仅对某个特征的值进行二分，而不是多分，这样CART分类树算法建立起来的是二叉树，而不是多叉树。这样一是可以进一步简化基尼系数的计算，二是可以建立一个更加优雅的二叉树模型。

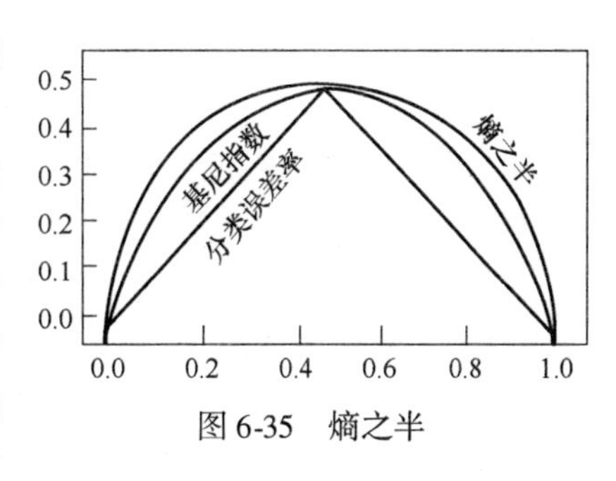

图6-35 熵之半

（2）CART分类树算法对于连续特征和离散特征处理的改进

对于CART分类树连续值的处理问题，其思想和C4.5是相同的，都是将连续的特征离散化。唯一的区别在于在选择划分点时的度量方式不同，C4.5使用的是信息增益比，而CART分类树使用的是基尼系数。

具体的思路如下，比如 m 个样本的连续特征 A 有 m 个，从小到大排列为 a_1，a_2，…，a_m，则CART算法取相邻两样本值的平均数，一共取得 $m-1$ 个划分点，其中第 i 个划分点 $T_{i,}$ 表示为：$T_{i,}=\frac{a_{i,}+a_{i+1,}}{2}$。对于这 $m-1$ 个点，分别计算以该点作为二元分类点时的基尼系数。选择基尼系数最小的点作为该连续特征的二元离散分类点。比如取到的基尼系数最小的点为 a_t，则小于 a_t 的值为类别1，大于 a_t 的值为类别2，这样我们就做到了连续特征的离散化。要注意的是，与ID3或者C4.5处理离散属性不同的是，如果当前节点为连续属性，则该属性后面还可以参与子节点的产生选择过程。

对于CART分类树离散值的处理问题，采用的思路是不停的二分离散特征。

回忆下ID3或者C4.5，某个特征 A 被选取建立决策树节点，如果它有 A_1、A_2、A_3 三种类别，我们会在决策树上一下建立一个三叉的节点，这样导致决策树是多叉树。但是CART分类树使用的方法不同，它采用的是不停地二分。还是这个例子，CART分类树会考虑把 A 分成 $\{A_1\}$ 和 $\{A_2,A_3\}$，$\{A_2\}$ 和 $\{A_1,A_3\}$，$\{A_3\}$ 和 $\{A_1,A_2\}$ 三种情况，找到基尼系数最小的组合，比如 $\{A_2\}$ 和 $\{A_1,A_3\}$，然后建立二叉树节点，一个节点是 A_2 对应的样本，另一个节点是 $\{A_1,A_3\}$ 对应的节点。同时，由于这次没有把特征 A 的取值完全分开，后面我们还有机会在子节点继续选择到特征 A 来划分 A_1 和 A_3。这和ID3或者C4.5不同，在ID3或者C4.5的一棵子树中，离散特征只会参与一次节点的建立。

（3）CART分类树建立算法的具体流程

上面介绍了CART算法的一些和C4.5不同之处，下面我们看看CART分类树建立算法的具体流程，之所以加上了建立，是因为CART树算法还有独立的剪枝算法这一块，这个方面在后续会讲解。

算法输入是训练集 D，基尼系数的阈值，样本个数阈值，输出是决策树T。

接下来算法的讲述从根节点开始，用训练集递归地建立CART树。

1）对于当前节点的数据集为 D，如果样本个数小于阈值或者没有特征，则返回决策子树，当前节点停止递归。

2）计算样本集 D 的基尼系数，如果基尼系数小于阈值，则返回决策树子树，当前节点停止递归。

3）计算当前节点现有的各个特征的各个特征值对数据集 D 的基尼系数，对于离散值和连续值的处理方法和基尼系数的计算上述已经介绍过。缺失值的处理方法和之前的 C4.5 算法里描述的相同。

4）在计算出来的各个特征的各个特征值对数据集 D 的基尼系数中，选择基尼系数最小的特征 A 和对应的特征值 a。根据这个最优特征和最优特征值，把数据集划分成 D_1 和 D_2 两部分，同时建立当前节点的左右节点，做节点的数据集 D 为 D_1，右节点的数据集 D 为 D_2。

5）对左右的子节点递归的调用 1 ~4 步，生成决策树。

对生成的决策树做预测的时候，假如测试集里的样本 A 落到了某个叶子节点，而节点里有多个训练样本，则对于 A 的类别预测采用的是这个叶子节点里概率最大的类别。

（4）CART 回归树建立算法

CART 回归树和 CART 分类树的建立算法大部分是类似的，所以这里我们只讨论 CART 回归树和 CART 分类树建立算法的不同之处。

首先，我们要明白，什么是回归树，什么是分类树。两者的区别在于样本输出，如果样本输出是离散值，那么这是一棵分类树。如果样本输出是连续值，那么这是一棵回归树。

除了概念的不同，CART 回归树和 CART 分类树的建立和预测的区别主要有以下两点。

- 连续值的处理方法不同。
- 决策树建立后做预测的方式不同。

对于连续值的处理，我们知道 CART 分类树采用的是用基尼系数的大小来度量特征的各个划分点的优劣情况。这比较适合分类模型，但是对于回归模型，我们使用了常见的和方差的度量方式，CART 回归树的度量目标是：对于任意划分特征 A，对应的任意划分点 s 两边划分成的数据集 D_1 和 D_2，求出使 D_1 和 D_2 各自集合的均方差最小，同时 D_1 和 D_2 的均方差之和最小所对应的特征和特征值划分点。表达式如下。

$$\min_{A,s}\Big[\min_{c_1}\sum_{x_i\in D_1(A,s)}(y_i-c_1)^2+min\min_{C_2}\sum_{x_i\in D_2(A,s)}(y_i-c_2)^2\Big] \tag{6.16}$$

其中，c_1 为 D_1 数据集的样本输出均值，c_2 为 D_2 数据集的样本输出均值。

对于决策树建立后做预测的方式，上面讲到了 CART 分类树采用叶子节点里概率最大的类别作为当前节点的预测类别。而回归树输出不是类别，它采用的是用最终叶子的均值或者中位数来预测输出结果。

此外，CART 回归树和 CART 分类树的建立算法和预测没有什么区别。

（5）CART 树算法的剪枝

CART 回归树和 CART 分类树的剪枝策略除了在度量损失的时候一个使用均方差，一个使用基尼系数，算法基本完全一样，所以这里一起讲述。

由于决策时算法很容易对训练集过拟合，而导致泛化能力差，为了解决这个问题，我们需要对 CART 树进行剪枝，即类似于线性回归的正则化，来增加决策树的泛化能力。但是，有很多的剪枝方法，我们应该怎么选择呢？CART 采用的办法是后剪枝法，即先生成决策树，再产生所有可能的剪枝后的 CART 树，使用交叉验证来检验各种剪枝的效果，然后选择泛化能力最好的剪枝策略。

也就是说，CART 树的剪枝算法可以概括为两步，第一步是从原始决策树生成各种剪枝效果的决策树，第二步是用交叉验证来检验剪枝后的预测能力，选择泛化预测能力最好的剪枝后的数作为最终的 CART 树。

首先我们看看剪枝的损失函数度量，在剪枝的过程中，对于任意的一棵子树 T，其损失函数如下。

$$C_\alpha(T_t)=C(T_t)+\alpha|T_t| \tag{6.17}$$

其中，α 为正则化参数，这和线性回归的正则化一样。$C(T_t)$ 为训练数据的预测误差，分类树是用基尼系数度量，回归树是均方差度量。$|T_t|$ 是子树 T 的叶子节点的数量。

当 $\alpha=0$ 时，即没有正则化，原始生成的 CART 树即为最优子树。当 $\alpha=\infty$ 时，即正则化强度达到最大，此时由原始生成的 CART 树的根节点组成的单节点树为最优子树。当然，这是两种极端情况。一般来说，α 越大，则剪枝剪得越厉害，生成的最优子树相比原生决策树就越偏小。对于固定的 α，一定存在使损失函数$C_\alpha(T_t)$最小的唯一子树。

看过剪枝的损失函数度量后，我们再来看看剪枝的思路，对于位于节点 t 的任意一棵子树T_t，如果没有剪枝，它的损失的表达式如下。

$$C_\alpha(T_t)=C(T_t)+\alpha|T_t| \tag{6.18}$$

如果将其剪掉，仅仅保留根节点，则损失表达式如下。

$$C_\alpha(T_t)=C(T)+\alpha \tag{6.19}$$

当 $\alpha=0$ 或者 α 很小时，$C_\alpha(T_t)<C(T)$。当 α 增大到一定程度时，$C_\alpha(T_t)=C(T)$。

当 α 继续增大时，不等式反向，也就是满足下式。

$$\alpha=\frac{C(T)-C(T_t)}{|T_t|-1} \tag{6.20}$$

T_t和 T 有相同的损失函数，但是 T 节点更少，因此可以对子树T_t进行剪枝，也就是将它的子节点全部剪掉，变为一个叶子节点 T。

最后，我们看看 CART 树的交叉验证策略。上述讲过，我们可以计算出每个子树是否剪枝的阈值 α，如果把所有的节点是否剪枝的值 α 都计算出来，然后分别针对不同 α 所对应的剪枝后的最优子树做交叉验证。这样就可以选择一个最好的 α，有了这个 α，我们就可以用对应的最优子树作为最终结果。

然后根据上述的思路，来看看 CART 树的剪枝算法。

输入是 CART 树建立算法得到的原始决策树 T。

输出是最优决策子树T_α。

算法过程如下。

1）初始化$\alpha_{min}=\infty$，最优子树集合 $\omega=\{T\}$。

2）从叶子节点开始自下而上计算各内部节点 t 的训练误差损失函数$C_\alpha(T_t)$（回归树为均方差，分类树为基尼系数，叶子节点数$|T_t|$，以及正则化阈值 $\alpha=min\left\{\frac{C(T)-C(T_t)}{|T_t|-1},\alpha_{min}\right\}$，更新$\alpha_{min}=\alpha$。

3）得到所有节点的 α 的集合 M。

4）从 M 中选择最小的值α_k，自上而下访问子树 T 的内部节点，如果$\frac{C(T)-C(T_t)}{|T_t|-1}\leqslant\alpha_k$时，进行剪枝。并决定叶节点 T 的值。如果是分类树，则是概率最高的类别，如果是回归

树，则是所有样本输出的均值。这样得到α_k对应的最优子树T_k。

5）最优子树集合 $\omega = \omega \cup T_k$，$M = M - \{\alpha_k\}$。

6）如果 M 不为空，则回到步骤 4，否则就已经得到了所有的可选最优子树集合 ω。

7）采用交叉验证在 ω 选择最优子树T_α。

4. 决策树算法总结

下面我们来总结决策树算法，看看将它作为一个大类别的分类回归算法的优缺点。

首先我们看看决策树算法的优点，具体如下。

1）生成的决策树简单、直观。

2）基本不需要预处理，不需要提前归一化，处理缺失值。

3）使用决策树预测的代价是 $O(\log_2 m)$，m 为样本数。

4）既可以处理离散值，也可以处理连续值。很多算法只是专注于离散值或者连续值。

5）可以处理多维度输出的分类问题。

6）相比于神经网络之类的黑盒分类模型，决策树在逻辑上可以得到很好的解释。

7）可以交叉验证的剪枝来选择模型，从而提高泛化能力。

8）对于异常点的容错能力好，健壮性高。

接下来再看看决策树算法的缺点。

1）决策树算法非常容易过拟合，导致泛化能力不强。我们可以通过设置节点最少样本数量和限制决策树深度来改进。

2）决策树会因为样本发生一点点的改动，就导致树结构的剧烈改变。我们可以通过集成学习之类的方法解决。

3）寻找最优的决策树是一个 NP 难的问题，我们一般是通过启发式方法，容易陷入局部最优。可以通过集成学习之类的方法来改善。

4）有些比较复杂的关系，决策树很难学习，比如异或。这个就没有办法了，一般这种关系可以换神经网络分类方法来解决。

5）如果某些特征的样本比例过大，生成决策树容易偏向于这些特征。我们可以通过调节样本权重来改善。

5. 随机森林算法

随机森林是指利用多颗决策树对样本进行训练并预测的一种算法。也就是说，随机森林算法是一个包含多个决策树的算法，与输出的类别是由个别决策树输出的类别的众数来决定的。

之前已经了解分类、聚类和回归是机器学习的最基本主题。而随机森林主要是应用于回归和分类这两种场景，侧重于分类。研究表明，组合分类器比单一分类器的分类效果好。而随机什么是指利用多棵决策树对样本数据进行训练、分类并预测的一种方法，它在对数据进行分类的同时，还可以给出各个变量（基因）的重要性评分，评估各个变量在分类中所起的作用。

接下来，将讲述随机森林的构建方法，大致如下。

1）利用 bootstrap 方法（稍后讲述）有放回地从原始训练集中随机抽取 n 个样本，并构建 n 个决策树。

2）假设在训练样本中有 m 个特征，那么每次分裂时选择最好的特征进行分裂，每棵树都一直这样分裂下去，直到该节点的所有训练样例都属于同一类。

3）接着让每棵决策树在不做任何修建的前提下最大限度地进行生产。

4）最后将生成的多棵分类树组成随机森林，用随机森林分类器对新的数据进行分类与回归。对于分类问题，按多棵树分类器投票决定最终分类结构；而对于回归问题，则由多棵树预测值的均值最终决定预测结果。

在正式应用随机森林之前，要了解一下随机森林有几个超参数，这几个参数有的是增强模型的预测能力，有的是提高模型计算能力。

- n_estimators：表示建立树的数量。通常，树的数量越多，性能越好，预测也越稳定，但这也会减慢计算速度。一般来说，在实践中选择百棵树是比较好的选择，因此，一般默认是100。
- n_jobs：超参数表示引擎允许使用处理器的数量。若值为1，则只能使用一个处理器。若值为-1，则表示没有限制。设置n_jobs可以加快模型计算速度。
- oob_score：是一种随机森林交叉验证方法，即是否采用袋外样本来评估模型的好坏，默认是False。推荐设置为True，因为袋外分数反映了一个模型拟合后的泛化能力。

前面介绍了决策树的学习流程以及随机森林的基本原理，下面让我们看看如何灵活应用这类算法解决问题吧！

6.3.2 训练1：决策树可视化

“编程猫，我们要进行决策树的可视化有什么准备工作呢？”

“首先我们编写一个数据集，如表6-1所示。大家可以先做成Excel表格的形式，然后再将它转换成CSV文档。”

表6-1 数据集表格

RID	house_yes	house_no	single	mattied	divcorced	income	label
1	1	1	0	1	0	125	0
2	0	1	0	1	0	100	0
3	0	1	1	0	0	70	0
4	1	0	0	1	0	120	0
5	0	1	0	0	1	95	1
6	0	1	0	1	0	60	0
7	1	0	0	0	1	220	0
8	0	1	1	0	0	85	1
9	0	1	0	1	0	75	0
10	0	1	1	0	0	90	1

“以上为我们的准备工作，下面开始编写代码来进行决策树的可视化。”

```
#导入库和类
from sklearn import tree
import numpy as np

#载入数据
data = np.genfromtxt('cart.csv',delimiter = ',')    # genfromtxt()为载入
数字的方法
x_data = data[1:,1:-1]  #提取数据
y_data = data[1:, -1]   #提取标签
```

```
#创建模型
model = tree.DecisionTreeClassifier()  #不传参数就是用默认的 Gini 指数计算
#传入数据
model.fit(x_data, y_data)

#导出决策树
importgraphviz

dot_data = tree.export_graphviz(model,
                                out_file = None,
                                feature_names = ['house_yes','house_
no','single','married','divorced','income'],
                                class_names = ['no','yes'],
                                filled = True,
                                rounded = True,
                                special_characters = True)
#画图
graph =graphviz.Source(dot_data)
graph.render('cart')
graph
```

"单击运行按钮，结果如图 6-36 所示。"

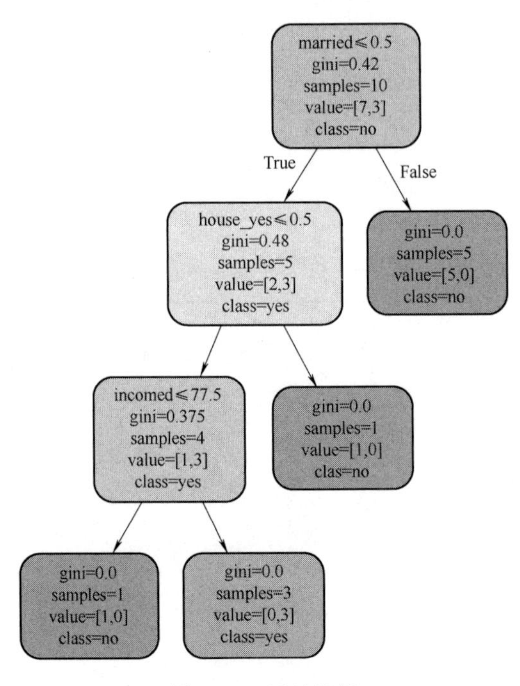

图 6-36　运行结果

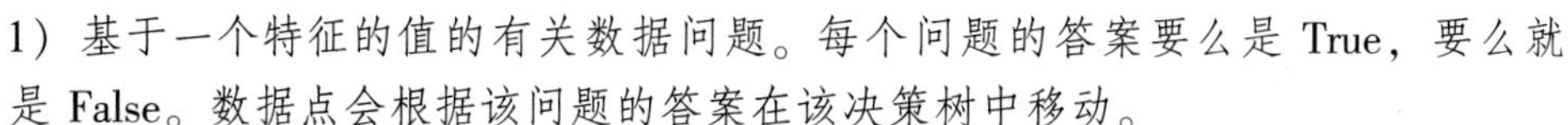

“根据这个实验我们得知：除叶节点（终端节点）之外的所有节点都有5部分。
1）基于一个特征的值的有关数据问题。每个问题的答案要么是True，要么就是False。数据点会根据该问题的答案在该决策树中移动。
2）gini：节点的基尼不纯度。当沿着树向下移动时，平均加权的基尼不纯度必须降低。
3）samples：节点中观察的数量。
4）value：每一类别中样本的数量。比如，顶部节点中有两个样本属于类别0，有4个样本属于类别1。
5）class：节点中大多数点的类别（平时默认为0）。在叶节点中，这是该节点中所有样本的预测结果。”

6.3.3 训练2：鸢尾花分类实验

“编程猫，我们之前不是进行过鸢尾花的分类吗？为什么又做一次分类实验呢？”

“鸢尾花数据集是机器学习领域一个非常经典的分类数据集。不仅仅用KNN算法可以将鸢尾花进行分类，还可以使用决策树的方式将它进行数据分类。现在让我们一起来试试吧！”

“首先，我们来看一下该数据集的基本构成。数据集的准确名称为［Iris Data Set］，总共包含150行数据。每一行数据由4个特征值及一个目标值组成。其中4个特征值分别为：萼片长度、萼片宽度、花瓣长度、花瓣宽度。而目标值为三种不同类别的鸢尾花，分别为Iris Setosa、Iris Versicolour和Iris Virginica。现在让我们直接导入该数据集吧！”

```
from sklearn import datasets # 导入方法类

iris = datasets.load_iris() # 加载 iris 数据集
iris_feature = iris.data # 特征数据
iris_target = iris.target # 分类数据

iris_target # 查看 iris_target
```

“下面为数据导入的结果。”

```
array([0, 0, 0, 0, 0, 0, 0, 0, 0, 0, 0, 0, 0, 0, 0, 0, 0, 0, 0, 0, 0, 0,
0, 0, 0, 0, 0, 0, 0, 0, 0, 0, 0, 0, 0, 0, 0, 0, 0, 0, 0, 0, 0, 0,
0, 0, 0, 0, 0, 0, 1, 1, 1, 1, 1, 1, 1, 1, 1, 1, 1, 1, 1, 1, 1, 1,
1, 1, 1, 1, 1, 1, 1, 1, 1, 1, 1, 1, 1, 1, 1, 1, 1, 1, 1, 1, 1, 1,
1, 1, 1, 1, 1, 1, 1, 1, 1, 1, 1, 1, 2, 2, 2, 2, 2, 2, 2, 2, 2, 2,
2, 2, 2, 2, 2, 2, 2, 2, 2, 2, 2, 2, 2, 2, 2, 2, 2, 2, 2, 2, 2, 2,
2, 2, 2, 2, 2, 2, 2, 2, 2, 2, 2, 2, 2, 2, 2, 2, 2, 2])
```

“接下来，我们可以直接通过print（iris_target）查看鸢尾花的分类数据。这里，scikit-learn已经将花的原名称进行了转换，其中0，1，2分别代表Iris Setosa、

Iris Versicolour 和 Iris Virginica。”

“好的，让我来试一试。”

```
array([0, 0, 0, 0, 0, 0, 0, 0, 0, 0, 0, 0, 0, 0, 0, 0, 0, 0, 0, 0, 0, 0,
      0, 0, 0, 0, 0, 0, 0, 0, 0, 0, 0, 0, 0, 0, 0, 0, 0, 0, 0, 0, 0, 0,
      0, 0, 0, 0, 0, 0, 1, 1, 1, 1, 1, 1, 1, 1, 1, 1, 1, 1, 1, 1, 1, 1,
      1, 1, 1, 1, 1, 1, 1, 1, 1, 1, 1, 1, 1, 1, 1, 1, 1, 1, 1, 1, 1, 1,
      1, 1, 1, 1, 1, 1, 1, 1, 1, 1, 1, 1, 2, 2, 2, 2, 2, 2, 2, 2, 2, 2,
      2, 2, 2, 2, 2, 2, 2, 2, 2, 2, 2, 2, 2, 2, 2, 2, 2, 2, 2, 2, 2, 2,
      2, 2, 2, 2, 2, 2, 2, 2, 2, 2, 2, 2, 2, 2, 2, 2, 2, 2])
```

“不难发现，这些数据是按照鸢尾花类别的顺序排列的。所以，如果我们将其直接划分为训练集和数据集，就会造成数据的分布不均。详细来讲，直接划分容易造成某种类型的花在训练集中一次都未出现，训练的模型就永远不可能预测出这种花来。大家可能会想到，我们将这些数据打乱后再划分训练集和数据集。当然可以，但是更方便的方法是可以直接调用 scikit－learn 为我们提供的训练集和数据集的方法。”

```
from sklearn.model_selection import train_test_split

feature_train, feature_test, target_train, target_test = train_test_split(i-
ris_feature, iris_target, test_size=0.33, random_state=42)

target_train
```

运行的结果如下。

```
array([1, 2, 1, 0, 2, 1, 0, 0, 0, 1, 2, 0, 0, 0, 1, 0, 1, 2, 0, 1, 2, 0,
2, 2, 1, 1, 2, 1, 0, 1, 2, 0, 0, 1, 1, 0, 2, 0, 0, 1, 1, 2, 1, 2,
2, 1, 0, 0, 2, 2, 0, 0, 0, 1, 2, 0, 2, 2, 0, 1, 1, 2, 1, 2, 0, 2,
1, 2, 1, 1, 1, 0, 1, 1, 0, 1, 2, 2, 0, 1, 2, 2, 0, 2, 0, 1, 2, 2,
1, 2, 1, 1, 2, 2, 0, 1, 2, 0, 1, 2])
```

“其中，feature_ train、feature_ test、target_ train 和 target_ test 分别代表训练集特征、测试集特征、训练集目标值、测试集目标值。test_ size 参数代表划分到测试集数据占全部数据的百分比，也可以用 train_ size 来指定训练集所占全部数据的百分比。一般情况下，我们会将整个训练集划分为 70% 训练集和 30% 测试集。最后的 random_ state 参数表示乱序程度。数据集划分之后，我们可以再次执行 print target_ train 命令查看一下结果。”

```
array([1, 2, 1, 0, 2, 1, 0, 0, 0, 1, 2, 0, 0, 0, 1, 0, 1, 2, 0, 1, 2, 0,
      2, 2, 1, 1, 2, 1, 0, 1, 2, 0, 0, 1, 1, 0, 2, 0, 0, 1, 1, 2, 1, 2,
      2, 1, 0, 0, 2, 2, 0, 0, 0, 1, 2, 0, 2, 2, 0, 1, 1, 2, 1, 2, 0, 2,
```

```
      1, 2, 1, 1, 1, 0, 1, 1, 0, 1, 2, 2, 0, 1, 2, 2, 0, 2, 0, 1, 2, 2,
      1, 2, 1, 1, 2, 2, 0, 1, 2, 0, 1, 2])
```

“现在，你会发现花的种类已经变成了乱序状态，并且只包含有整个训练集的70% 数据。”

“编程猫，现在我们应该干什么呢？”

“划分完训练集和测试集之后，我们就可以开始预测了。首先是从 scikit-learn 中导入决策树分类器。然后实验 fit( ) 方法和 predict ( )方法对模型进行训练和预测。让我们来动手操作一下吧！”

```
from sklearn.tree import DecisionTreeClassifier

dt_model = DecisionTreeClassifier() # 所以参数均置为默认状态
dt_model.fit(feature_train,target_train) # 使用训练集训练模型
predict_results = dt_model.predict(feature_test) # 使用模型对测试集进行预测
```

“我们可以将预测结果和测试集的真实值分别输出，对照比较。”

```
print('predict_results:', predict_results)
print('target_test:', target_test)
```

运行结果如下。

```
predict_results: [1 0 2 1 1 0 1 2 1 1 2 0 0 0 0 1 2 1 1 2 0 2 0 2 2 2 2 2 0 0 0 0 1 0
0 2 1 0 0 0 2 1 1 0 0 1 1 2 1 2]
target_test: [1 0 2 1 1 0 1 2 1 1 2 0 0 0 0 1 2 1 1 2 0 2 0 2 2 2 2 2 0 0 0 0 1 0 0 2
1 0 0 0 2 1 1 0 0 1 2 2 1 2]
```

“同时，我们还可以通过 scikit-learn 中提供的评估计算方法查看预测结果的准确度。”

```
from sklearn.metrics import accuracy_score
print(accuracy_score(predict_results, target_test))
```

运行结果如下。

```
0.98
```

“其实，在 scikit-learn 中的分类决策树模型就带有 score 方法，只是传入的参数和 accuracy_ score( )不太一致。”

```
scores = dt_model.score(feature_test, target_test)
scores
```

运行结果如下。

```
0.98
```

“可以看出两种准确度方法输入参数的区别。一般情况下，模型预测的准确度和多方面因素相关。首先是数据集质量，本示例中，我们使用的数据集非常规

范，几乎不包含噪声，所以预测准确度非常高。其次，模型的参数也会对预测结果的准确度造成影响。”

6.3.4 训练3：决策树与随机森林比较实验

“编程猫，我们为什么要做一个关于决策树与随机森林的比较实验呢?”

“由于随机森林是 Bagging 的一个扩展变体，RF 在以决策树为基学习器构建 Bagging 集成的基础上，进一步在决策树的训练过程中引入了随机属性选择。具体来说，传统决策树在选择划分属性时，是在当前节点的属性集合（假定有 d 个属性）中选择一个最优属性。而在 RF 中，对基决策树的每个节点，先从该节点的属性集合中随机选择一个包含 k 个属性的子集，然后再从这个子集中选择一个最优属性用于划分。这里的参数 k 控制了随机性的引入程度：若令 $k=d$，则基决策树的构建与传统决策树相同；若令 $k=1$，则是随机选择一个属性用于划分，一般情况下，推荐 $k=\log2d$。”

“现在让我们来实验一下。”

```
import numpy as np
import Matplotlib.pyplot as plt
from sklearn.ensemble import RandomForestClassifier
from sklearn import datasets
import pandas as pd
from sklearn.model_selection import train_test_split
from sklearn.tree import DecisionTreeClassifier
#随机建立:多颗决策树构建而成,每一颗决策树都是刚才讲到的决策树原理
#多颗决策树一起运算——集成算法
#随机森林
wine = datasets.load_wine()
wine
X = wine['data']
y = wine['target']
X.shape
X_train,X_test,y_train,y_test = train_test_split(X,y,test_size = 0.2
)
clf = RandomForestClassifier()
clf.fit(X_test,y_train)
y_ = clf.predict(X_test)
from sklearn.metrics import accuracy_score
accuracy_score(y_test,y_)
dt_clf = DecisionTreeClassifier()
dt_clf.fit(X_train,y_train)
```

```
dt_clf.fit(X_test,y_test)
#决策树
score=0
for i in range(100):
    X_train, X_test, y_train, y_test = train_test_split(X, y, test_size=0.2)
    dt_clf = DecisionTreeClassifier()
    dt_clf.fit(X_train, y_train)
    score+=dt_clf.fit(X_test, y_test)/100
print('决策树多次运行准确率:',score)
#随机森林
score=0
for i in range(100):
   X_train, X_test, y_train, y_test = train_test_split(X, y, test_size=0.2)
    clf =RandomForestClassifier
    clf.fit(X_train, y_train)
    score+=clf.score(X_test, y_test)/100
print('随机森林多次运行准确率:', score)
```

"运行结果如下。"

1.0

0.9166666666666666

"上层显示的为随机森林预测的准确率，而下层的为决策树方法预测的准确率。结果表明了虽然随机森林的基本单元为决策树，但是在这两种预测方法中具有较高的预测准确率，能够有效地运行在大数据集上。这就是决策树与随机森林最简单的比较。"

6.4 线性回归

线性回归（Linear Regression）是利用数理统计中回归分析，来确定两种或两种以上变量间相互依赖的定量关系的一种统计分析方法。线性回归利用称为线性回归方程的最小平方函数对一个或多个自变量和因变量之间关系进行建模。这种函数是一个或多个称为回归系数的模型参数的线性组合。只有一个自变量的情况称为简单回归，大于一个自变量的情况称为多元回归。

阿短的前行目标

- 能够掌握代价函数与梯度下降法的数学理论与程序编写。
- 能够描述过拟合与欠拟合的原因和解决办法。
- 能够应用线性回归解决实际问题。

6.4.1 代价函数和梯度下降法

回归分析（Regression Analysis）是确定两种或两种以上变量间相互依赖的定量关系的一种统计分析方法。在回归分析中，只包括一个自变量和一个因变量，且二者的关系可用一条直线近似表示，这种回归分析称为一元线性回归分析。其中，被用来预测的变量称为自变量，被预测的变量称为因变量。如果包含两个以上的自变量，则称为多元回归分析。

一元线性回归的数学表达式如下。

$$h_\theta(x) = \theta_0 + \theta_1 x \tag{6.21}$$

这个方程对应的图像是一条直线，称作回归线。其中θ_1为回归线的斜率，θ_0为回归线的截距。

多元线性回归的数学表达式如下。

$$h_\theta(x) = \theta_0 + \theta_1 x + \theta_2 x_2 + ... + \theta_n x_n \tag{6.22}$$

对于二元线性回归，方程对应的图像是一个平面，而三元或三元以上的线性回归，我们会画一个超平面拟合样本数据。

1. 代价函数（Cost function）

代价函数（Cost function）或损失函数（Loss function）是将随机事件或其有关随机变量的取值映射为非负实数以表示该随机事件的“风险”或“损失”的函数。代价函数能帮我们找到数据的最佳拟合直线。

一般使用最小二乘法求得代价函数，定义真实值为 y，预测值为$h_\theta(x)$，则误差平方为$(y-h_\theta(x))2$找到合适的参数，使得误差平方和最小。

$$J(\theta_0,\theta_1) = \frac{1}{2m}\sum_{i=1}^{m}(y_i - h_\theta(x_i))^2 \tag{6.23}$$

其中 m 是训练集的样本个数，乘以 1/2 是为了后面求导计算方便。一个二维参数组对应能量函数（描述整个系统的优化过程，随着网络的变化而减小，最终网络稳定时能量达到最小）的可视化图，如图 6-37 所示。

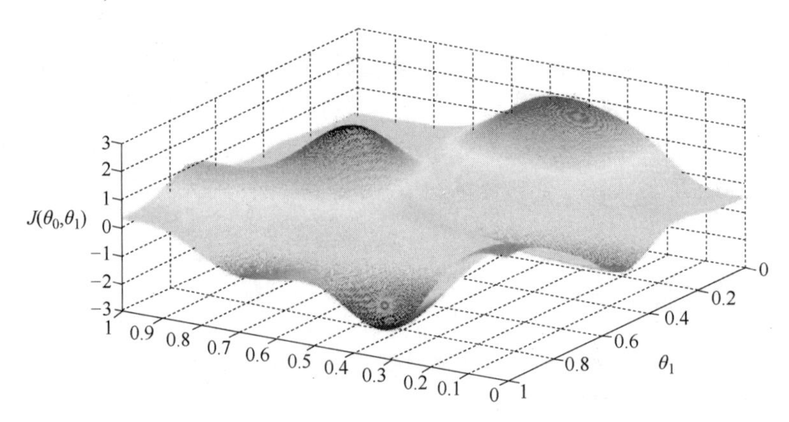

图 6-37　可视化图

上图中，中间凸起部分代表代价函数的值比较大，边缘凹陷部分代表代价函数值小，代价函数越小，说明我们拟合的线与样本点的误差越小。那么，如何求得最小值呢？

2. 梯度下降法（Gradient descent）

在应用机器学习算法时，通常采用梯度下降法来对采用的算法进行训练，梯度下降不是一个机器学习算法，而是一种基于搜索的最优化方法。因为很多算法都没有闭式解，所以需要通过一次一次的迭代来找到一组参数能让代价函数值最小。

主要思想如下。

- 首先，随机初始化参数θ_0，θ_1。
- 然后，不断反复地更新参数，使得代价函数减小，直到$J(\theta_0,\theta_1)$到达一个全局最小值或局部极小值。

更新θ_0和θ_1的方法如下。

$$\theta_j := \theta_j - \alpha \frac{\partial}{\partial \theta_j} J(\theta_0,\theta_1) \tag{6.24}$$

其中，α代表学习率，表示每次向着函数J最陡峭的方向迈步的大小（步长）。

θ_0和θ_1要同步更新，具体如下。

$$\begin{aligned}
&\text{temp0} := \theta_0 - \alpha \frac{\partial}{\partial \theta_0} J(\theta_0,\theta_1) \\
&\text{temp1} := \theta_1 - \alpha \frac{\partial}{\partial \theta_1} J(\theta_0,\theta_1) \\
&\theta_0 := temp0 \\
&\theta_1 := temp1
\end{aligned} \tag{6.25}$$

上式中J（θ_0，θ_1）对θ_0和θ_1分别求的偏导如下。

$$\begin{aligned}
&\frac{\partial}{\partial \theta_0} J(\theta_0,\theta_1) = \frac{1}{m}\sum_{i=1}^{m}(h_\theta(x^{(i)}) - y^{(i)}) \\
&\frac{\partial}{\partial \theta_1} J(\theta_0,\theta_1) = \frac{1}{m}\sum_{i=1}^{m}(h_\theta(x^{(i)}) - y^{(i)}) \cdot x^{(i)}
\end{aligned} \tag{6.26}$$

为什么随着迭代次数的增加，用梯度下降法能使$J(\theta_0,\theta_1)$取得最小值呢？我们可以从θ_1这个维度去看问题，如图6-38所示。

其中，学习率α是正值，随着迭代次数的增加，函数的图像越来越趋向于往最低谷走，从θ_0这个维度看问题也是同样的道理。

$$\theta_1 := \theta_1 - \alpha \frac{\partial}{\partial \theta_1} J(\theta_1) \tag{6.27}$$

图6-39为全局最小值，图6-40为局部最小值。梯度下降法存在一个局限性，就是得到的最小值不一定是全局最小值，有可能是局部最小值。

在上面的讨论中，得出$J(\theta_0,\theta_1)$在最小时θ_0和θ_1的取值，也就是得出了我们所需要的这条回归直线方程的解析式。那么，怎样去评价这条回归线拟合程度的好坏呢？这里要涉及两个概念：相关系数和决定系数。

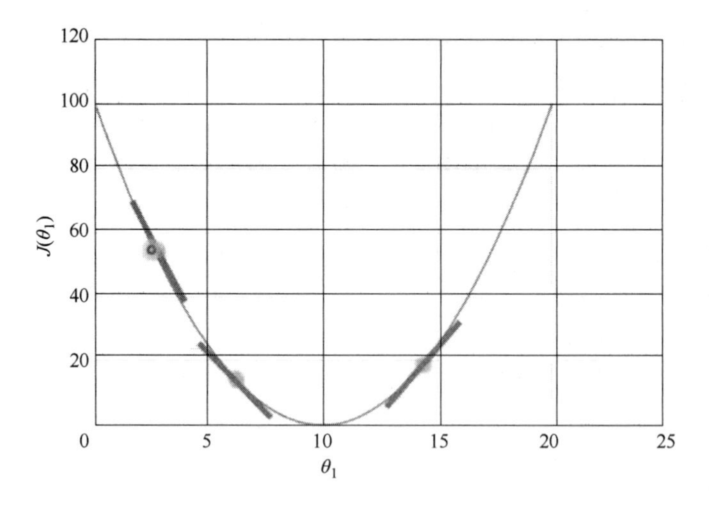

图 6-38　θ_1 函数图像

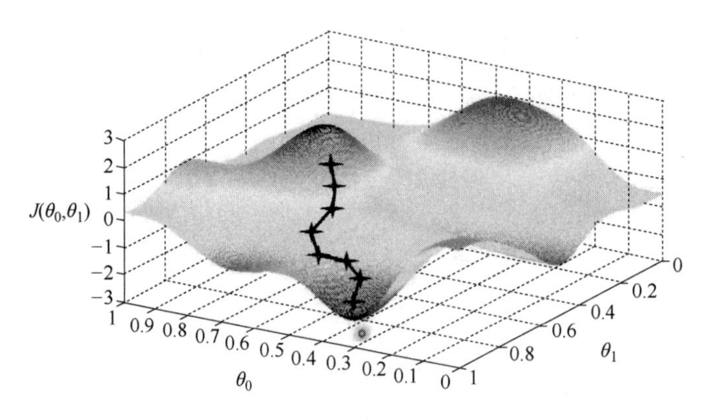

图 6-39　全局最小值

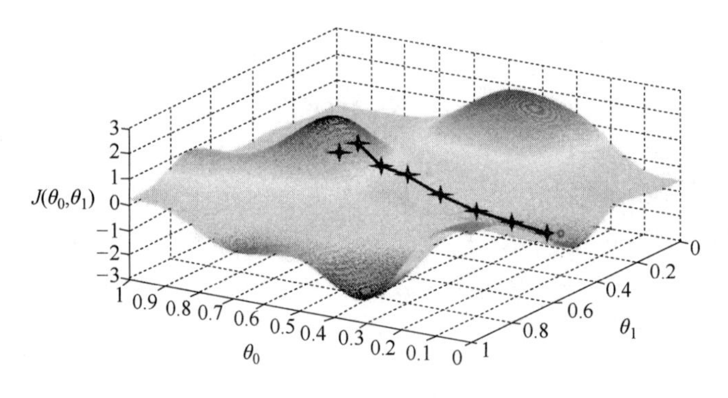

图 6-40　局部最小值

3. 相关系数

我们使用相关系数去衡量线性相关性的强弱，其公式如下。

$$r_{xr}=\frac{\sum(X_i-\overline{X})(Y_i-\overline{Y})}{\sqrt{\sum(X_i-X)^2\sum(Y_i-\overline{Y})^2}} \tag{6.28}$$

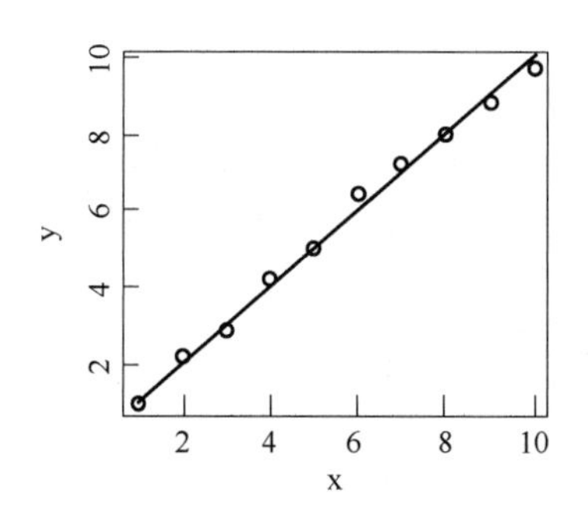

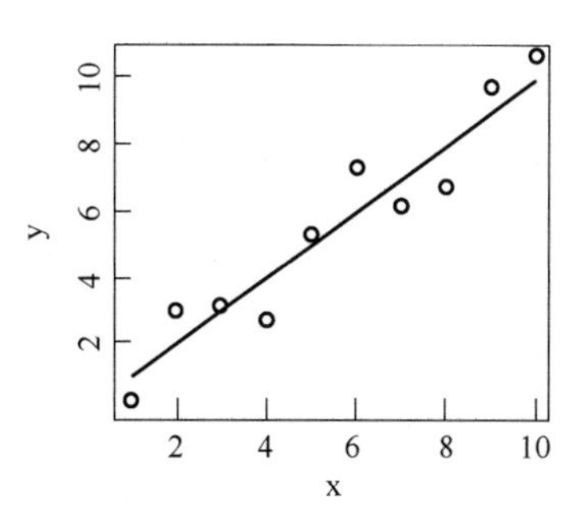

图 6-41 相关系数

在图 6-41 中，通过计算，左图的相关系数为 0.993，右图的相关系数为 0.957。

在上式中$\overline{X}$、$\overline{Y}$表示的是所有样本点的平均值。由上面两个图可以看出，相关系数越接近 1，样本点之间的关系越接近线性的关系（正相关）。相关系数越接近 -1，样本点之间的关系越接近线性的关系（负相关）。

4. 决定系数

相关系数是用来描述两个变量之间的线性关系的，但决定系数的适用范围更广。可以用来描述非线性或者有两个及两个以上自变量的相关关系。它也可以用来评价模型的效果。

- 总平方和(SST)：$\sum_{i=1}^{n}(y_i - \bar{y})^2$
- 回归平方和(SSR)：$\sum_{i=1}^{n}(\hat{y} - \bar{y})^2$
- 残差平方和(SSE)：$\sum_{i=1}^{n}(y_i - \hat{y})^2$
- 它们三者之间的关系是：$SST = SSR + SSE$
- 决定系数：$R^2 = \frac{SSR}{SST} = 1 - \frac{SSE}{SST}$

上式中，y_i是从样本点中取出来的值，称为真实值；$\bar{y}$是所有样本中真实值的平均值；$\hat{y}$是用回归方程得出的预测值。R2的取值在 0 到 1 之间，越接近 1，说明拟合程度越好。

5. 过拟合与欠拟合

- 过拟合：一个假设在训练数据上能够获得比其他假设更好的拟合，但是在训练数据外的数据集上却不能很好地拟合数据，此时认为这个假设出现了过拟合的现象（模型过于复杂）。
- 欠拟合：一个假设在训练数据上不能获得更好的拟合，并且在训练数据外的数据集上也不能很好地拟合数据，此时认为这个假设出现了欠拟合的现象（模型过于简单）。

过拟合原因以及解决办法如下。

- 原因：特征值过多，存在一些嘈杂特征，模型过于复杂是因为模型尝试去兼顾各个测试数据点。
- 解决办法：进行特征选择，消除关联性大的特征（很难做）；进行交叉验证（让所有数据都有过验证）；正则化（读者可作为了解）。

欠拟合原因及解决办法如下。

- 原因：学习到数据的特征过少。
- 解决办法：增加数据特征的数量。

前面我们介绍了线性回归算法的原理是：通过梯度下降法优化模型寻找代价函数的最小值，从而找到数据的最佳拟合直线。下面让我们进行训练，看看如何编写代码。

6.4.2 训练 1：梯度下降法：一元线性回归

“学习了代价函数和梯度下降法的数学理论后，如何应用这两个函数在 Python 中很好地拟合数据画出一元线性回归直线呢？”

“下面我们来具体练习一下梯度下降法的使用。首先，导入科学计算包 numpy 和画图工具包 Matplotlib。”

```
import numpy as np
import Matplotlib.pyplot as plt
```

“然后读取‘E：\ 机器学习 \ data2. txt’中的数据，其中的数据是以逗号为分隔符。下面对数据进行切分，取数据集中每一行的第 0 列赋值给 x_data，取数据集中的每一行的第 1 列赋值给 y_data。调用 scatter( ) 方法画散点图，调用 show( ) 方法将所画的图以图形界面的方式展现出来。”

```
data = np.genfromtxt(r"E:\机器学习\data2.txt",delimiter=",")
x_data = data[:, 0]
y_data = data[:, 1]
plt.scatter(x_data, y_data)
plt.show()
```

运行结果如图 6-42 所示。

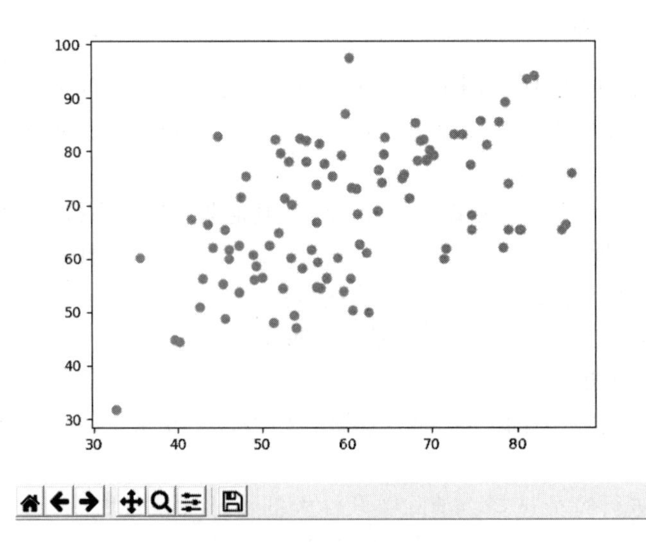

图 6-42 样本数据散点图

“如何在散点图中找到数据的最佳拟合直线呢?”

“先做好准备工作，定义学习率（learning rate）lr 为 0.0001，初始化截距 b 和斜率 k，设定最大迭代数为 50 次，用最小二乘法计算代价函数。”

```
lr = 0.0001
b = 0
k = 0
epochs = 50
#计算代价函数
def compute_error(b, k, x_data, y_data):
    totalError = 0
    for i in range(0, len(x_data)):
        totalError + = (y_data[i] - (k * x_data[i] + b)) * * 2
    returntotalError / float(len(x_data)) / 2.0
```

“应用梯度下降法优化算法。首先传输 x_ data 和 y_ data、截距、斜率、学习率和迭代次数。然后，计算总数据量，循环迭代次数为 50 次，b_grad 和 k_grad 用于存放临时数据，计算梯度的总和再求平均，用真实值减去预测值，代价函数分别相对θ_0和θ_1求导，并累加在一起，最后更新 b 和 k。”

```
def gradient_descent_runner(x_data, y_data, b, k, lr, epochs):
    m = float(len(x_data))
    for i in range(epochs):
        b_grad = 0
        k_grad = 0
        for j in range(0, len(x_data)):
            b_grad + = (1 / m) * (((k * x_data[j]) + b) - y_data[j])
          k_grad + = (1 / m) * x_data[j] * (((k * x_data[j]) + b) - y_data[j])
        b = b - (lr * b_grad)
        k = k - (lr * k_grad)
```

“下面注释掉的代码能够实现什么功能呢?”

“循环条件是如果 i 能够被 5 整除，则进行下面的循环语句，这段代码能够实现每迭代 5 次，输出一次图像的功能，体现了优化的过程。这里不做结果显示。”

```
        # if i % 5 = = 0:
        #     print("epochs:", i)
        #     plt.plot(x_data, y_data, 'b.')
        #     plt.plot(x_data, k * x_data + b, 'r')
        #     plt.show()
    return b, k
```

“下面我们查看一下经过 50 次迭代，b 和 k 的值以及代价函数的值。”

```
print("Starting b = {0}, k = {1}, error = {2}".format(b, k, compute_error
```

```
(b, k, x_data, y_data)))
print("Running...")
b, k = gradient_descent_runner(x_data, y_data, b, k, lr, epochs)
print("After {0} iterations b = {1}, k = {2}, error = {3}".format(epochs,
b, k, compute_error(b, k, x_data, y_data)))
```

运行结果如下。

```
Starting b = 0, k = 0, error = 2411.841050000001
Running...
After 50 iterations b = 0.025193476393363383, k = 1.113450174724295, error
= 86.64832897049293
```

“初始化 b 和 k 的值都是0时，代价函数即误差值为2411，经过50次迭代，$b=0.025$，$k=1.113$，代价函数值为86，误差值大大减小。”

“没错！最后我们来画图。其中，‘b’ bule 蓝色的点为真实数据，‘r’ red 表示画出的回归线为红色。”

```
plt.plot(x_data, y_data, 'b.')
plt.plot(x_data, k * x_data + b, 'r')
plt.show()
```

运行结果如图6-43所示。

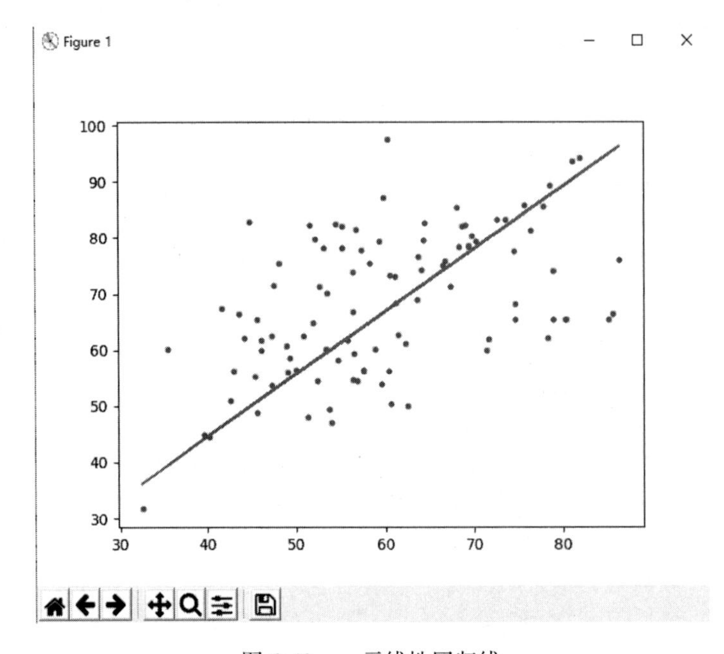

图6-43　一元线性回归线

“编程猫，生成的回归线的确很好地拟合了这些样本点。”

“是的，这就是用梯度下降法优化算法的结果。”

6.4.3　训练2：梯度下降法：多元线性回归

“编程猫，多元线性回归与一元线性回归相比具有什么优势呢？”

“在回归分析中，如果有两个或两个以上的自变量，就称为多元回归。事实上，一种现象常常是与多个因素相联系的，由多个自变量的最优组合共同来预测或估计因变量，比只用一个自变量进行预测或估计更有效、更符合实际。因此多元线性回归比一元线性回归的实用意义更大。”

“多元线性回归在程序编写上有什么改变？”

“程序编写上变化不大，改变的原因也是由增加变量引起的。下面我们应用模型预测快递公司送货的时间，来进一步掌握多元线性回归。”

“好的，编程猫。”

“第一步，导入所需库。由于两变量函数需要绘制3D模型，因此调用了Axes3D模块。”

```
import numpy as np
fromnumpy import genfromtxt
import Matplotlib.pyplot as plt
from mpl_toolkits.mplot3d import Axes3D
```

“第二步，传入数据并对数据进行切分，将第0列和第1列数据赋值给x_data，将最后一列数据赋值给y_ data，打印输出结果。”

```
data =genfromtxt(r"E:\机器学习\data3.txt",delimiter=",")
print(data)
x_data = data[:,:-1] #取第0和1列
y_data = data[:,-1]  #取最后一个列
print(x_data)
print(y_data)
```

运行结果如下。

```
#数据
[[100.    4.    9.3]
 [ 50.    3.    4.8]
 [100.    4.    8.9]
 [100.    2.    6.5]
 [ 50.    2.    4.2]
 [ 80.    2.    6.2]
 [ 75.    2.    7.4]
 [ 65.    4.    6. ]
 [ 90.    3.    7.6]
 [ 90.    2.    6.1]]
```

```
#x_data
[[100.   4.]
[ 50.   3.]
[100.   4.]
[100.   2.]
[ 50.   2.]
[ 80.   2.]
[ 75.   2.]
[ 65.   4.]
[ 90.   3.]
[ 90.   2.]]
#y_data
[9.3 4.8 8.9 6.5 4.2 6.2 7.4 6.  7.6 6.1]
```

“编程猫，传入的数据每一列代表什么？”

“第一列是快递公司某快递员的运输里程，第二列是运输次数，最后一列是需要运输的时间。”

“根据特征值和变量数，我们应该定义三个参数来构建这个模型。”

“的确！第三步计算代价函数。首先，定义学习率 *lr* 为 0.0001，初始化三个参数，一元线性回归具有截距和斜率两个参数，而二元线性回归函数具有两个特征，因此要定义三个参数。其次，设定最大迭代数为 1000 次。最后，运用最小二乘法计算代价函数。”

```
lr = 0.0001
theta0 = 0
theta1 = 0
theta2 = 0
epochs = 1000
def compute_error(theta0, theta1, theta2, x_data, y_data):
totalError = 0
    for i in range(0, len(x_data)):
totalError + = (y_data[i] - (theta1 * x_data[i,0] + theta2 * x_data[i,
1] + theta0)) * * 2  #误差平方和
        returntotalError / float(len(x_data))  #求平均值
```

“第四步应用梯度下降法优化算法。首先，传输 x_ data 和 y_ data、参数和迭代次数。然后，计算总数据量，循环迭代次数为 1000 次，存放临时数据，计算梯度的总和再求平均，最后更新 *b* 和 *k*。”

```
def gradient_descent_runner(x_data, y_data, theta0, theta1, theta2, lr,
epochs):
    m = float(len(x_data))
```

```
    for i in range(epochs):
        theta0_grad = 0
        theta1_grad = 0
        theta2_grad = 0
#计算梯度的总和再求平均
        for j in range(0, len(x_data)):
            theta0_grad += -(1/m) * (y_data[j] - (theta1 * x_data[j,
0] + theta2 * x_data[j, 1] + theta0))
            theta1_grad += -(1/m) * x_data[j, 0] * (y_data[j] - (the-
ta1 * x_data[j, 0] + theta2 * x_data[j, 1] + theta0))
            theta2_grad += -(1/m) * x_data[j, 1] * (y_data[j] - (the-
ta1 * x_data[j, 0] + theta2 * x_data[j, 1] + theta0))
# 更新 b 和 k
        theta0 = theta0 - (lr * theta0_grad)
        theta1 = theta1 - (lr * theta1_grad)
        theta2 = theta2 - (lr * theta2_grad)
    return theta0, theta1, theta2
```

“第五步，打印输出经过50次迭代，b和k的值以及代价函数的值。”

```
print("starting theta0 = {0}, theta1 = {1}, theta2 = {2}, error = {3}".
      format(theta0, theta1, theta2, compute_error(theta0, theta1, the-
ta2, x_data, y_data)))
print("Running...")
theta0, theta1, theta2 = gradient_descent_runner(x_data, y_data, theta0,
 theta1, theta2, lr, epochs)
print("After {0}, iterations theta0 = {1}, theta1 = {2}, theta2 = {3}, er-
ror = {4}".
      format(epochs, theta0, theta1, theta2, compute_error(theta0, the-
ta1, theta2, x_data, y_data)))
```

运行结果如下。

```
starting theta0 = 0, theta1 = 0, theta2 = 0, error = 8.649000000000001
Running...
After 1000, iterations theta0 = 0.00708342774820467, theta1 =
0.08067549859020014, theta2 = 0.06474726870151283, error = 0.09338857400492936
```

“初始化参数都是0时，误差值为8.649。经过1000次迭代，$b=0.025$，$k=1.113$，误差值为0.093，误差值大大减小，算法得到了优化。”

“没错！最后，在3D图中画散点图，将x_data的第0列数据作为x轴的坐标值，第1列数据作为y轴的坐标值，将预测值y_data作为z轴的坐标值，散点以大小为100的红色圆点显示出来。”

```
ax =plt.figure().add_subplot(111, projection = '3d')
```

```
ax.scatter(x_data[:,0], x_data[:,1], y_data, c = 'r', marker = 'o', s = 100)
x0 = x_data[:,0]
x1 = x_data[:,1]
# 生成网络矩阵
x0, x1 = np.meshgrid(x0, x1)
z = theta0 + x0 * theta1 + x1 * theta2
# 画 3D 图
ax.plot_surface(x0, x1, z)
# 设置坐标系
ax.set_xlabel('Miles')
ax.set_ylabel('Num of Deliveries')
ax.set_zlabel('Time')
# 显示图像
plt.show()
```

运行结果如图 6-44 所示。

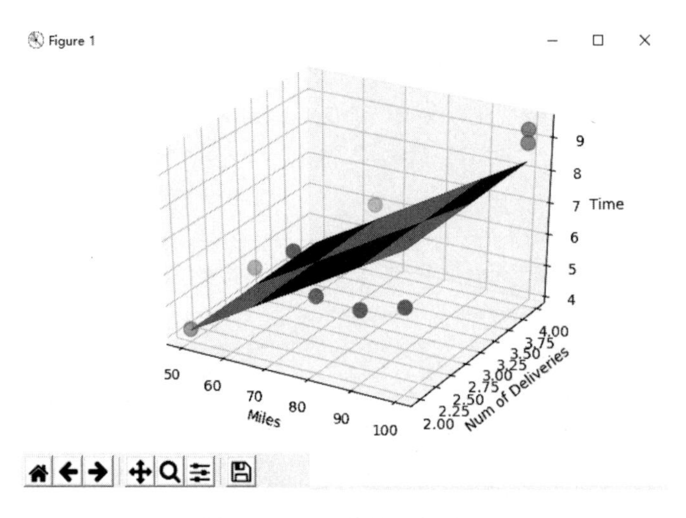

图 6-44　二元线性回归平面

"编程猫，最后 3D 图形中的蓝色平面是如何生成的？"

"生成的面实质上是网络矩阵，将 x、y 的点带入二元线性回归的方程里，可以求出一个测试值 z，这个预测值相当于面的高度，最后将 x_1、x_1 和 z 的值代入，就可得到这个斜面，这个面能够对分布的点做回归。另外，鼠标左键拖拽或旋转生成的 3D 图形，可全方位展示回归分布。"

"哇，好神奇！通过查看 3D 图形，能够很方便地查看快递公司快递员的运输里程、运输次数以及运输的时间。"

6.4.4　训练3：sklearn：多项式回归

"编程猫，我想依据某公司10位员工职位等级与所得薪水进行回归预测。"

"没问题！"

"首先，导入科学计算包numpy、画图工具包Matplotlib和线性回归包LinearRegression。然后载入数据，对数据进行切分，将第一列数据赋值给x_data，将第二列数据赋值给y_data，画出散点图。"

```
import numpy as np
import Matplotlib.pyplot as plt
from sklearn.linear_model import LinearRegression

# 载入数据
data = np.genfromtxt(r"E:\机器学习\job.txt",delimiter=",")
#切分数据
x_data = data[1:,1]
y_data = data[1:,2]
#画散点图
plt.scatter(x_data,y_data)
plt.show()
```

运行结果如图6-45所示。

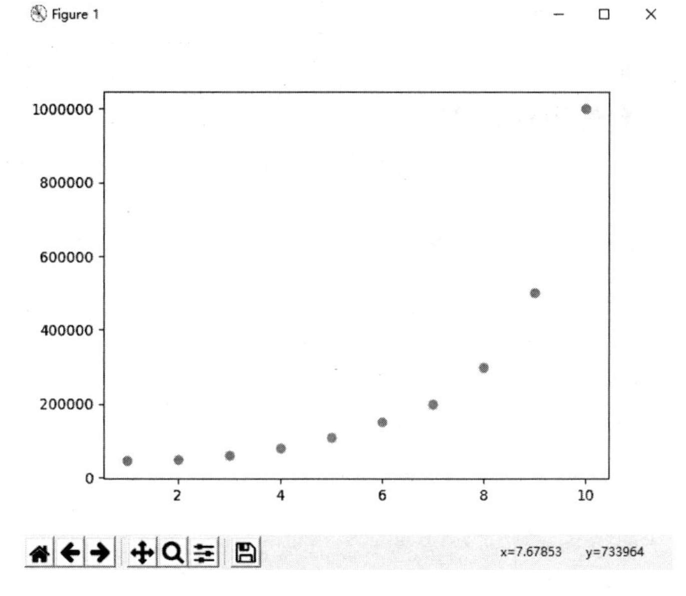

图6-45　散点图

"最后，将x_data和y_data中的数据增加一个维度，调用线性回归包，对x_data和y_data进行拟合，画出图形。"

```
x_data = data[1:,1,np.newaxis]
y_data = data[1:,2,np.newaxis]
model =LinearRegression()
model.fit(x_data,y_data)
# 画图
plt.plot(x_data,y_data,'b.')
plt.plot(x_data, model.predict(x_data), 'r')
plt.show()
```

运行结果如图 6-46 所示。

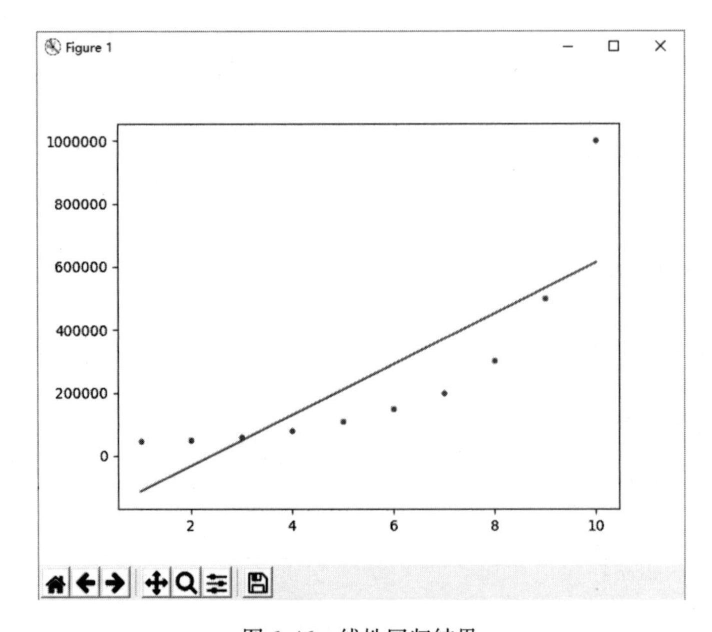

图 6-46　线性回归结果

“编程猫，最后回归直线不符合样本点的分布，回归效果不好怎么办?”

“对于上面这种样本点的分布，我们不是要找直线（或超平面），而是需要找到一个用多项式所表示的曲线（或超曲面）。在上面代码的基础上，导入多项式包 PolynomialFeatures。”

```
from sklearn.preprocessing import PolynomialFeatures
```

“多项式回归与线性回归有什么区别呢?”

“所谓的多项式回归相当于我们为样本多添加了一些特征，这些特征是原来样本的多项式项，增加了这些特征之后，我们可以使用线性回归的思路更好地处理这些数据。”

“原来是这样！编程猫你来教教我多项式回归代码的编写吧!”

“好的！首先，定义多项式回归，其中 degree 的值可以设定多项式的特征。重新定义回归模型，并训练模型。”

```
poly_reg =PolynomialFeatures(degree=1)
x_poly = poly_reg.fit_transform(x_data)
lin_reg =LinearRegression()
lin_reg.fit(x_poly,y_data)
```

“然后传入进行了特征处理之后 x_data、y_data 数据，颜色是蓝色，画出红色的回归曲线，定义图形的标题为 Truth or bluff (polynomial regression)、X 轴为 position level、Y 轴为 salary，最后显示图形。”

```
plt.plot(x_data,y_data,'b.')
plt.plot(x_data,lin_reg.predict(poly_reg.fit_transform(x_data)),c='r')
plt.title('Truth or bluff (polynomial regression)')
plt.xlabel('position level')
plt.ylabel('salary')
plt.show()
```

运行结果如图 6-47 所示。

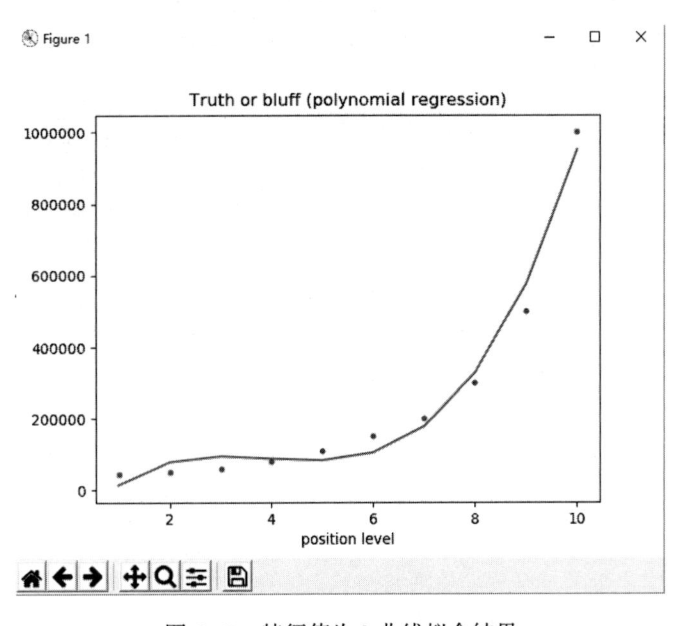

图 6-47 特征值为 3 曲线拟合结果

“编程猫，我还是认为曲线拟合的效果不够好。”

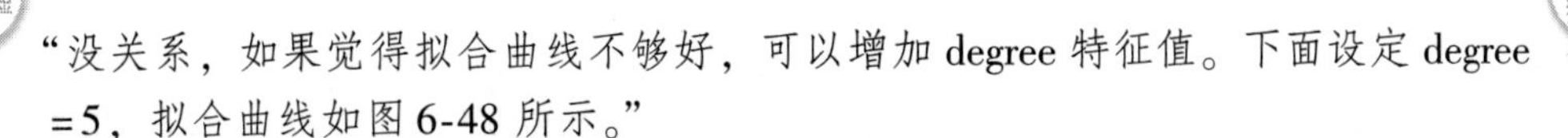

“没关系，如果觉得拟合曲线不够好，可以增加 degree 特征值。下面设定 degree =5，拟合曲线如图 6-48 所示。”

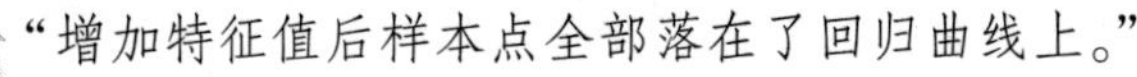

“增加特征值后样本点全部落在了回归曲线上。”

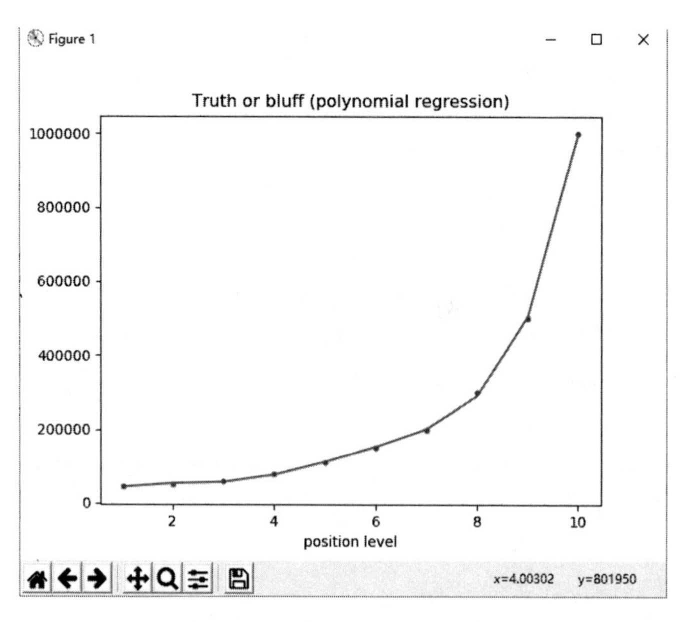

图 6-48　特征值为 5 的曲线拟合结果

“没错，多项式回归在机器学习算法上并没有新的地方，完全是使用线性回归的思路，它的关键在于为原来的样本添加新的特征。而我们得到新的特征的方式是原有特征的多项式组合。采用这样的方式，就可以解决一些非线性的问题了。”

第7章 神经网络

神经网络是生物神经网络在某种简化意义下的技术复现，它的主要任务是根据生物神经网络的原理和实际应用的需要建造使用的人工神经网络模型，设计相应的学习算法，模拟人脑的某种智能活动。本章主要介绍神经网络的基础知识、如何构建简单的神经网络以及 TensorFlow 的使用流程，设置了3个方面的内容，分别解决了关于数字电路、构建 BP 神经网络和手写数字识别等相关问题。

要点提示

1）简单的神经元介绍。
2）简单了解单层感知器。
3）BP 神经网络的构建以及利用 TensorFlow 直接创建。
4）利用 TensorFlow 结合神经网络进行手写数字识别。

7.1 神经网络基础

近年来，类脑智能已经成为世界各国研究和角逐的热点。继美国和欧盟各国之后，2015年，“中国脑科学计划”提到日程，科技部正在规划“脑科学与类脑研究”的重大专项，清华大学、北京大学、复旦大学等高校及研究机构也发力推动神经与类脑智能的相关研究。

类脑智能是涉及认知科学、神经科学和计算科学的交叉学科。类脑智能的实现离不开大脑神经系统的研究。众所周知，人类之所以具有记忆、联想、分析和推理等能力，主要因为人脑是由数以亿计、高度耦合连接的神经元组成的复杂生物神经网络。

在生物神经网络中，一个神经元具有多个树突，主要用来接收传入信息，信息通过轴突传递进来后经过一系列的计算，最终产生一个信号传递到轴突，轴突只有一条，轴突尾端有许多轴突末梢可以给其他多个神经元传递信息。轴突末梢跟其他神经元的树突产生连接，从而传递信号。这个连接的位置在生物学上称为“突触”。也就是说一个神经元接入了多个输入，最终只变成一个输出，给到后面的神经元，那么基于此，我们开始研究在人工神经网络中的神经元。

感知器是单层的人工神经网络，是神经网络的一种典型结构，主要特征是它的结构十分简单，对所能解决的问题存在着收敛算法，从而大大地推进了神经网络的研究过程。下面，我们将主要讲述神经元模型以及单层感知器等相关基础知识。

阿短的前行目标

- 能够掌握神经元的相关知识。
- 能够通过神经元的相关知识掌握单层神经网络。
- 能够利用感知器实现与门、或门、与非门数字电路。
- 能够利用感知器进行线性分类。

7.1.1 神经元与感知器

在本小节中涉及神经网络中最简单的神经元模型和感知器模型，主要概述输入和输出，并且简述计算方法，以及对其发展过程进行了详细介绍。

1. 神经元

1943 年，心理学家 McCulloch 和数学家 Pitts 根据生物神经元的组织结构，提出了抽象的神经元模型 MP。接下来，我们从简单的神经元模型开始学习。

神经元模型是一个包含输入、输出与计算功能的模型。输入可以类比为神经元的树突，而输出可以类比为神经元的轴突，计算则可以类比为细胞核。

图 7-1 为一个典型的神经元模型，包含 3 个输入、1 个输出以及两个计算功能。

注意图 7-1 中间的箭头线，这些线称为“连接”。在这些连接上面，都标记有一个“权值”（在数学领域，权值指加权平均数中的每个数的频数，也称为权数或权重）。

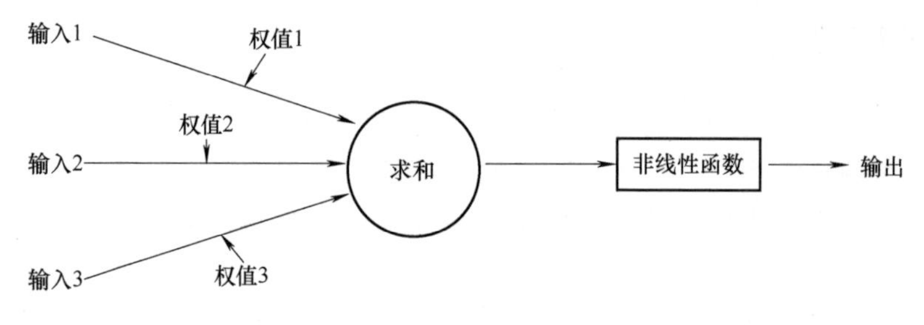

图 7-1 神经元模型

由于在每一条连线上都含有一个权重，这些权重是神经元中最为宝贵的东西。

一个神经网络的训练算法就是让权重的值调整到最佳，以使得整个网络的预测效果最好。

在这里用 a 来代表输入，用 w 来代表权值。一个表示连接的有向箭头可以这样理解：在初端，传递的信号大小仍然是 a，端中间有加权参数 w，经过这个加权后的信号会变成 $a \times w$，因此在连接的末端，信号的大小就变成了 $a \times w$，如图 7-2 所示。

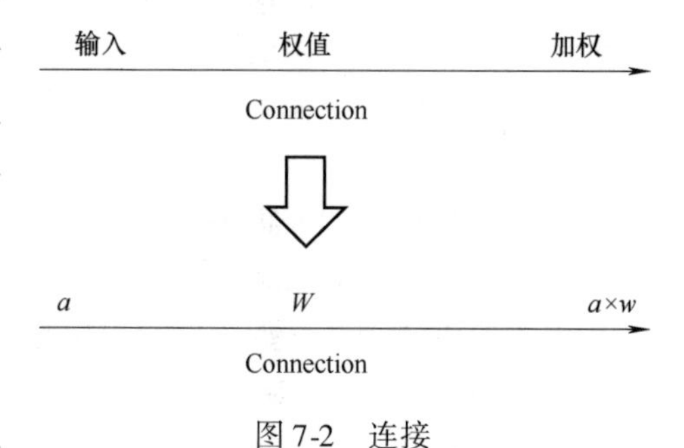

图 7-2 连接

在其他种类的图片模型中，有向箭头可能表示的是值的不变传递。而在神经元模型里，每个有向箭头表示的是值的加权传递。

接下来，图中的所有变量用相关符号，如图 7-3

所示。

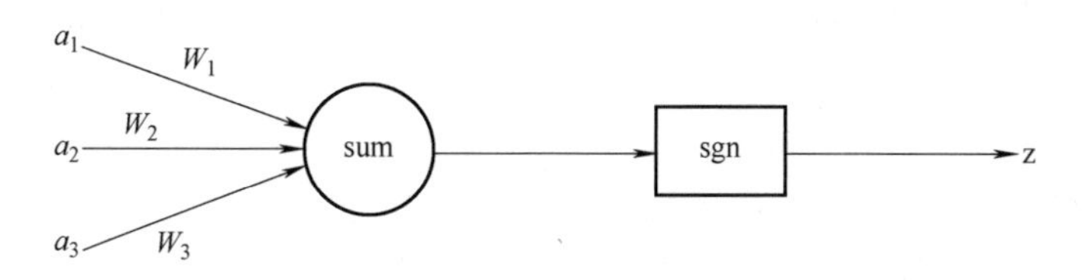

图 7-3 神经元计算

如果写出输出的计算公式，则如下面的式 7.1 所示。

$$z=g(a_1*w_1+a_2*w_2+a_3*w_3) \tag{7.1}$$

由此得知，z 是在输入和权值的线性加权和中叠加了一个函数 g 的值。在 MP 模型中，函数 g 表示的为 sgn 函数，sgn 函数表示的意义为：当输入大于 0 时，输出 1，反之输出 0。该函数通常也称为取符号函数。接下来将神经元模型进行一些展开，首先将 sum 函数与 sgn 函数合并到一个圆圈里，代表神经元的内部计算。其次，把输入 a 与输出 z 写到连接线的左上方，便于后面画复杂的网络，如图 7-4 所示。最后说明，一个神经元可以引出多个代表输出的有向箭头，但值都是一样的。因此我们换为用二维的下标来表达一个权值。

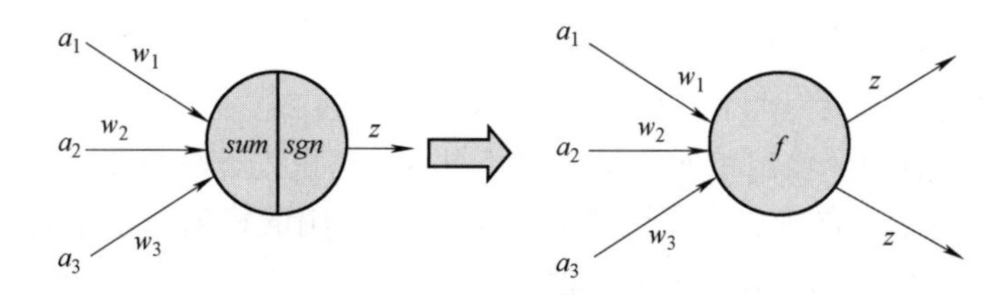

图 7-4 神经元拓展

神经元可以类比为计算与存储单元。计算是神经元对其输入进行计算的功能。存储是神经元会暂存计算结果，并传递到下一层。

我们用“神经元”组成网络以后，描述网络中的某个“神经元”时，更多地会用“单元”（unit）来指代。同时，由于神经网络的表现形式是一个有向图，有时也会用“节点”（node）来表达同样的意思。

神经元模型的使用可以作如下理解。

假设有一个数据，称之为样本。样本有四个属性，其中三个属性已知，一个属性未知。我们需要做的就是通过三个已知属性预测未知属性。

具体办法就是使用神经元的公式进行计算。三个已知属性的值是 a_1，a_2，a_3，未知属性的值是 z，z 可以通过公式计算出来。

这里，已知的属性称之为特征，未知的属性称之为目标。假设特征与目标之间确实是线性关系，并且我们已经得到表示这个关系的权值 w_1，w_2，w_3。那么，我们就可以通过神经元模型预测新样本的目标。

这就是我们所说的 M-P 模型：它是首个通过模仿神经元而成的模型，其中只有两层：输入层 $x_1 \cdots x_n$ 和输出层 y；权值 $w_1 \cdots w_n$。但是，由于 M-P 的权值只能事先给定，不能自动确定权值，感知器应运而生。

2. 感知器

1958 年，计算科学家 Rosenblatt 提出了由两层神经元组成的神经网络，并且给它起了一个名字叫“感知器”（Perceptron）。

下面来对感知器模型进行说明。

在原来 MP 模型的“输入”位置添加神经元节点，标志其为“输入单元”，其余不变，如图 7-5 所示。从图 7-5 开始，我们将权值 w_1，w_2，w_3 写到“连接线”的中间。

“感知器”的神经网络模型包括输入层和输出层，其中输入层里负责传输数据，不进行计算，而输出层则是对前面一层的输入进行计算。

之所以把“感知器”称为单层神经网络，是因为主要考虑负责计算的“计算层”只有一层。

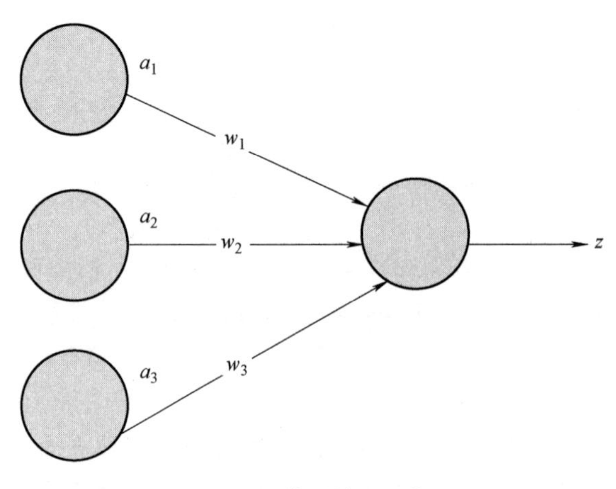

图 7-5　单层神经网络

如果要预测的目标不再是一个值，而是一个向量，例如［a，b］，那么可以在输出层再增加一个“输出单元”。

图 7-6 显示了带有两个输出单元的单层神经网络，这里先计算输出 z_1。图 7-6 中的实线代表输出 z_1 所应用权值，同理，虚线则代表输出 z_2 所应用的权值，由于只计算输出 z_1，因此为了区分，图中将不展示输出 z_2 所需权值。

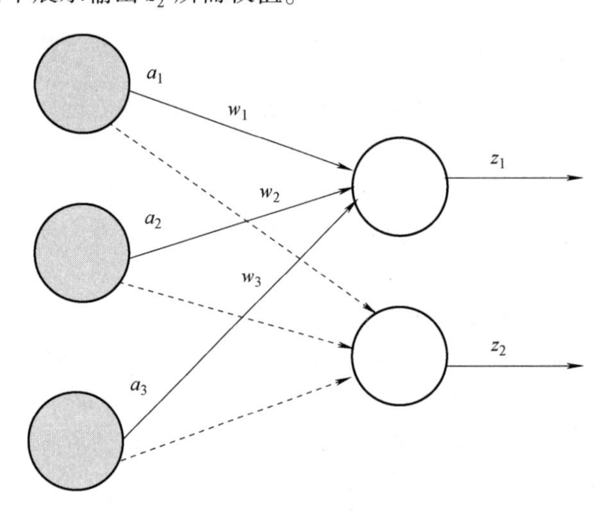

图 7-6　单层神经网络（z_1）

其中，输出单元 z_1 的计算公式如下。

$$z_1 = g(a_1 * w_1 + a_2 * w_2 + a_3 * w_3) \tag{7.2}$$

明显看出，z_1 的计算方法与原先的 z 并没有区别。

已知一个神经元的输出可以向多个神经元传递，同理，图 7-7 所示实线所展示的为输出

z_2 所应用到的权值，而虚线代表 z_1 所运用的权值。z_2 的计算公式如式 7.3 所示。

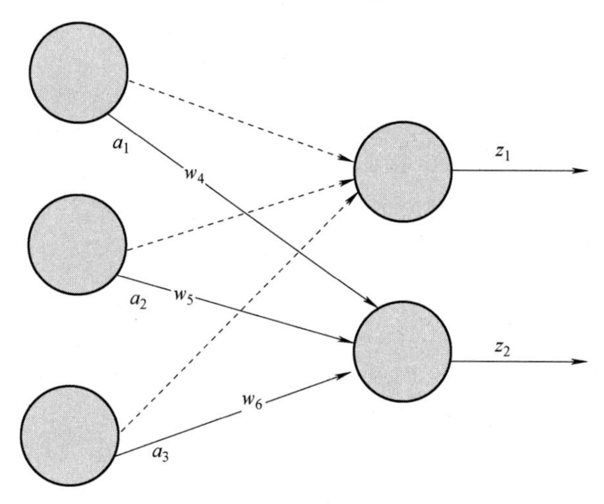

图 7-7 单层神经网络（z_2）

$$z_2 = g(a_1 * w_4 + a_2 * w_5 + a_3 * w_6) \tag{7.3}$$

可以看到，z_2 的计算中除了三个新的权值 w_4，w_5，w_6 以外，其他与 z_1 是一样的。

总结图 7-6 与 7-7 所示的输出单元，最后整理得到的两个单层神经网络的输出如图 7-8 所示，公式如式 7.4、7.5 所示。

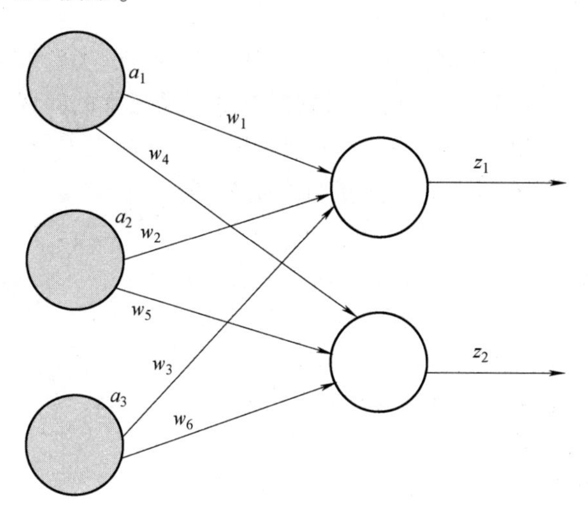

图 7-8 单层神经网络（z_1 和 z_2）

$$z_1 = g(a_1 * w_1 + a_2 * w_2 + a_3 * w_3) \tag{7.4}$$

$$z_2 = g(a_1 * w_4 + a_2 * w_5 + a_3 * w_6) \tag{7.5}$$

目前公式 7.4 和公式 7.5 不能体现出 w_1，w_2，w_3 层级之间的关系。

因此我们改用二维的下标，用$w_{x,y}$来表达一个权值。其中，下标中的 x 代表后一层神经元的序号，而 y 代表前一层神经元的序号（序号的顺序从上到下）。

例如，$w_{1,2}$代表后一层的第 1 个神经元与前一层的第 2 个神经元的连接的权值。根据以上方法标记，我们得到了图 7-9 的结论，公式如式 7.6、7.7 所示。

$$z_1 = g(a_1 * w_{1,1} + a_2 * w_{1,2} + a_3 * w_{1,3}) \tag{7.6}$$

$$z_2 = g(a_1 * w_{2,1} + a_2 * w_{2,2} + a_3 * w_{2,3}) \tag{7.7}$$

仔细分析输出的计算公式 7.6 和 7.7，会发现这两个公式是一个线性代数方程组，因此可以用矩阵相乘的方式来表达。

例如，输入的变量是［a_1，a_2，a_3］T（代表由 a_1，a_2，a_3 组成的列向量），用向量 a 来表示。方程的左边是［z_1，z_2］T，用向量 z 来表示。系数则是一个 2 行 3 列的矩阵 W。

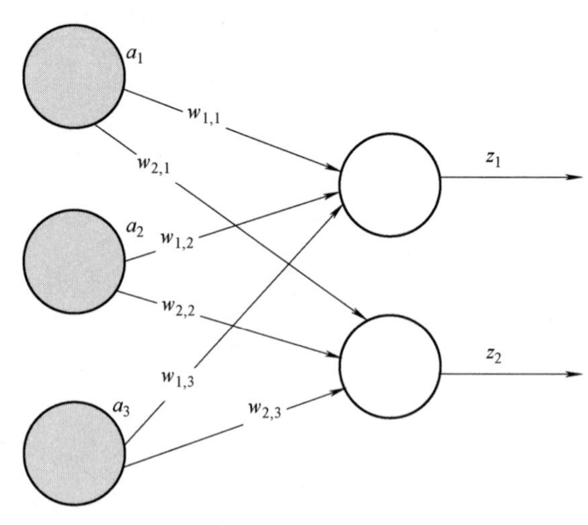

图 7-9　单层神经网络（拓展）

于是，输出公式可以改写成如式 7.8 所示。

$$g(W * a) = z \tag{7.8}$$

这个公式就是神经网络中从前一层计算后一层的矩阵运算。

需要了解的是，感知器中的权值是通过训练得到的，类似一个逻辑回归模型，可以做线性分类任务。

这是与神经元 MP 模型不同的地方。

为了更好地理解感知器的作用，我们用决策分界来表达分类的效果。所谓的决策分界，就是在二维的数据平面中划出一条直线。当数据的维度是三维的时候，就是划出一个平面；当数据的维度是 n 维时，就是划出一个 $n-1$ 维的超平面。

图 7-10 显示了在二维平面中划出决策分界的效果，也就是感知器的分类效果。

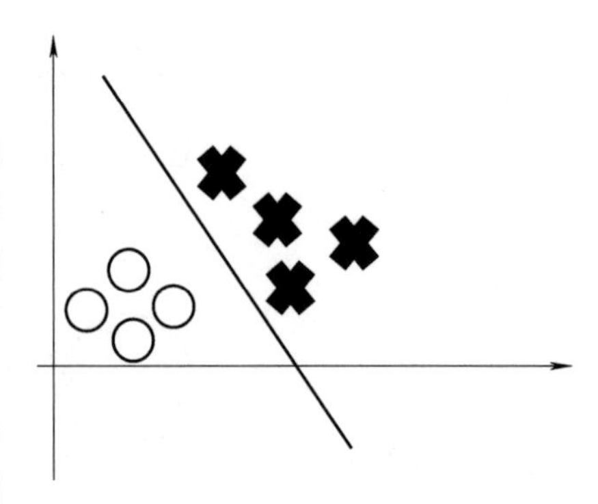

图 7-10　单层神经网络（决策分界）

单层感知器只能做简单的线性分类任务，型应用就是能够用来模拟逻辑函数，例如逻辑非 NOT、逻辑或非 XOR、逻辑或 OR 等。由于单层感知器的激活函数使用阈值函数，使得输出只能取两个值（-1/1 或 0/1），因此无法解决 XOR（异或）这样的非线性分类任务。

解决单层网络的问题是增加一个计算层，可以较好地达到非线性分类效果。在下一个小节里面我们会讲到这个方法。

7.1.2　训练 1：Python 实现单层感知器

“在本次活动中，编程猫将要带着大家学习如何构建一个简单的单层感知器框架。那么，让我们开始吧！”

“首先引入第三方库，定义关于感知器的类。”

```
import numpy as np
```

```
class Perceptron (object):
```

“接下来，在这里首先要定义学习率和权重向量的训练次数。”

```
    def  __init__(self,learning_rate=0.01,n_iter=10):
        self.learning_rate = learning_rate;
        self.n_iter = n_iter
        pass
```

“然后输入训练数据，培训神经元，X 为输入样本向量，y 为对应样本分类。为了方便理解这里举个例子，假设如下：X [[1，2，3]，[4，5，6]]，y：[1，-1]，那么 [1，2，3] 对应的则为 1 这个样本分类，而 [4，5，6] 则对应为 -1 的这个样本分类。紧接着，这里要引入两个新的变量‘w_ 以及 errors’，分别是神经分叉权重向量以及用于记录神经元判断出错次数。然后将这个权重向量初始化。”

```
def fit(self,X,y):
        self.w_ =np.zeros(1+X.shape[1])
        self.errors_ = []
```

“最后，设定一个循环，假设错误次数为零时，将得出最后结果。”

```
        for _ in range(self.n_iter):
            errors = 0
            for xi,target in zip(X,y):
                update = self.learning_rate * (target - self.perdict(xi))
                self.w_[1:] += update * xi
                self.w_[0] += update;

                errors += int(update != 0.0)
                self.errors_.append(errors)
                pass
            pass
```

“原来这就是利用 Python 将感知器构建一个简单框架的过程啊，那么在下一个活动中，我们就可以利用该框架进行实际操作了。”

7.1.3　训练 2：感知器题目实战

“现在来做一道题目：假设平面坐标系上有四个点，(3,3)(4,3)这两个点的标签为 1，(1,1)(0,2)这两个标签为 -1，构建神经网络来分类。”

“有点小糊涂，该怎样开始呢？”

“本题的解题思路为：将要分类的数据是二维数据，所以只需要输入节点，也可以把神经元的偏置值设置成一个节点，这样我们需要输入 3 个节点。输入数据有 4 个(1,3,3)(1,4,3)(1,1,1)(1,0,2)，数据对应的标签为(1,1，-1，-1)，初

始化权值为 w_0，w_1，w_2，取 -1 到 1 的随机数，学习率（learning rate）设置为 0.11 激活函数为 sign 函数。这就是这道题的基本思路，现在开始训练吧！”

“首先导入所需要的第三方库。”

```
import numpy as np
import Matplotlib.pyplot as plt
```

“接下来输入相关的数据，就是(1,3,3)(1,4,3)(1,1,1)(1,0,2)这四组数据，并且输入它们的标签相关值。”

```
X = np.array([[1,3,3],
          [1,4,4],
          [1,1,1],
          [1,0,2]])
Y = np.array([[1],
            [1],
            [-1],
            [-1]])
```

“紧接着，将它们的权值初始化，3 行 1 列（3 个输入 1 个输出），原本随机数取值范围为 -1 到 1，random 代表取随机数。”

```
W = (np.random.random([3,1]) - 0.5) * 2
```

“接下来，将 W 打印出来，并且设置学习率和神经网络的输出。”

```
print(W)
Ir = 0.11
O = 0
```

“然后需要定义权值更新函数。”

```
def update():
    global X,Y,W,Ir
    O = np.sign(np.dot(X,W))
    W_C = Ir * (X.T.dot(Y - O))/int(X.shape[0])
    W = W + W_C
```

“接下来，需要创建一个循环。”

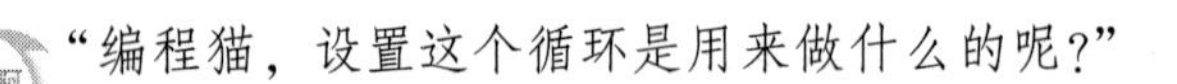

“编程猫，设置这个循环是用来做什么的呢？”

“用循环更新权值，并且打印迭代次数，最后当实际输出等于期望输出时，模型收敛循环结束。”

```
for i in range(100):
    update()
    print(W)
    print(i)#打印迭代次数
```

```
    O=np.sign(np.dot(X,W))#计算当前输出
    if(O==Y).all():
        print('Finished')
        print('epoch',i)
        break#当预测结果完全符合真实标签时,结束循环
```

"接下来，在二维坐标中把分类图表示出来，首先将正样本和负样本输入。"

```
x1=[3,4]
y1=[3,3]
x2=[1,0]
y2=[1,2]
```

"然后计算分界线的斜率以及截距，画直线（分界线），并画出输入点。"

```
k=-W[1]/W[2]
d=-W[0]/W[2]
print('k=',k)
print('d=',d)

xdata=(0,5)

plt.figure()
plt.plot(xdata,xdata*k+d,'r')
plt.scatter(x1,y1,c='b')
plt.scatter(x2,y2,c='y')
plt.show()
```

"线性分类运行结果，如图7-11所示。"

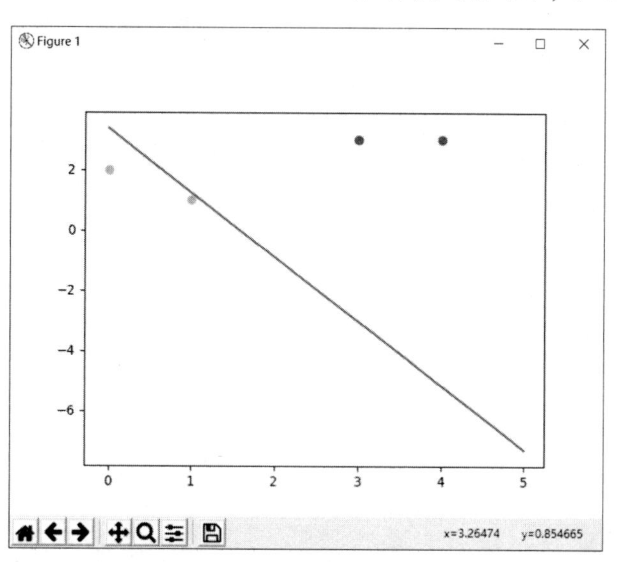

图7-11　线性分类图

```
[[ -0.844247  ]
[ 0.78145055]
[ 0.64462358]]
[[ -0.954247  ]
  [ 0.72645055]
  [ 0.47962358]]
0
[[ -1.064247  ]
[ 0.67145055]
[ 0.31462358]]
1
Finished
epoch 1
k = [ -2.13413935]
d = [3.3826041]
进程已结束，退出代码 0
```

“这样就完成了利用单层感知器将平面上四个点进行分类了。”

7.1.4　训练 3：单层感知器解决异或问题

“在使用单层感知器解决异或问题前，先要了解什么是异或问题！”

“异或简称 Xor，可以用数学符号⊕表示，计算机一般用‘^’表示，异或运算主要在二进制当中使用。比如 0⊕0 = 0，0⊕1 = 1，1⊕0 = 1，1⊕1 = 0，这些计算可以看成是两个值相同得 0，不同得 1。”

“在本次训练中，将使用单层感知器解决异或问题，接下来看一看感知器能不能解决异或问题。”

“首先，我们导入所需要的第三方库。”

```
import numpy as np
import Matplotlib.pyplot as plt
```

“接下来，载入异或问题中的数据参数 [0,0]，[0,1]，[1,0]，[1,1]，将它们的偏置也设为一个节点，所以输入的数据为 [1,0,0]，[1,0,1]，[1,1,0]，[1,1,1]，数据对应的标签为（-1,1,1,-1）。”

```
X = np.array([[1,0,0],
              [1,0,1],
              [1,1,0],
              [1,1,1]])
Y = np.array([[ -1],
              [1],
              [1],
              [ -1]])
```

“然后，将权值初始化，3行1列，w_0，w_1，w_2取-1到1的随机数，学习率（learning rate）设置为0.11。”

```
#权值初始化,3行1列,取值范围-1到1
W=(np.random.random([3,1])-0.5)*2
print(W)
lr=0.11
O = 0
```

“接下来，定义更新函数。”

```
defupdata():
    global X,Y,W,lr
    O=np.sign(np.dot(X,W))#shape:(3,1)
    W_C=lr*(X.T.dot(Y-O))/int(X.shape[0])#计算误差的平均值
    W=W+W_C
```

“下面进行循环，根据上述定义的更新将训练集的权值全部更新，这里我们更新15次，将每次更新的权值和迭代次数打印出来，并计算当前输出。”

```
for i in range(15):
    updata()
print(W)
print(i)
O=np.sign(np.dot(X,W))
    if(O==Y).all():#如果实际输出等于期望输出,模型收敛,循环结束
        print('Finished')
        print('epoch:',i)
        break
```

“接下来将要画图了，分别输入正样本和负样本，然后计算分界线的斜率以及截距。”

```
x1=[0,1]
y1=[1,0]
x2=[0,1]
y2=[0,1]
k=-W[1]/W[2]
d=-W[0]/W[2]
print('k=',k)
print('d=',d)
xdata=(-2,3)
plt.figure()
plt.plot(xdata,xdata*k+d,'r')
plt.scatter(x1,y1,c='b')
plt.scatter(x2,y2,c='y')
plt.show()
```

“编程猫，这样是不是就完成了？”

“当然，让我们看看会呈现什么结果吧！”

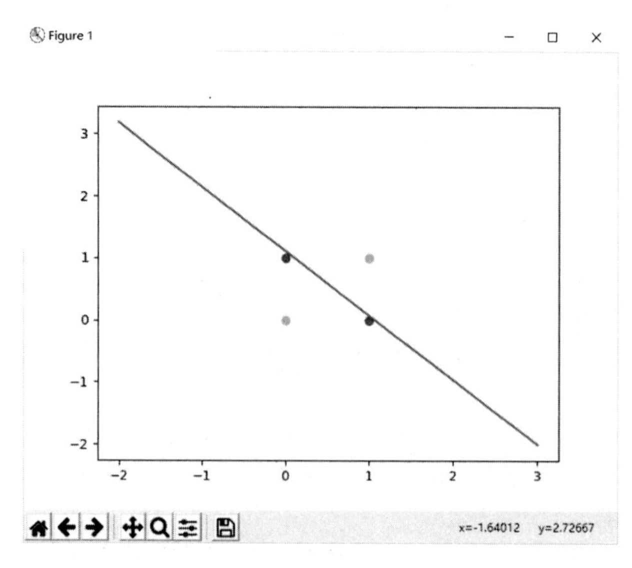

图 7-12 单层感知器解决异或问题

```
[[ -0.6040239 ]
[ 0.63101737]
[ 0.8360938 ]]
[[ -0.6590239 ]
[ 0.57601737]
[ 0.7810938 ]]
0
[[ -0.6590239 ]
[ 0.57601737]
[ 0.7260938 ]]
1
[[ -0.6590239 ]
[ 0.57601737]
[ 0.6710938 ]]
2
[[ -0.6590239 ]
[ 0.57601737]
[ 0.6160938 ]]
3
[[ -0.6040239 ]
[ 0.57601737]
[ 0.6160938 ]]
4
[[ -0.6040239 ]
```

```
[ 0.57601737]
[ 0.5610938 ]]
5
[[ -0.5490239 ]
[ 0.57601737]
[ 0.5610938 ]]
6
[[ -0.6040239 ]
[ 0.52101737]
[ 0.5060938 ]]
7
[[ -0.5490239 ]
[ 0.52101737]
[ 0.5060938 ]]
8
[[ -0.4940239 ]
[ 0.52101737]
[ 0.5060938 ]]
9
[[ -0.5490239 ]
[ 0.46601737]
[ 0.4510938 ]]
10
[[ -0.4940239 ]
[ 0.46601737]
[ 0.4510938 ]]
11
[[ -0.4390239 ]
[ 0.46601737]
[ 0.4510938 ]]
12
[[ -0.4940239 ]
[ 0.41101737]
[ 0.3960938 ]]
13
[[ -0.4390239 ]
[ 0.41101737]
[ 0.3960938 ]]
14
k = [ -1.03767686]
d = [1.10838366]
```

"虽然，单层感知器得出上述的结果，感知器的作用是根据已知输入的点，在平面上画一条线，线的一边为一类。如果感知器只有两个输入，就是在二维平面上画线，然后分类。但是图 7-11 在'异或'问题上找不到一条直线能把所输入的四个点分别分开，也就是说这是一个不能用直线分类的问题，这类问题属于非线性问题。"

"所以单层感知器只能解决线性问题，对非线性问题望尘莫及，因此多层感知器应运而生。"

7.2 多层感知器

在上面的内容中我们讲述过感知器，感知器对人工神经网络的发展有着巨大的影响力。但是随着科技的发展、研究的深入，人们发现它还是存在一些不足，比如无法处理非线性问题。所以误差反向传播算法（简称 BP）应运而生，不仅系统地解决了多层神经网络隐含层连接权的问题，而且在数学上给出了完整的推导步骤。它不仅具有任意复杂的模式分类能力和优良的多维函数映射功能，还能解决单层感知器不能处理的异或（Exclusive OR，XOR）和一些其他问题。下面我们将学习多层感知器的相关知识。

阿短的前行目标

- 能够了解 BP 神经网络的基本原理。
- 能够自己创建一个 BP 神经网络的基本架构，并进行应用。

7.2.1 BP 神经网络

从结构上讲，BP 网络具有输入层、隐藏层和输出层；从本质上讲，BP 算法就是以网络误差平方为目标函数、采用梯度下降法来计算目标函数的最小值，本小节将带领大家了解 BP 神经网络的基本知识。

1. BP 神经网络简介

BP 网络（BackPropagetion Networks，反向传播网络），是一种按照误差逆向传播算法训练的多层前馈神经网络，也是应用最广泛的神经网络之一。很多神经网络的算法都是在 BP 神经网络上进行优化的。误差反向传播算法简称反向传播算法（即 BP 算法）。使用反向传播算法的多层感知器又称为 BP 神经网络。BP 算法是一个迭代算法，它的基本思想如下。

1）计算每一层的状态和激活值，直到最后一层（即信号是前向传播的）。

2）计算每一层的误差，误差的计算过程是从最后一层向前推进的（这就是反向传播算法名字的由来）。

3）更新参数（目标是误差变小）。迭代前面两个步骤，直到满足停止准则（比如相邻两次迭代误差的差别很小）。

2. BP 神经网络原理

神经网络结构主要包括：输入层、隐藏层和输出层，结构如图 7-13 所示。

BP（Back Propagation）神经网络分为两个过程。

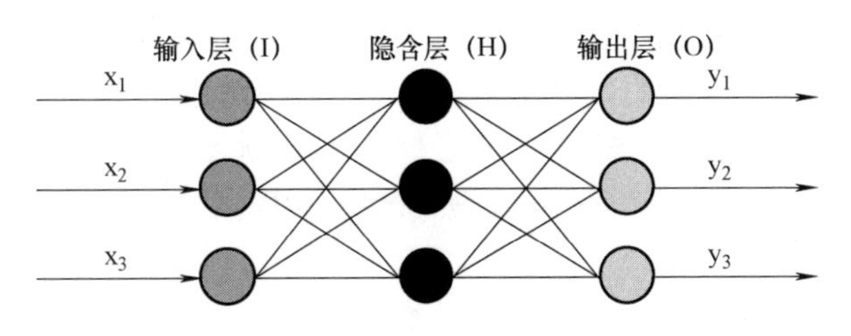

图 7-13 神经网络结构图

- 工作信号正向传递过程。
- 误差信号反向传递过程。

接下来我们将从这两个方面展开介绍。

（1）工作信号正向传递过程（前向传播）

这里先讲述 BP 神经网络的前向传播。

1）输入层的每个节点，都要与隐藏层的每个节点做点对点的计算，计算的方法是加权求和＋激活。

2）利用隐藏层计算出每个值，再用相同的方法和输出层进行计算。

3）隐藏层都是用 Sigmoid 做激活函数，而输出层的是 Purelin。这是因为 Purelin 可以保持之前范围的数值缩放，便于和样本值作比较，而 Sigmoid 的数值范围只能在 0～1 之间。

4）期数输入层的数值通过网络计算分别传播到隐藏层，再以相同的方式传播到输出层，最终的输出值和样本值作比较，计算出误差，这个过程称为前向传播（Forward Propagation）。

（2）误差信号反向传递过程

BP 算法是一种计算偏导数的有效方法，它的基本原理如下。

1）利用前向传播最后输出的结果来计算误差的偏导数（前向传播求偏导）。

2）再用这个偏导数和前面的隐藏层进行加权求和。

3）如此一层一层地向后传下去（隐藏层间偏导加权求和）。

4）直到输入层（不计算输入层。也就是第一隐藏层到输入层的偏导加权求和）。

5）最后利用每个节点求出的偏导数来更新权重。

了解基本原理后我们来介绍计算方法，在这里为了便于解释，后面将会用“残差（error term）”这个词来表示误差的偏导数。计算过程如下。

输出层→隐藏层：残差＝－（输出值－样本值）×激活函数的导数。

隐藏层→隐藏层：残差＝（右层每个节点的残差加权求和）×激活函数的导数。

如果用 Sigmoid（logsig）作为激活函数，那么：Sigmoid 导数＝Sigmoid×（1－Sigmoid）。

输入层→隐藏层：残差＝－（Sigmoid 输出值－样本值）×Sigmoid×（1－Sigmoid）＝－（输出值－样本值）输出值（1－输出值）。

隐藏层→隐藏层：残差＝（右层每个节点的残差加权求和）×当前节点的 Sigmoid×（1－当前节点的 Sigmoid）。

残差全部计算后，就可以更新权重了。

输入层：权重增加＝输入值×右层对应节点的残差×学习率。

偏移值的权重增加＝右层对应节点的残差×学习率。

学习率是一个预先设置好的参数，用于控制每次更新的幅度。

此后，对全部数据都反复进行这样的计算，直到输出的误差达到一个很小的值为止。

以上介绍的是最常见的神经网络类型，称为前馈神经网络（FeedForward Neural Network），由于它一般是要向后传递误差的，所以也叫 BP 神经网络（Back Propagation Neural Network）。

接下来我们将对上述内容做一个详细的计算过程（非机器封包直接计算），但在这之前需要先来认识一个激活函数。这个激活函数在下面的计算过程中要密切使用，那就是 sigmoid 函数。

Sigmoid 函数是一个在生物学中常见的 S 型函数，也称为 S 型生长曲线。在信息科学中，由于其单向递增以及反函数单向递增等性质，Sigmoid 函数常被用作神经网络的激活函数，将变量映射到 0,1 之间。

sigmoid 函数也叫 Logistic 函数，用于隐层神经元输出，取值范围为（0,1），它将一个实数映射到（0,1）的区间，可以用来做二分类。在特征相差比较复杂或是相差不是特别大时效果比较好。Sigmoid 作为激活函数有以下优缺点。

- 优点：平滑、易于求导。
- 缺点：激活函数计算量大，反向传播求误差梯度时，求导涉及除法；反向传播时，很容易就会出现梯度消失的情况，从而无法完成深层网络的训练。

Sigmoid 函数的定义如式 7.9 所示。

$$S(x)=\frac{1}{1+e^{-x}} \tag{7.9}$$

其对 x 的导数的表示如式 7.10 所示。

$$S'(x)=\frac{e^{-x}}{(1+e^{-x})2}=S(x)(1-S(x)) \tag{7.10}$$

Sigmoid 的函数曲线如图 7-14 所示。

在计算机网络中，一个节点的激活函数定义了该节点在给定的输入或输入的集合下的输出。标准的计算机芯片电路可以看作是根据输入得到开（1）或关（0）输出的数字电路激活函数。这与神经网络中的线性感知器的行为类似。然而，只有非线性激活函数才允许这种网络仅使用少量节点来计算非平凡问题。在人工神经网络中，这个功能也被称为传递函数。

以上就是 Sigmoid 的性质与定义，接下来要根据之前讲述的内容开始计算。

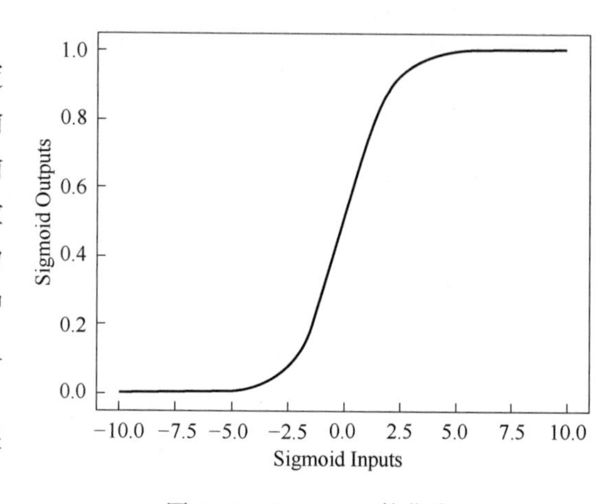

图 7-14　Sigmoid 函数曲线

步骤一： 问题描述 + 随机生成初始权重。

问题：表 7-1 所示 x_1、x_2 是神经网络的两个输入值，而 y 就是实际输出值。初始权重（层与层之间边的值）是一个（-1,1）的随机数，目前的神经网络结构如图 7-15 所示。随机数可以通过 Python 的 random 库获取，代码如下。

```
import random
```

```
print(random.random())
print(random.random())
print(random.random())
print(random.random())
print(random.random())
print(random.random())
```

运行结果如下。

```
0.2193013503530481
-0.54997026092192792
0.8481014595255022
0.01169590059105552
-0.7721496338075879
0.03454699721087007
```

表 7-1　输入输出值

输入值 x_1	输入值 x_2	实际输出值 y
0.3	-0.7	0.1
0.4	-0.5	0.05

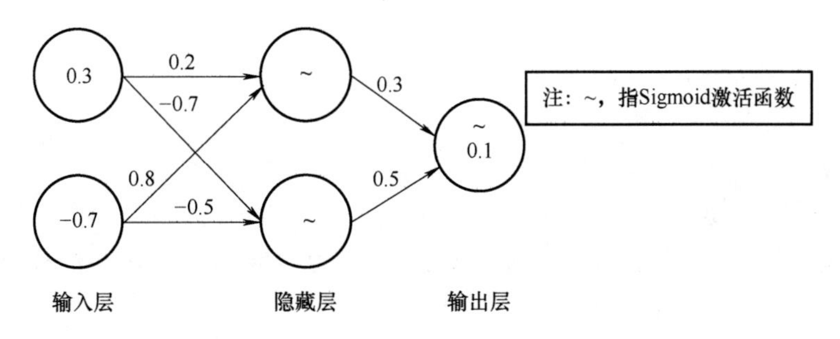

图 7-15　输入输出值代入前向传播

步骤二： 对输入层→隐藏层节点进行加权求和，网络表示如图 7-16 所示。

0.3×0.2 + (-0.7)×0.8 = -0.5

0.3×(-0.7) + (-0.7)× -0.5 =0.14

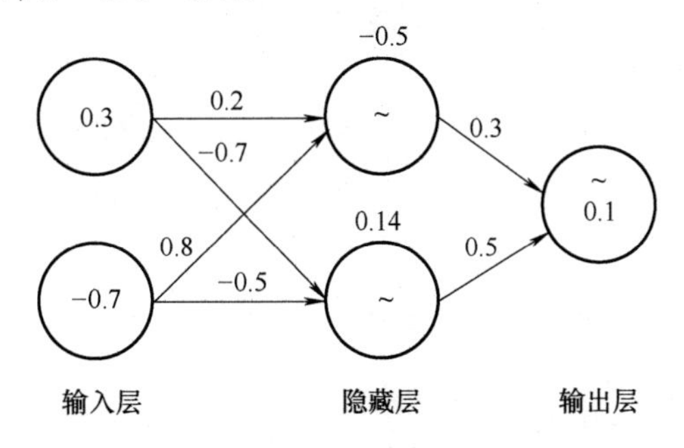

图 7-16　输入层→隐藏层节点加权求和

步骤三： 执行 sigmoid 激活，计算方式如下。

$$\text{logistic}\ (-0.5) = \frac{1}{1+e0.5} = 0.378$$

$$\text{logistic}\ (0.14) = \frac{1}{1+e-0.14} = 0.535$$

网络表示如图 7-17 所示。

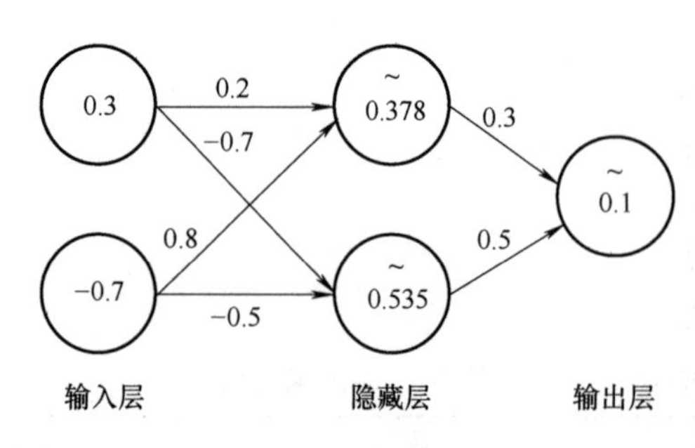

图 7-17　执行 Sigmoid 激活

由于此步骤计算比较麻烦，所以我们借助 Python 来计算，代码如下。

```
import math
print(1.0/(1+math.e**(0.5)))
print(1.0/(1+math.e**(-0.14)))
```

运行结果如下。

```
0.3775406687981454
0.5349429451582145
```

步骤四： 对隐藏层→输出层节点进行加权求和，$0.378\times0.3+0.535\times0.5=0.324$，网络表示如图 7-18 所示。

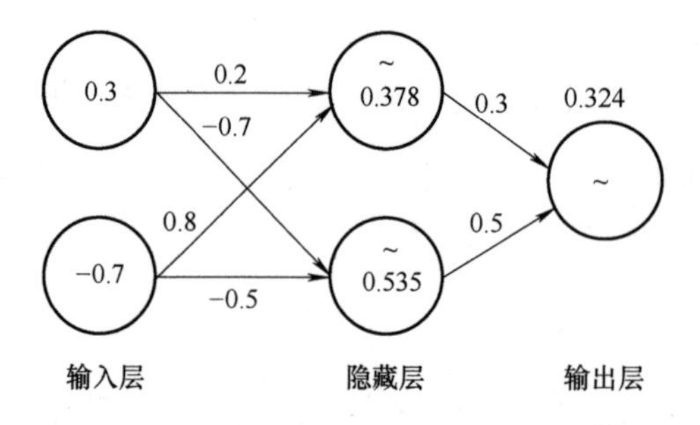

图 7-18　隐藏层→输出层节点加权求和

步骤五： 执行输出层的 Sigmoid 激活，计算结果如下。

$$\text{logistic}\ (0.324) = \frac{1}{1+e-0.324} = 0.580$$

网络表示如图 7-19 所示。

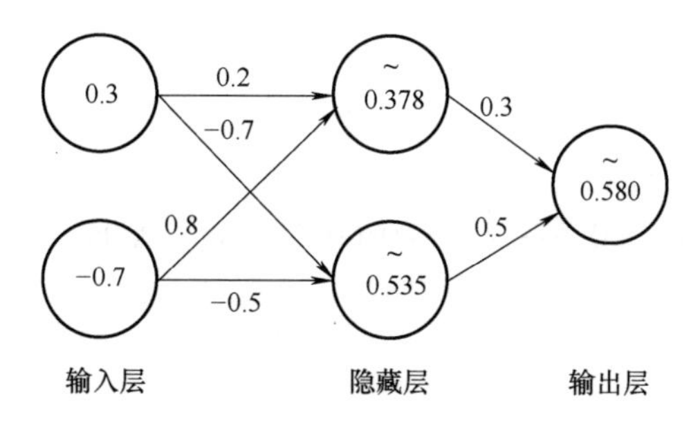

图 7-19　输出层的 Sigmoid 激活

步骤六： 计算样本的误差、残差，计算方式如下。

误差 $=(0.580-0.1)^2=0.2304$，因为 $0.2304>0.0001$，误差较大，所以不能收敛。从而需要再继续训练，方法和上述过程一样，直到误差 <0.0001 才可以收敛，此处不再赘述方法。在这里假设我们计算的误差足够小，可以收敛，接下来继续计算。

输出→隐藏残差 = −(输出值 − 样本值) × 输出值 ×(1 − 输出值)

残差 $=(-0.580-0.1)\times 0.580\times(1-0.580)=-0.0256$

网络表示如图 7-20 所示。

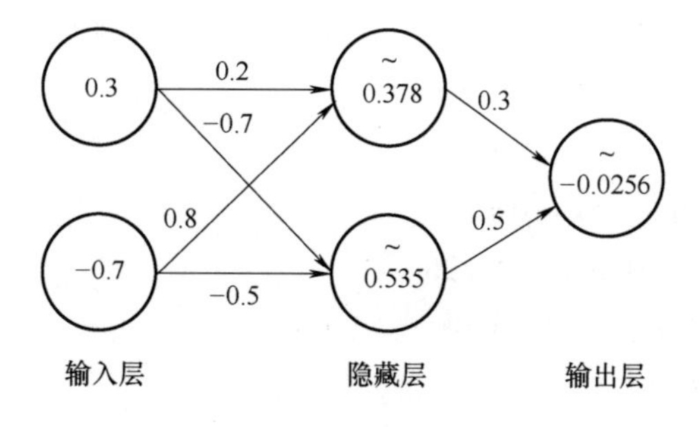

图 7-20　样本的误差、残差图

步骤七： 开始反向传播，对输出层→隐藏层加权求和，计算方式如下。

$-0.0256\times 0.3=-0.00768$

$-0.0256\times 0.5=-0.0128$

网络表示如图 7-21 所示。

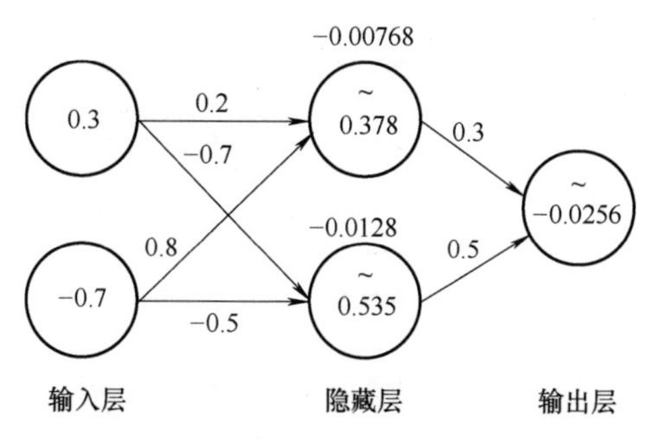

图 7-21　反向传播输出层→隐藏层加权求和

步骤八： 求隐藏层的残差，计算方式如下。

隐藏层→隐藏层残差 =（右层每个节点的残差加权就和）×点前节点的 sigmoid ×（1 − 当前节点的 sigmoid）

即残差 1 =（−0.00768）×0.378 ×（1 −0.00768）= −0.003

残差 2 =（−0.034）×0.535 ×（1 −0.535）= −0.008

网络表示如图 7-22 所示。

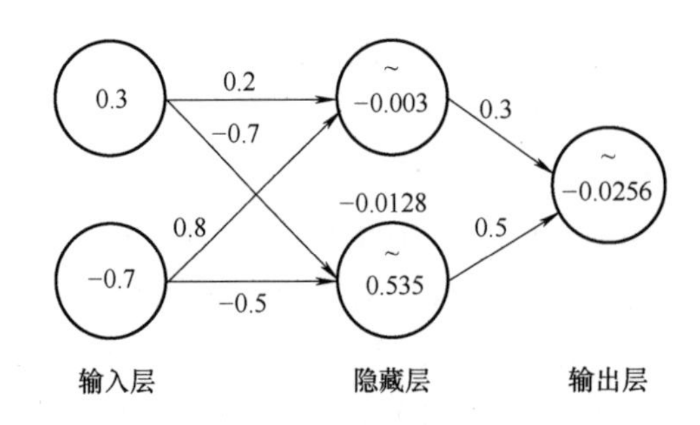

图 7-22　隐藏层的残差

步骤九： 更新输入层→隐藏层的权重，结果如图 7-23 所示。设学习率为 0.6，由上到下，权重连线需更新幅度如下。

0.3 ×（−0.003）×0.6 = −0.00054

0.3 ×（−0.008）×0.6 = −0.0014

（−0.7）×（−0.003）×0.6 =0.00126

（−0.7）×（−0.008）×0.6 =0.0034

更新后得权重的值如下。

0.7 +（−0.00054）=0.6995

−0.7 +（−0.0014）= −0.7014

0.8 +（0.00126）=0.8013

−0.5 +（0.0034）= −0.4966

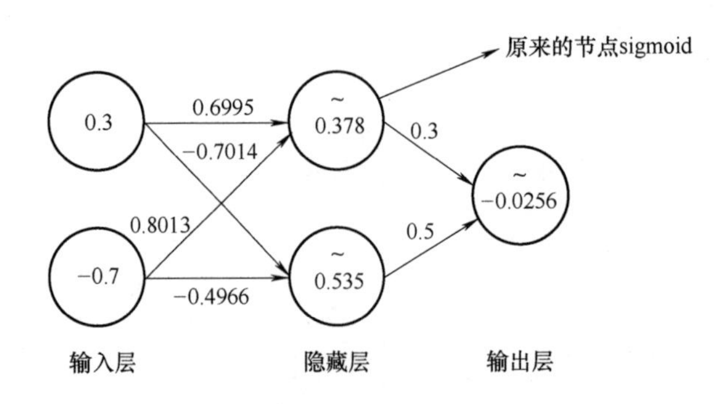

图 7-23　更新输入层→隐藏层的权重

步骤十： 更新隐藏层→输出层权重，设学习率依旧为0.6，所以由上到下两权重需要更新的幅度如下。

$0.378\times(-0.0256)\times0.6=-0.006$

$0.535\times(-0.0256)\times0.6=-0.008$

更新后的权重如下。

$0.3+(-0.006)=0.294$

$0.5+(-0.008)=0.492$

网络表示如图7-24所示。

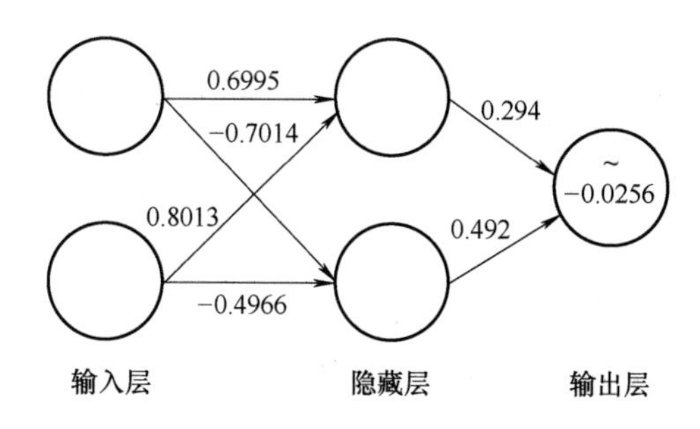

图7-24 更新隐藏层→输出层权重

至此，完成了一次的“学习”（也就是梯度下降）。后续就是一次次往这个神经网络放进输入值和输出值，不断更新权重。足够的学习次数之后，就是最终的结果。

在本次训练中，将熟悉BP神经网络的基本知识，利用基本知识创建基本的BP神经网络，并且利用BP神经网络实现单层感知器实现不了的内容。接下来让我们跟随编程猫和阿短一起开始实验吧！

7.2.2 训练1：利用Python实现简单的三层BP神经网络

“在了解了Python的相关知识后，下面让我们开始构建一个简单的BP神经网络框架吧！”

“好的，那我们应该怎样开始呢？”

“就让我带领大家一步一步地构建这个框架吧！”

“首先将所需要的第三方库调用，代码如下。”

```
import math
import random
import string
import numpy as np

random.seed(0)
```

“接下来，生成区间(a,b)内的随机数，接下来生成大小为I×J的矩阵，默认零矩阵。”

```
def rand(a, b):
    return (b - a) * random.random() + a
defmakeMatrix(I, J, fill = 0.0):
    m = []
    for i in range(I):
        m.append([fill] * J)
    return m
```

“下一步，我们定义激活函数 sigmoid 与函数 sigmoid 的派生函数，为了得到输出（即：y）。”

```
def sigmoid(x):

    return 1.0/(1 + np.exp(-x))
defdsigmoid(y):
    return 1.0 - y ** 2
```

“编程猫，到这里我们的准备工作应该完成了吧！”

“没错，接下来我们开始构建输入层、隐藏侧和输出层的节点（数）。”

```
class NN:

    def __init__(self, ni, nh, no):

        self.ni = ni + 1
        self.nh = nh
        self.no = no
```

“接下来将要开始激活神经网络的所有节点（向量），并且建立权重（矩阵）。”

```
self.ai = [1.0] * self.ni

self.ah = [1.0] * self.nh

self.ao = [1.0] * self.no

self.wi = makeMatrix(self.ni, self.nh)

self.wo = makeMatrix(self.nh, self.no)
```

“阿短，接下来将刚才输入进去的设为随机值，最后建立动量因子（矩阵），你知道该怎么做吗？”

“我知道，看我的吧！”

```
for i in range(self.ni):
```

```
            for j in range(self.nh):
                self.wi[i][j] = rand(-0.2, 0.2)

        for j in range(self.nh):

            for k in range(self.no):
                self.wo[j][k] = rand(-2.0, 2.0)
        self.ci = makeMatrix(self.ni, self.nh)

        self.co = makeMatrix(self.nh, self.no)

    def update(self, inputs):

        if len(inputs) != self.ni - 1:
```

"对的，接下来，逐步激活输入层、隐藏层和输出层。"

```
    for i in range(self.ni - 1):
        # self.ai[i] = sigmoid(inputs[i])

        self.ai[i] = inputs[i]


    for j in range(self.nh):

        sum = 0.0

        for i in range(self.ni):
            sum = sum + self.ai[i] * self.wi[i][j]

        self.ah[j] = sigmoid(sum)


    for k in range(self.no):

        sum = 0.0

        for j in range(self.nh):
            sum = sum + self.ah[j] * self.wo[j][k]

        self.ao[k] = sigmoid(sum)

    return self.ao[:]
```

“编程猫，到这里好像已经完成了关于 BP 神经网络中的正向传播了，那下面我们该怎么办?”

“没错，接下来我们开始构建反向传播。”

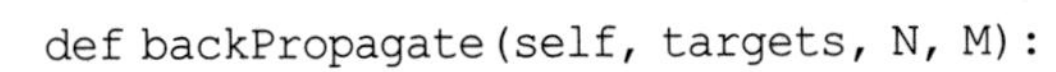

```
def backPropagate(self, targets, N, M):

    if len(targets) != self.no:
        raise ValueError('与输出层节点数不符! ')

    # 计算输出层的误差

    output_deltas = [0.0] * self.no

    for k in range(self.no):
        error = targets[k] - self.ao[k]

        output_deltas[k] = dsigmoid(self.ao[k]) * error
```

“然后我们计算隐藏层的误差，更新输出层的权重，以及输入层的权重，最后计算误差”。

```
    hidden_deltas = [0.0] * self.nh

    for j in range(self.nh):

        error = 0.0

        for k in range(self.no):
            error = error + output_deltas[k] * self.wo[j][k]

        hidden_deltas[j] = dsigmoid(self.ah[j]) * error

    for j in range(self.nh):

        for k in range(self.no):
            change = output_deltas[k] * self.ah[j]

            self.wo[j][k] = self.wo[j][k] + N * change + M * self.co[j][k]

            self.co[j][k] = change

            # print(N * change, M * self.co[j][k])
```

```
        for i in range(self.ni):

            for j in range(self.nh):
                change = hidden_deltas[j] * self.ai[i]

                self.wi[i][j] = self.wi[i][j] + N * change + M * self.ci[i][j]

                self.ci[i][j] = change


        error = 0.0

        for k in range(len(targets)):
            error = error + 0.5 * (targets[k] - self.ao[k]) ** 2

        return error

    def test(self, patterns):

        for p in patterns:
            print(p[0], '->', self.update(p[0]))

    def weights(self):

        print('输入层权重:')

        for i in range(self.ni):
            print(self.wi[i])

        print()

        print('输出层权重:')

        for j in range(self.nh):
            print(self.wo[j])
```

“最后将神经网络中所需要的学习速率与动量因子定义完成。”

```
    def train(self, patterns, iterations=1000, N=0.5, M=0.1):

        for i in range(iterations):
```

```
        error = 0.0

        for p in patterns:
            inputs = p[0]

            targets = p[1]

            self.update(inputs)

            error = error + self.backPropagate(targets, N, M)

        if i % 100 == 0:
            print('误差 % -.5f' % error)
```

“阿短，至此我们就成功搭建了一个简单且完整的 BP 神经网络架构啦！”

7.2.3　训练 2：利用 BP 神经网络实现异或问题

“在上一个活动中，我们实现了用 Python 搭建一个简单的 BP 神经网络的架构，那在本次活动中，我们将利用活动一中构建的神经网络实现单层感知器不能完成的异或问题。”

“好的，那我们应该如何开始呢？”

“首先，我们先输入相关的异或问题数据。”

```
def demo():

    pat = [

        [[0, 0], [0]],

        [[0, 1], [1]],

        [[1, 0], [1]],

        [[1, 1], [0]]

    ]
```

“接下来我们开始创建一个神经网络，输入层有两个节点，隐藏层有两个节点，输出层有一个节点。”

```
n = NN(2, 2, 1)
```

“最后用一些模式训练此神经网络，然后测试训练好的成果，最后看看训练好的权重。”

```
n.train(pat)

n.test(pat)
```

“让我们来看看运行结果吧!”

```
误差 0.56559
误差 0.49919
误差 0.49686
误差 0.49736
误差 0.49795
误差 0.49837
误差 0.49865
误差 0.49886
误差 0.49901
误差 0.49913
[0, 0] - > [0.49784525942720426]
[0, 1] - > [0.4998199499557353]
[1, 0] - > [0.4997345521992264]
[1, 1] - > [0.4999782624142489]
```

“这样我们创建的 BP 神经网络就能实现异或问题了。”

7.2.4 训练3：利用 TensorFlow 实现 BP 神经网络

“平常用户使用 BP 神经网络的时候，通常不会自己搭建一个神经网络的构架，因为强大的第三方库 TensorFlow（之后我们会详细地介绍该第三方库）已经帮我们创建完成，所以在这里采用 TensorFlow 来搭建一个简单的 BP 神经网络，并且输出训练集所产生的误差。”

“既然 TensorFlow 拥有这么强大的功能，让我们赶快使用吧!”

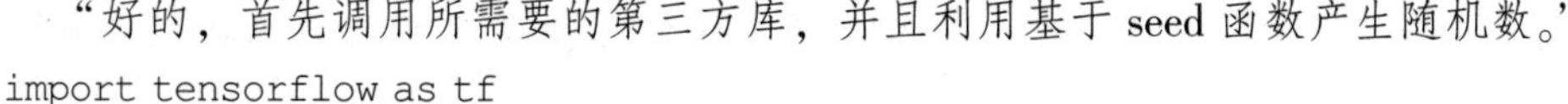

“好的，首先调用所需要的第三方库，并且利用基于 seed 函数产生随机数。”

```
import tensorflow as tf
import numpy as np
BATCH_SIZE = 8
SEED = 23455
rdm = np.random.RandomState(SEED)
```

“接下来，将随机数返回 32 行 2 列的矩阵，表示 32 组体积和重量作为输入数据集。”

```
X =rdm.rand(32,2)
```

“然后开始从 X 这个 32 行 2 列的矩阵中取出一行，判断如果和小于 1，则给 Y 赋值 1；如果和不小于 1，则给 Y 赋值 0。”

```
Y_ = [[int(x0 + x1 < 1)] for (x0, x1) in X]
```

“这个时候我们就开始定义神经网络的输入、参数、输出以及前向传播过程。”

```
x = tf.placeholder(tf.float32, shape=(None, 2))
y_= tf.placeholder(tf.float32, shape=(None, 1))

w1= tf.Variable(tf.random_normal([2, 3],stddev=1, seed=1))
w2= tf.Variable(tf.random_normal([3, 1],stddev=1, seed=1))

a = tf.matmul(x, w1)
y = tf.matmul(a, w2)
```

“接下来，定义损失函数、反向传播方法以及均方误差 MSE 损失函数。”

```
loss_mse = tf.reduce_mean(tf.square(y-y_))
train_step = tf.train.GradientDescentOptimizer(0.001).minimize(loss_
mse)
```

“这时开始利用随机提出下降算法训练参数，生成会话，训练 STEPS 轮。”

```
with tf.Session() as sess:
    init_op = tf.global_variables_initializer()
    sess.run(init_op)
```

“然后输出目前（未经训练）的参数取值，训练模型。”

```
STEPS = 3000
    for i in range(STEPS):
        start = (i*BATCH_SIZE) % 32
        end = start + BATCH_SIZE
        sess.run(train_step, feed_dict={x: X[start:end], y_: Y_[start:
end]})
        if i % 500 == 0:
```

“这时就到了最后一步，我们开始每训练 500 个 steps 打印训练每 500 个的训练误差。”

```
total_loss = sess.run(loss_mse, feed_dict={x: X, y_: Y_})
            print("After %d training step(s), loss_mse on all data is
%g" % (i, total_loss))
```

“到这里我们就利用 TensorFlow 实现了 BP 神经网络！”

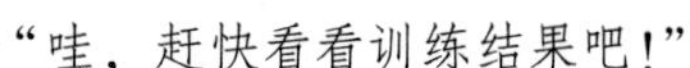

“哇，赶快看看训练结果吧！”

```
After 0 training step(s), loss_mse on all data is 5.13118
After 500 training step(s), loss_mse on all data is 0.429111
After 1000 training step(s), loss_mse on all data is 0.409789
After 1500 training step(s), loss_mse on all data is 0.399923
```

```
After 2000 training step(s), loss_mse on all data is 0.394146
After 2500 training step(s), loss_mse on all data is 0.390597
```

"简直太棒了，TensorFlow 真是一个非常强大的第三方库!"

7.3 卷积神经网络

卷积神经网络（Convolutional Neural Network，CNN）是一种前馈型的神经网络，其在大型图像处理方面有出色的表现，目前已经被大范围使用到图像分类和定位等领域中。相比其他神经网络结构，卷积神经网络需要的参数相对较少，使得其能够广泛应用。

阿短的前行目标

- 能够了解卷积神经网络概念,掌握组成结构。
- 能够掌握 TensorFlow 工作原理。
- 能够独立搭建 TensorFlow 神经网络平台。

7.3.1 TensorFlow 卷积神经网络平台搭建

对于深度学习或者泛化的一般机器学习而言，选择不同的算法对数据的分析过程和对数据的需求有着极大的不同，而其中最重要的部分就是算法的选择。此外，目前支持深度学习的架构很多，TensorFlow 是把烦琐的大量手写数据传入到人工智能神经网中，利用其采取研究与处理过程的系统。所以本文采用了易于分析和训练网络的 TensorFlow 进行卷积神经网络平台搭建。

1. 卷积神经网络概述

卷积神经网络最初是受到视觉神经的神经机制的启发而提出的神经认知机。1998 年，Lecun 等人将卷积层和下采样层相结合构成卷积神经网络的主要结构，被公认为现代卷积神经网络的雏形。

首先它们都是通过一层一层节点组织起来的，而且每一个节点都是一个神经元。在传统神经网络中，每相邻两层之间的节点都有边相连，所以一般会将每一层中的节点组织成一列，这样方便显示连接结构。而对于卷积神经网络，相邻两层之间只有部分节点相连，为了展示每一层神经元的维度，会将每一层卷积层的节点组织成一个三维矩阵。当然，除了结构相似，它们的输入、输出以及训练流程也基本一致。比如在图像分类问题中，传统神经网络和卷积神经网络的输入层都是图像的原始像素，输出层中的每一个节点都代表了不同类别的可信度。

卷积神经网络因可以有效地减少神经网络中参数个数，从提出后便发展迅速，至今不仅在图像识别领域应用广泛，在医药发现、灾难气候发现以及国棋博弈等都有应用。在图 7-25 中，我们看到一个卷积神经网络主要由以下 5 种结构组成。

1）输入层。输入层是整个神经网路的输入，在处理图像的卷积神经阿络中，它一般代

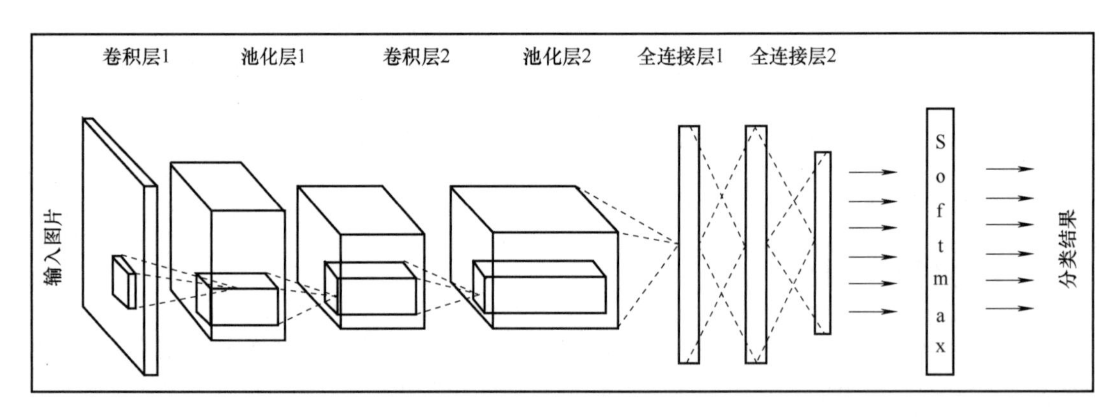

图 7-25 卷积神经网络构架图

表了一张图片的像素矩阵。从输入层开始，卷积神经网络通过不同的神经网络结构将上一层的三维矩阵转化为下一层的三维矩阵，直到最后的全连接层。

2）卷积层。卷积层是一个卷积神经网络中最为重要的部分。与传统全连接层不同，卷积层中每一个节点的输入只是上一层神经网络的一小块，这个小块常用的大小有 3×3 或者 5×5。卷积层试图将神经网络中的每一小块进行更加深入地分析，从而得到抽象程度更高的特征。通常来说，通过卷积层处理过的节点矩阵会变得更深。

3）池化层。池化层神经网络不会改变三维矩阵的深度，但是可以缩小矩阵的大小。池化操作可以认为是一张分辨率较高的图片转化为分辨率较低的图片。通过池化层，可以进一步缩小最后全连接层中节点的个数，从而达到减少整个神经网络中参数的目的。

4）全连接层。在经过多轮卷积层和池化层的处理之后，在卷积神经网络的最后，一般是由 1 到 2 个全连接层来给出分类结果。经过几轮卷积层和池化层的处理后，我们可以认为图像中的信息已经被抽象成了信息含量更高的特征。可以将卷积层和池化层看成自动图像特征提取的过程。在特征提取完后，仍然需要使全连接层来完成分类任务。

5）Softmax 层。Softmax 层主要用于分类问题，通过 Softmax 层，可以得到当前样例属于不同种类的概率分布情况。

2. 激活函数

激活函数的作用是增加神经网络模型的非线性。如果没有非线性激活函数，那么神经网络的每一层输出就相当于上一层输入的线性组合。激活函数通常使用双曲正切函数或修正线性单元函数，作用于隐藏层，将前一层输入的数据非线性化。笔者使用的激活函数是修正线性单元函数，它不需要对输入进行归一化来防止饱和。使用修正线性单元函数时，卷积网络的训练速度远快于使用双曲正切函数。修正线性单元函数的实现式如下。

$$f_{Relu} = \max(0, x)$$

修正线性单元函数的可视化图像，如图 7-26所示。其中，横轴为变量 x，纵轴为输出f_{Relu}。

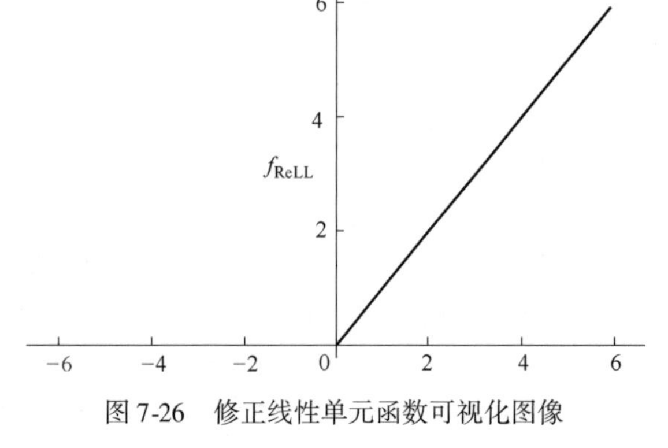

图 7-26 修正线性单元函数可视化图像

3. TensorFlow 工作原理

Tensorflow 这个名字是由 Tensor 和 Flow 组成的（可简称 TF）。Tensor 就是张量，可以理解为多维数组；Flow 被翻译成“流”，直观地表达了张量之间通过计算相互转化的过程。

（1）TensorFlow 计算模型：计算图

TensorFlow 是一个数值计算系统，基于计算图（Computational Graph，也叫数据流图 Data flow Graph）可视化地体现数据的处理过程。计算图是一个含有代表数学计算操作算子的有向图。算子（operations，简称 op）是数据计算的一个基本单位。其中，每个算子均对应一种数学运算，如矩阵加法、矩阵乘法等。算子将接收到的 0 个或多个 tensor 作为输入，进行相应的计算，输出 0 个或多个 tensor 的结果，产生的每个结果均是一个多维数组。计算图可以视为每个 tensor 数据从输入节点开始，按照指定的拓扑结构流程图完成计算，在输出节点输出结果的过程。TensorFlow 的运行计算流程如图 7-27 所示。它首先将 w 与 x 进行矩阵相乘，再与截距 b 按位相加，最后更新至 c。

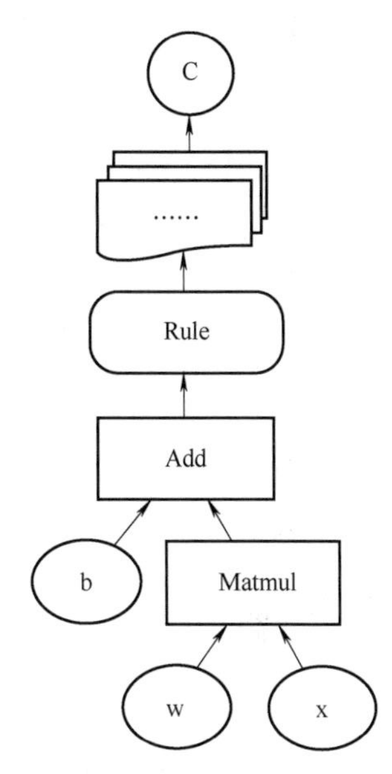

图 7-27　TensorFlow 计算流图

（2）TensorFlow 数据模型：张量 Tensor

Tensor 是参与运算的高维数组数据节点之间连接的边。tensor 代表多维数组，每个维度也可以指定为任意长度。如零阶张量表示标量（scalar），也就是一个数，第一阶张量为向量（vector），也就是一维数组。在 TensorFlow 中，四维张量表示一个 mini-batch 图片，四个维度分别是训练数据批大小（batch）、行数（height）、列数（width）和通道数（channels）。Tensor 与变量可以同时参与运算，但差别之处在于 tensor 在计算图执行程序完成后被立即丢弃，而变量的值在通过反向传播（BP）计算更新后会保留下来，带入到下一轮训练中继续迭代。

（3）TensorFlow 运行模型：会话 Session

Session 是用来激活 TensorFlow 系统以执行计算交互的入口，主要是让分配好的执行器单元对子图执行运算，完成添加数据传输节点以及为多计算机设备、分布式集群设备节点的安排等工作。典型的用法是客户端经过 CreateSession 接口与 master 建立起连接，并在初始会话的过程中传入计算图。对于 Python 接口，计算图可以在 Session 创建之前完成构造，并在 tf. Session 对象初始化时载入到后端执行引擎。通过 Run 接口来触发计算图的执行入口，也就是利用 Python 语言调用的 tf. Session. run( ) 方法。通过这个接口，可以将数据喂入模型，执行相应的数据计算最终得到执行结果。Session 计算执行完成后，必须关闭 Session 以释放申请的资源。

TensorFlow 的 Python 接口典型事例如下。

```
import tensorflow as tf
b = tf.Variable(tf.zeros([100]))      #100 维向量,初始化为全 0
w = tf.Variable(tf.random_crop([784, 100], -1, 1))  #生成 784 * 100 的矩阵
x = tf.placeholder(name = "x")      #输入占位符
```

```
relu = tf.nn.relu(tf.matmul(w, x) + b)     #Relu(wx+b)
with tf.Session() as sess:
    sess.run(w.initializer)  #变量初始化
    sess.run(b.initializer)
    input = np.float32(np.random.rand(100, 1))
    print(sess.run(relu, feed_dict={x:input}))
```

（4）系统架构

在图 7-28 中，TensorFlow 是架构为“clent - > master - > worker”的分布式系统。在一般的执行流程中，客户端首先利用会话 tf.Session 接口与 master 接口完成通信。然后向 master 提交触发请求，master 会按照任务的类型将任务分配给多个 worker 进程上共同执行。最后的执行结果由 master 返回客户端。

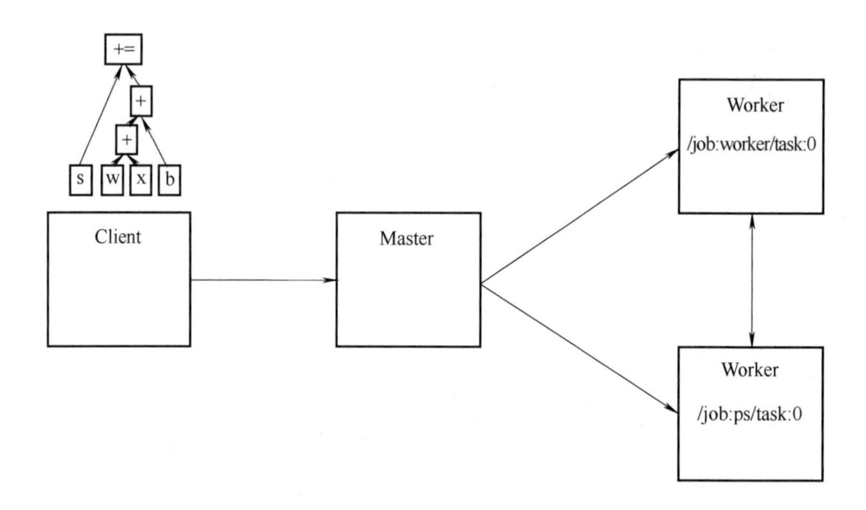

图 7-28　基于 client 端建立的 graph

4. TensorFlow 相关函数

下面介绍部分 TensorFlow 相关函数及其功能。

（1）激活函数

```
tf.nn.relu(features, name=None)
```

其中：

max（features，0）将矩阵中每行的非最大值置 0。

（2）卷积函数

```
tf.nn.conv2d(input, filter, strides, padding,
use_cudnn_on_gpu=None, data_format=None, name=None)
```

功能：在给定的 4D input 与 filter 下计算 2D 卷积。

其中：

- input 指需要做卷积的输入图像（Tensor）。
- filter 相当于 CNN 中的卷积核，它是一个张量，shape 为［batch，height，width，in_

channels]。

```
tf.nn.conv3d(input, filter, strides, padding, name=None)
```

功能：在给定的5D input与filter下计算3D卷积。

(3) 池化函数

```
tf.nn.max_pool(value,ksize, strides, padding, name=None)
```

其中：

- value指需要池化的输入。
- ksize池化窗口的大小。
- strides和卷积类似，窗口在每一个维度上滑动的步长。
- padding可以取VALID或者SAME。

(4) 分类函数

```
tf.nn.softmax(logits, name=None)
```

功能：softmax函数的作用是归一化。

其中：

logits是一个非空的Tensor，必须是下列类型之一：half、float32、float64。

(5) 会话管理

```
class tf.Session
```

功能：运行TF操作的类，一个Session对象将操作节点op封装在一定的环境内运行，同时Tensor对象将被计算求值。

```
tf.Session.run(fetches, feed_dict=None, options=None, run_metadata=None)
```

功能：运行fetches中的操作节点并求其值。

```
tf.Session.close()
```

功能：关闭会话。

(6) 优化函数

```
class tf.train.Optimizer
```

功能：基本的优化类，该类不常被直接调用，而较多使用其子类。

例如：

tf.train.GradientDescentOptimizer 实现梯度下降算法的优化器

tf.compat.v1.train.AdamOptimizer 使用 Adadelta 算法的优化器

class tf.train.AdagradOptimizer 使用 Adagrad 算法的优化器

(7) 汇总操作

```
tf.float32 (x, name='ToInt32')
```

功能：转为32位整型 - int32。

```
tf.placeholder(dtype, shape=None, name=None)
```

功能：可实现占位符功能。

```
tf.reduce_sum(input_tensor, reduction_indices=None, keep_dims=False, name=None)
```

功能：计算一个张量的各个维度上元素的总和。

其中：

- input_tensor输入的待降维的Tensor。
- reduction_indices在以前版本中用来指定轴，已弃用。

- keep_dim 是否降维度设置为 False，输出结果会降低维度。
- name 操作的名称。

```
tf.reduce_mean(input_tensor, reduction_indices = None, keep_dims = False, name = None)
```

功能：求张量的平均值。

```
tf.nn.dropout(x, keep_prob, noise_shape = None, seed = None, name = None)
```

功能：为了防止或减轻过拟合。

其中：

- x 为张量。
- keep_prob 跟 x 有相同类型的标量张量，决定每个元素被保留的概率。
- noise_shape 一个 int32 类型的一维张量，表示随机生成保留或丢弃状态的形状。
- seed 一个 Python 整数，用来创建随机种子。
- name 操作的名字（可选参数）。

```
tf.argmax(input, dimension, name = None)
```

功能：返回 input 最大值的索引 index。

```
tf.global_variables_initializer()
```

功能：能够将所有的变量一步到位地初始化。

5. MNIST 手写数字数据集

MNIST 数据集由 Yann LeCun 搜集，是一个大型的手写体数字数据库，通常用于训练各种图像处理系统，也被广泛用于机器学习领域的训练和测试。MNIST 数据集共有训练数据 60000 项、测试数据 10000 项。每张图像的大小为 28×28（像素），每张图像都为灰度图像，位深度为 8（灰度图像是 0～255）。

（1）下载方式

下载方式有如下两种。

- 手动下载

下载地址为：http：//yann.lecun.com/exdb/mnist/。

MNIST 数据集包含 4 个文件，下载 4 个压缩文件。解压缩后发现这些文件并不是标准的图像格式。这些图像数据都保存在二进制文件中。train 文件是训练数据集，t10k 是测试数据集，images 文件是图像文件，lables 文件是对应的标签文件。

- 使用 TensorFlow 下载

由于在 TensorFlow 最初一直使用的就是最经典的 Mnist 手写字符识别中的数据集，而且在 TensorFlow 中已经封装好 Mnist 手写字符的数据集类，通过以下两行代码即可实现 MNIST 数据集的下载，其中 temp 为临时目录，重启系统数据丢失。

```
import tensorflow.examples.tutorials.mnist.input_data as input_data
mnist = input_data.read_data_sets('/temp/', one_hot = True)
```

（2）数据集中像素值

- 使用 Python 读取二进制文件方法读取 Mnist 数据集，读进来的图像像素值为 0～255 之间；标签是 0～9 的数值。
- 采用 TensorFlow 封装的函数读取 Mnist，读进来的图像像素值为 0～1 之间；标签是

0 ~ 1 组成的大小为 1 × 10 的行向量。

在下面的活动中，我们首先运用 TensorFlow 的工作原理完成简单的 MNIST 手写数字识别，再通过加入 CNN 算法提高 MNIST 手写数字识别的识别率，具体流程如图 7-29 所示。

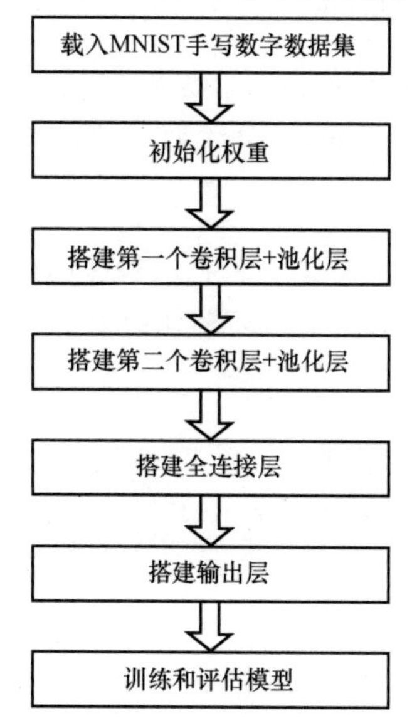

图 7-29　基于 CNN 的 MNIST 手写数字识别流程图

7.3.2　训练 1：MNIST 手写数字识别

“编程猫，如何使用 TensorFlow 完成简单的 MNIST 手写数字识别？”

“引入 TensorFlow 模块，并且下载 MNIST 数据集，这是 TensorFlow 自带的下载器，可以自动下载数据集。”

```
import tensorflow.examples.tutorials.mnist.input_data as input_data
import tensorflow as tf
mnist = input_data.read_data_sets('/temp/', one_hot=True)
```

“为防止 TensorFlow 因不支持 AVX2 指令集的问题报错，加入以下两行代码。”

```
import os
os.environ['TF_CPP_MIN_LOG_LEVEL'] = '2'
```

“设置输入、输出以及精确值作为学习目标，此外还要设置权重和偏置，从而构建一个计算图。”

```
#设置
x = tf.placeholder(tf.float32,[None,784])
W = tf.Variable(tf.zeros([784,10]))
b = tf.Variable(tf.zeros([10]))
#预测值
y = tf.nn.softmax(tf.matmul(x,W) +b)
```

```
#真值
y_ = tf.placeholder(tf.float32,[None,10])
```

“编程猫，其中用到的 TensorFlow 函数具有什么含义？能够实现什么功能?”

“tf. placeholder( )设置一个占位符，用于设置输入；tf. Variable( )设置一个变量，用于设置权重和偏置；tf. nn. softmax( )为回归函数；tf. matmul( )可以实现矩阵相乘。”

“所以，可以理解为 x 作为输入是一个 1 × 784 的向量，然后经过权重和偏执，得到 10 个输出，通过 softmax( )进行预测值的输出。此外，y_ 作为真值，要用到一个占位符。”

“下面使用交叉熵作为误差评判标准，并以此来实现随机梯度下降。”

```
cross_entropy = -tf.reduce_sum(y_* tf.log(y))
```

“编程猫，交叉熵的公式是什么?”

“交叉熵函数公式为：$H_{y'}(y) = -\sum_{i} y'_i log(y_i)$”

“好的，谢谢编程猫。”

“接下来创建一个优化器，使用随机梯度下降的方法并根据交叉熵进行网络权重和偏置的优化训练。这里使用的参数是学习率，设为 0.01。”

```
train_step = tf.train.GradientDescentOptimizer(0.01).minimize(cross_en-
tropy)
```

“创建一个 Session 对话，TensorFlow 所有运算操作都是需要 Session 对话来进行的，此外还需要通过 tf. initialize_ all_ variables( )对前面设置的所有变量初始化。”

```
#初始化变量
init = tf.initialize_all_variables()
#创建对话
sess =tf.compat.v1.Session()
sess.run(init)
```

“构建训练模型，一共迭代 1000 次，使用数据集的函数 mnist. train. next_ batch( )每次送入小批量 100 个数据，然后通过 Session 对话的 run( )函数，指定优化器的运行，参数 feed_ dict 为送入数据字典指令，上述代码指定输出小批量的数据。”

```
for i in range(1000):
    batch_xs,batch_ys =mnist.train.next_batch(100)
    sess.run(train_step,feed_dict={x:batch_xs,y_:batch_ys})
```

“通过 tf. equal 判断返回的 vector 中最大值的索引是否相等，为了计算分类的准确率，运用 tf. cast 将预测结果的布尔值转换为浮点数来代表对与错，并通过 tf. reduce_ mean 求均值，最后输出识别的结果。”

```
correct_prediction = tf.equal(tf.argmax(y,1), tf.argmax(y_,1))
accuracy = tf.reduce_mean(tf.cast(correct_prediction, "float"))
print (sess.run (accuracy, feed _ dict = {x: mnist.test.images, y _: mnist.test.labels}))
```

运行结果如下。

```
0.9122
```

“运行结果表示识别率达到91.22%。可见，识别效果并不好。”

“这是什么原因呢?”

“因为模型太简单。不过通过此次学习，可以基本入门 TensorFlow 了。下面跟随我优化模型，提高数字识别的准确率吧!”

7.3.3 训练2：基于 CNN 的 MNIST 手写数字识别

“第一步，导入读取 MNIST 数据集的模块和 TensorFlow 库。”

```
fromt ensorflow.examples.tutorials.mnist import input_data
import tensorflow as tf
import os
os.environ['TF_CPP_MIN_LOG_LEVEL'] = '2'
```

“第二步，权重初始化。为了创建这个模型，需要创建大量的权重和偏置项。这个模型中的权重在初始化时，应该加入少量的噪声来打破对称性以及避免0梯度。由于我们使用的是 ReLU 神经元，因此比较好的做法是用一个较小的正数来初始化偏置项，以避免神经元节点输出恒为0的问题（dead neurons)。为了不在建立模型的时候反复做初始化操作，我们定义两个函数用于初始化。”

```
def weight_variable(shape):
    initial = tf.random.truncated_normal(shape,stddev=0.1)
    return tf.Variable(initial)
def bias_variable(shape):
    initial = tf.constant(0.1, shape=shape)
    return tf.Variable(initial)
```

“第三步，定义卷积函数和池化函数。TensorFlow 在卷积和池化上有很强的灵活性。卷积使用1步长（stride size)、0边距（padding size）的模板，保证输出和输入是同一个大小。池化用简单传统的 2×2 大小的模板做 max pooling。为了代码更简洁，把这部分抽象成一个函数。”

```
defconv2d(x, W):
    return tf.nn.conv2d(x, W, strides=[1, 1, 1, 1], padding='SAME')
```

```
def max_pool_2x2(x):
    return tf.nn.max_pool2d(x,ksize=[1, 2, 2, 1], strides=[1, 2, 2, 1],
padding='SAME')
```

“编程猫，卷积函数和池化函数中的参数分别代表什么含义?”

“卷积函数输入的 x 是图片信息矩阵，W 是卷积核的值。卷积层 conv2d( ) 函数里 strides 参数要求第一个和最后一个参数必须是 1；第二个参数表示卷积核每次向右移动的步长；第三个参数表示卷积核每次向下移动的步长。当我们的卷积层步长值越大，得到的输出图像的规格就会越小。为了使得到的图像的规格和原图像保持一样大，在输入图像四周填充足够多的 0 边界就可以解决这个问题，这时 padding 的参数就为‘SAME’（利用边界保留了更多信息，并且也保留了图像的原大小）。”

“池化函数用简单传统的 2×2 大小的模板做 max pooling，池化步长为 2，选过的区域下次不再选取。”

“我懂了，谢谢编程猫!”

“第四步，读取 MNIST 数据集。将数据储存在 MNIST_ data 临时目录下，并对数据进行预定义。”

```
# 读取 MNIST 数据集
mnist = input_data.read_data_sets('MNIST_data', one_hot=True)
sess = tf.compat.v1.InteractiveSession()

# 预定义输入值 X、输出真实值 Y    placeholder 为占位符
x = tf.compat.v1.placeholder(tf.float32, shape=[None, 784])
y_ = tf.compat.v1.placeholder(tf.float32, shape=[None, 10])
keep_prob = tf.compat.v1.placeholder(tf.float32)
x_image = tf.reshape(x, [-1, 28, 28, 1])
```

“阿短，通过上面的学习，你能解释一下上面关于数据预定义代码的含义吗?”

“没问题！x、y_现在都是用 tf.placeholder( ) 占位符表示，当程序运行到一定指令，向 x、y_ 传入具体的值后，就可以代入进行计算了。shape=[None, 784] 是数据维度大小，因为 MNIST 数据集中每一张图片大小都是 28×28 的，计算时将 28×28 的二维数据转换成一个一维的、长度为 784 的新向量。None 表示其值大小不定，即选中的 x、y_ 的数量暂时不定。keep_prob 是改变参与计算的神经元个数的值。”

“第五步，第一次搭建卷积层和池化层。第一层由一个卷积接一个 max pooling 完成。卷积在每个 5×5 的 patch 中算出 32 个特征。卷积的权重张量形状是 [5, 5, 1, 32]，前两个维度是 patch 的大小，接着是输入的通道数目，最后是

输出的通道数目。由于 MNIST 数据集图片大小都是 28×28，且是黑白单色，所以准确的图片尺寸大小是 28×28×1（1 表示图片只有一个色层，彩色图片都是 3 个色层——RGB），所以经过第一次卷积后，输出的通道数由 1 变成 32，图片尺寸变为：28×28×32（相当于拉伸了高）。”

“接下来将卷积核与输入的 x_ image 进行卷积，并通过 relu 激活函数，再最大池化处理。经过第一次池化（池化步长是2），输出的图片大小是 14×14×32。”

```
W_conv1 = weight_variable([5, 5, 1, 32])
b_conv1 = bias_variable([32])
h_conv1 = tf. nn. relu(conv2d(x_image, W_conv1) + b_conv1)  # output size
28 * 28 * 32
h_pool1 = max_pool_2x2(h_conv1)  # output size 14 * 14 * 32
```

“第六步，第二次搭建卷积层和池化层。第二层构建一个更深的网络，每个 5×5 的 patch 会得到 64 个特征。卷积核大小为 5×5×32，数量为 64 个，构造过程类似上一层。经过第二次卷积后图片尺寸变为：14×14×64，再经过第二次池化（池化步长是2），最后输出的图片尺寸为 7×7×64。”

```
W_conv2 = weight_variable([5, 5, 32, 64])
b_conv2 = bias_variable([64])
h_conv2 = tf. nn. relu(conv2d(h_pool1, W_conv2) + b_conv2)  # output size
14 * 14 * 64
h_pool2 = max_pool_2x2(h_conv2)  # output size 7 * 7 * 64
```

“第七步，搭建全连接层。全连接层的输入就是第二次池化后的输出，图片尺寸是 7×7×64，全连接层 1 有 1024 个神经元。其中，tf. reshape（a，newshape）函数，当 newshape = -1 时，函数会根据已有的维度计算出数组的另外 shape 属性值。keep_ prob 是为了减小过拟合现象。每次只让部分神经元参与工作使权重得到调整。只有当 keep_ prob = 1 时，才是所有的神经元都参与工作。”

```
W_fc1 = weight_variable([7 * 7 * 64, 1024])
b_fc1 = bias_variable([1024])
h_pool2_flat = tf. reshape(h_pool2, [-1, 7 * 7 * 64])
h_fc1 = tf. nn. relu(tf. matmul(h_pool2_flat, W_fc1) + b_fc1)
h_fc1_drop = tf. nn. dropout(h_fc1, keep_prob)  # 减少计算量 dropout
```

“全连接层 2 有 10 个神经元，相当于生成的分类器，经过全连接层 1、2，得到的预测值存入 prediction 中。”

```
# 全连接层 2
W_fc2 = weight_variable([1024, 10])
b_fc2 = bias_variable([10])
prediction = tf. matmul(h_fc1_drop, W_fc2) + b_fc2
```

"第八步，用梯度下降法优化模型，并求出准确率。首先，运用二次代价函数求出预测值与真实值的误差。然后，运用梯度下降法优化模型，由于数据集太庞大，这里采用的优化器是 AdamOptimizer，学习率是 0.0001。tf. argmax（prediction，1）返回的是对于任一输入 x 预测到的标签值，tf. argmax（y_，1）代表正确的标签值。correct_ prediction 这里是返回一个布尔数组。为了计算分类的准确率，我们将布尔值转换为浮点数来代表对与错，然后取平均值。最后，计算出准确率。"

```
# 二次代价函数
loss = tf.reduce_mean(tf.nn.softmax_cross_entropy_with_logits(labels=y
_, logits=prediction))
# 梯度下降法
train_step = tf.compat.v1.train.AdamOptimizer(1e-4).minimize(loss)
# 结果存放在一个布尔型列表中
correct_prediction = tf.equal(tf.argmax(prediction, 1), tf.argmax(y_,
1))
#求准确率
accuracy = tf.reduce_mean(tf.cast(correct_prediction, tf.float32))
saver = tf.compat.v1.train.Saver()
sess.run(tf.compat.v1.global_variables_initializer())
```

"第九步，评估模型。每次训练随机选择 50 个样本，加快训练速度，每轮训练结束后计算预测准确度。"

```
for i in range(1000):
    batch =mnist.train.next_batch(50)
    if i % 100 == 0:
        train_accuracy = accuracy.eval(feed_dict = {x: batch[0], y_:
batch[1], keep_prob: 1.0})
        print("step", i, "training accuracy", train_accuracy)
    train_step.run(feed_dict = {x: batch[0], y_: batch[1], keep_prob:
0.5})
# 保存模型参数
saver.save(sess, './model.ckpt')
```

"accuracy. eval( )参数具有什么含义？"

"accuracy. eval( )其实就是 Session. run( ) 的另外一种写法。feed_dict = ({x: batch[0], y_: batch[1], keep_prob: 0.5}语句：是将 batch [0]，batch [1] 代表的值传入 x，y_；keep_prob = 0.5 表示只有一半的神经元参与工作。"

运行结果如下。

```
step 0 training accuracy 0.16
step 100 training accuracy 0.78
step 200 training accuracy 0.96
step 300 training accuracy 0.98
step 400 training accuracy 0.96
step 500 training accuracy 0.84
step 600 training accuracy 0.98
step 700 training accuracy 0.96
step 800 training accuracy 0.98
step 900 training accuracy 1.0

Process finished with exit code 0
```

“哇！训练900次时，识别成功率已经到达100%。”

“越往后学习，准确率越高。但是特别提醒：运行非常占内存，而且运行到最后保存参数时，有可能造成死机情况。”

高 级 篇

第8章 图像处理

图像处理是指对图像执行一些操作以达到预期效果的过程，可以类比数据分析工作，在数据分析时我们需要做一些数据预处理和特征工程。图像处理也是一样的，通过图像处理来处理图片从而可以从中提取出一些更加有用的特征。我们可以通过图像处理来处理像素，调整图像亮度、颜色以及对图像阈值分割等。

要点提示

1）图像的基本知识。
2）图像处理的原理。
3）图像处理程序的结构和应用。
4）图像处理程序编写和调试。

8.1 图像处理基础

本节主要介绍图像处理基础的知识。需要强调的是，使用面向 Python 的 OpenCV 必须熟练掌握 NumPy 库，NumPy 库是 Python 处理图像的基础。

阿短的前行目标

- 能解释图像的基本知识。
- 能描述图像处理基础相关的图像处理方法。
- 能对图像处理的函数进行应用并编写程序。
- 能独立对图像处理的程序进行调试和改进。

8.1.1 图像的基本知识

本小节将对图像的表示方法、图像的读入和显示、像素处理、获取图像属性、感兴趣区域 ROI、通道的拆分和合并等知识进行详细介绍。

1. 图像的表示方法

世界上所有图像颜色都可以用红、绿、蓝（R、G、B）三种颜色组合而成，只是组合时这三种光的明暗程度各不相同。计算机通常把每种颜色的深浅度分为 256 个色阶，最小为 0（最暗），最大为 255（最亮）。计算机中，图像的本质都是由像素（pixel）构成的，即图像中的小方格。这些小方格都有一个明确的位置和被分配的色彩数值，而这些一小方格的颜色和位置就决定该图像所呈现出来的样子。像素是图像中最小的单位，每一个点阵图像包含了一定量的像素，各个像素上只有明暗度的信息，如图 8-1 所示。

图 8-1　蔬菜图像

图像通常包括二值图像、灰度图像和彩色图像。

（1）二值图像

二值图像中任何一个点是非黑即白，要么为白色（像素为 255），要么为黑色（像素为 0）。对于图像二值化，通常根据图像处理需要选取合适的阈值，将灰度图像转换为二值图像，对灰度图像像素点依次遍历判断，如果像素 > = 127（阈值）则设置为 255，否则设置为 0。二值图像的效果，如图 8-2 所示。

图 8-2　二值图像

（2）灰度图像

灰度图像除了黑和白，还有灰色，它把灰度划分为 256 个不同的颜色，图像也更为清晰。将彩色图像转换为灰度图是图像处理的最基本预处理操作。

根据光的亮度特性，通过 $R = G = B = R \times 0.299 + G \times 0.587 + B0.144$ 公式计算出 Gra 后，将原来的 RGB(R,G,B) 中的 R、G、B 的值统一用 Gray 替换，形成新的颜色 RGB (Gray,Gray,Gray)，用它替换原来的 RGB(R,G,B) 就是灰度图像了。改变像素矩阵的 RGB 值，来将彩色图转变为灰度图，如图 8-3 所示。

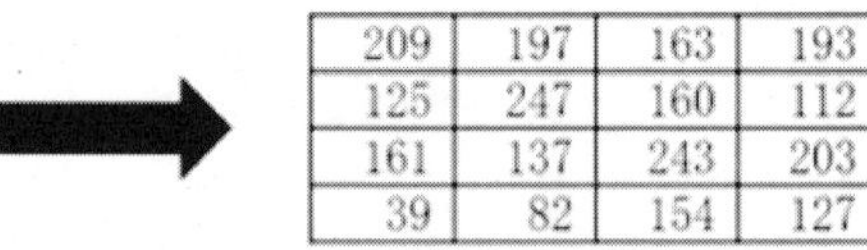

209	197	163	193
125	247	160	112
161	137	243	203
39	82	154	127

图 8-3　灰度图像

（3）彩色图像

相比二值图像和灰度图像，彩色图像是最常见的一类图像，它能传达更加丰富的信息。神经生理学实验发现，在视网膜上存在三种不同的颜色感受器，能够感受三种不同的颜色：红色、绿色和蓝色，即三基色。自然界中常见的各种色光都可以通过将三基色按照一定的比例混合构成。

在 RGB 色彩空间中，存在 R（红色）通道、G（绿色）通道和 B（蓝色）通道，共三个通道。

运用红绿蓝 3 个通道的颜色分量来表示颜色是一种通用的做法，打开 Windows 系统自带的画板调色工具，可看到颜色的红绿蓝分量值，如图 8-4 所示。每个色彩通道值的范围都在 0 ~ 255 之间，用这三个色彩通道的组合可以调配出 256 × 256 × 256 = 16777216 种颜色。

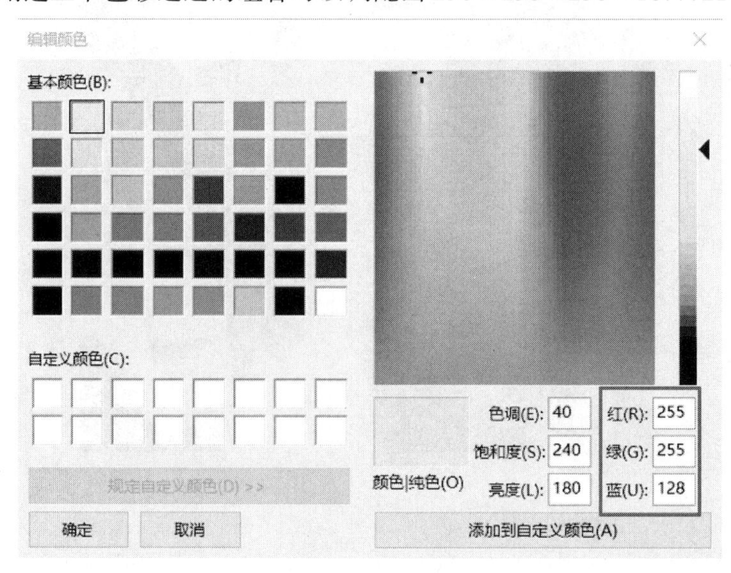

图 8-4　颜色表示法

例如，图 8-5 为彩色图像通道，左侧为彩色图像，可以理解为由右侧的 R 通道、G 通道、B 通道三个通道构成。其中，每一个通道都可以理解为一个独立的灰度图像。左侧彩色图像中的白色方块内的区域对应右侧三个通道的三个矩阵，色方块左上角顶点的 RGB 值为(205,89,68)。

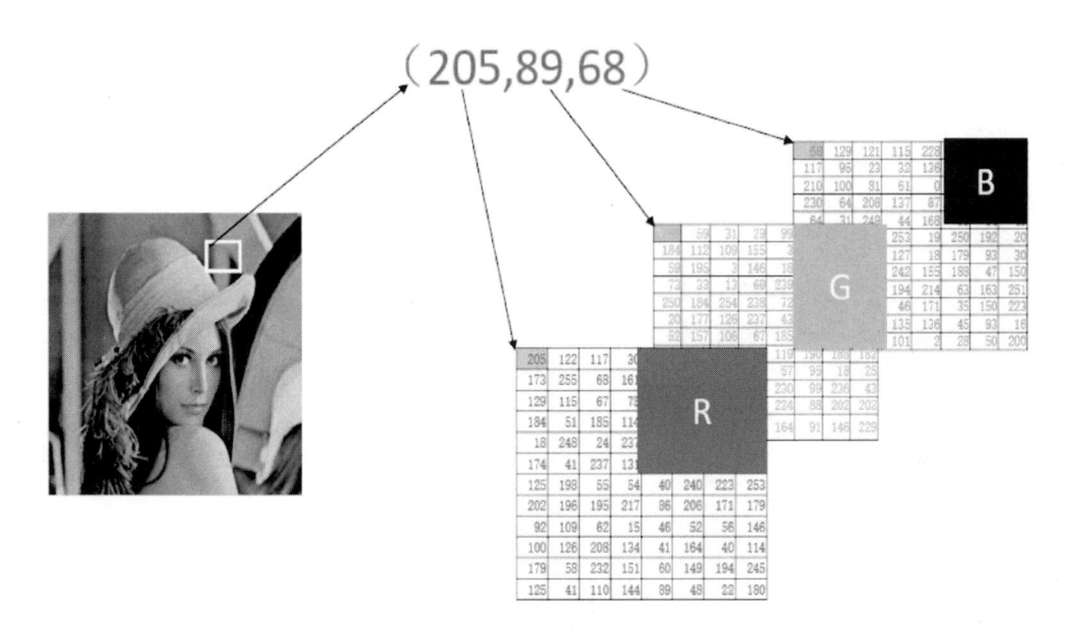

图 8-5　彩色图像通道

一般情况下，在 RGB 色彩空间中，图像通道的顺序是 R→G→B，即第 1 个通道是 R 通道，第 2 个通道是 G 通道，第 3 个通道是 B 通道。需要特别注意的是，在 OpenCV 中，通道的顺序是 B→G→R，即：

- 第 1 个通道保存 B 通道的信息。
- 第 2 个通道保存 G 通道的信息。
- 第 3 个通道保存 R 通道的信息。

在图像处理过程中，可以根据需要对图像的通道顺序进行转换。除此以外，还可以根据需要对不同色彩空间的图像进行类型转换，例如，将灰度图像处理为二值图像，将彩色图像处理为灰度图像等。

2. 图像的读入和显示

1）OpenCV 提供了函数 cv2. imread( )来读入图像，该函数的语法格式为：

```
retval = cv2. imread(filename[ ,flags])
```

其中：

- retval：是返回值，其值是读取到的图像。如果未读取到图像，则返回 None。
- filename：表示要读取的图像的完整文件名。
- flags：是读取标记，用来控制读取文件的类型。也就是告诉计算机如何读取这幅图像，如表 8-1 所示。

表 8-1　flags 标记值

值	含　义
cv. IMREAD_ UNCHANGED	保持原格式不变
cv. IMREAD_ GRAYSCALE	将图像调整为单通道的灰度图像
cv. IMREAD_ COLOR	将图像调整为 3 通道的 BGR 图像

例如，以原格式读入 d 盘下的 image. jpg 图像，则使用的语句为：

```
img = cv2. imread("d: \\image. jpg", cv. IMREAD_UNCHANGED)
```

2）函数 cv2. imshow( )用来显示图像，其语法格式为：

```
None = cv2. imshow(winname,mat)
```

其中：

- winname：是窗口名称。
- mat：是要显示的图像名。

例如，显示图片 image，并将图片命名为 demo，则使用的语句为：

```
cv2. imshow("demo", image)
```

3）函数 cv2. waitKey( )用来等待按键，当用户按下键盘后，该语句会被执行，并获取返回值。其语法格式为：

```
retval = cv2. waitKey([delay])
```

其中：

- retval：表示返回值。如果没有按键被按下，则返回 -1；如果有按键被按下，则返回该按键的 ASCII 码。
- delay：表示等待键盘触发的时间，单位是 ms，该值默认为。当该值是负数或零时，表示无限等待。

从另一个角度理解，该函数还能够让程序实现暂停功能。当程序运行到该语句时，会按照参数 delay 的设定等待特定时长。根据该值的不同，可能有如下不同的情况。

- 如果参数 delay 的值为 0，则程序会一直等待，直到有按下键盘按键的事件发生时，才会执行后续程序。
- 如果参数 delay 的值为一个正数，则在这段时间内，程序等待按下键盘按键。当有按下键盘按键的事件发生时，就继续执行后续程序语句；如果在 delay 参数所指定的时间内一直没有这样的事件发生，则超过等待时间后，继续执行后续的程序语句。

例如，使图片一直显示，直到按下按键程序才向下执行，则使用的语句为：

```
cv2. imshow("original",girl)
cv2. waitKey()
```

4）程序运行结束后，生成的图片窗口需要被释放，否则会影响下一次程序的运行。窗口释放有两种方式，方式 1 通过单击图片窗口右上角的关闭按钮，方式 2 通过 cv2. destroyAllWindows( )函数释放图片窗口。下面介绍使用 cv2. destroyAllWindows( )释放图片窗口的方法。

函数 cv2. destroyAllWindows( )用来释放所有窗口，其语法格式为：

```
cv2. destroyAllWindows()
```

例如，释放所有窗口，则使用的语句为：

```
cv2.destroyAllWindows()
```

3. 像素处理

像素是图像构成的基本单位，像素处理是图像处理的基本操作，可以通过位置索引的方式对图像内的元素进行访问和处理。下面介绍使用 opencv 库和 numpy 库两种方法来实现像素的读取和修改。

(1) 利用 opencv 读取像素

返回值 = 图像（位置参数）

灰度图像：p = img[88,142]#读取灰度图像第 88 行 142 列的像素值 img 代表图像名

BGR 图像：全部通道读取像素值：

p = img[78,125] #读取 BGR 图像 3 个通道第 78 行 125 列的像素值

分通道读取像素值：

blue = img[78,125,0]#读取 BGR 图像 B 通道第 78 行 125 列的像素值

green = img[78,125,1] #读取 BGR 图像 G 通道第 78 行 125 列的像素值

red = img[78,125,2] #读取 BGR 图像 R 通道第 78 行 125 列的像素值

(2) 利用 opencv 修改像素值

灰度图像：img［88，99］=255 #将灰度图像第 88 行第 99 列的像素值改为 255

BGR 图像：全部通道修改像素值：

img[88,99,] = [255,255,255]#将 BGR 图像 3 个通道第 88 行 99 列的像素值改为 255

分通道修改像素值：

img[88,99,0] = 255#将 BGR 图像 B 通道第 88 行 99 列的像素值改为 255

img[88,99,1] = 255#将 BGR 图像 G 通道第 88 行 99 列的像素值改为 255

img[88,99,2] = 255#将 BGR 图像 R 通道第 88 行 99 列的像素值改为 255

(3) 利用 numpy 读取像素

返回值 = 图像 . item（位置参数）

灰度图像：p = img.item(88,142) #读取灰度图像第 88 行 142 列的像素值 img 代表图像名

BGR 图像：blue = img.item(78,125,0) #读取 BGR 图像 B 通道第 78 行 125 列的像素值

green = img.item(78,125,1) #读取 BGR 图像 G 通道第 78 行 125 列的像素值

red = img.item(78,125,2) #读取 BGR 图像 R 通道第 78 行 125 列的像素值

(4) 利用 numpy 修改像素值

图像名 . itemset（位置，新值）

灰度图像：img.itemset((88,99),255)#将灰度图像第 88 行第 99 列的像素值改为 255

BGR 图像：img.itemset((88,99,0),255) #将 BGR 图像 B 通道第 88 行 99 列的像素值改为 255

img.itemset((88,99,1),255) #将 BGR 图像 G 通道第 88 行 99 列的像素值改为 255

img.itemset((88,99,2),255) #将 BGR 图像 R 通道第 88 行 99 列的像素值改为 255

4. 获取图像属性

图像的属性主要包括图像形状属性、图像像素数目、图像类型，下面对图像属性进行详细介绍。

(1) 形状属性

shape 可以获取图像的形状，返回值是包含行数、列数、通道数的元组。灰度图像：返

回行数、列数。彩色图像：返回行数、列数、通道数。其函数的语法格式为：

```
img1.shape
```

例如，打印灰度图像 img1 的行列数，则使用的语句为：

```
import cv2
img1 = cv2.imread("E:\\灰度图像.png")
print(img1.shape)
```

运行结果：(512,512)

可见运行结果是（512，512），表示图像 img1 是由 512 行 512 列构成。由此可见使用 shape 语句获取灰度图片的形状信息，返回值是行列数。

例如，打印彩色图像 img2 的行列数，则使用的语句为：

```
import cv2
img2 = cv2.imread("E:\\彩色图像.png")
print(img2.shape)
```

运行结果：(512,512,3)

可以看到运行结果是（512，512，3），表示图像 img2 是由 512 行、512 列、3 个通道构成。由此可见使用 shape 语句获取彩色图片的形状信息，返回值是行列数和通道数。

（2）像素数目

使用 size 可以获取图像的像素数目。灰度图像：返回行数 × 列数。彩色图像：返回行数 × 列数 × 通道数。其函数的语法格式为：

```
img1.size
```

例如，获取图像 img 的像素数目，则使用的语句为：

```
import cv2
img = cv2.imread("E:\\img.png")
print(img.size)
```

运行结果：786432

可以看到运行结果是 512 × 512 × 3 = 786432，由此可见使用 size 语句获取彩色图片像素数目，返回值是行数 × 列数 × 通道数。

（3）图像类型

使用 dtype 可以获取图像的数据类型。其函数的语法格式为：

```
img.dtype
```

例如，获取图像 img 的图像类型，则使用的语句为：

```
import cv2
img = cv2.imread("E:\\img.png")
print(img.dtype)
```

运行结果：uint8

可以看到运行结果是 uint8，说明图片 img 的类型是 uint8，由此可见使用 dtype 与可以获取图片的类型。

5. 感兴趣区域 ROI

在图像处理领域，感兴趣区域（ROI）是从图像中选择一个图像区域，这个区域是我们的图像分析所关注的重点，以便进一步处理。使用 ROI 圈定要提取的目标，可以减少处理时间，增加处理精度。可以通过 img［R1：R2，L1：L2］函数来提取感兴趣区域 ROI，并进行图像的下一步处理。

例如，提取图像 img 200－400 行，200－400 列的正方形 ROI 图像，则使用的语句是：

```
import cv2
img = cv2.imread("E:\\img.png")
face = img[200:400,200:400]#提取图像 img 第 200 - 400 行第 200 - 400 列的图像
```

6. 通道的拆分与合并

我们知道，使用 OpenCV 获取的彩色图像是由 BGR 三个通道组成。如果想要对单个通道进行操作处理，则需要我们掌握如何对通道进行拆分与合并，这在图像处理操作中具有很大的意义。

（1）拆分通道

把 BGR 3 个通道独立出来。函数 cv2.split()用于拆分通道，其语法格式为：

```
b,g,r = cv2.split(img)
```

其中：

- b，g，r：是返回值，分别返回 B，G，R 通道的图片。
- img：表示图片名字。

例如，对图片 img 通道一次性拆分，则使用的语句为：

```
b,g,r = cv2.split(img)#拆分 img 图像的通道
```

例如，对图片 img 通道单独拆分，则使用的语句为：

```
b = cv2.split(img)[0] #拆分 img 图像的 B 通道
g = cv2.split(img)[1] #拆分 img 图像的 G 通道
r = cv2.split(img)[2] #拆分 img 图像的 R 通道
```

（2）合并通道

把独立 3 个通道合并。函数 cv2.merge()用于合并通道，其语法格式为：

```
img = cv2.merge([b,g,r])
```

其中：

- img：是返回值，代表合成后的图片。
- b，g，r：分别代表 BGR 三个通道的图片，并且按照 BGR 顺序进行通道合并。

例如，将 B 通道、G 通道、R 通道的三张图片合并，输入代码如下：

```
import cv2
a = cv2.imread("E:\lesson\image\lenacolor.png")
b,g,r = cv2.split(a)
a = cv2.merge([b,g,r])
cv2.imshow("BGR merge",a)
m = cv2.merge([r,g,b])
cv2.imshow("RGB merge",m)
cv2.waitKey()
cv2.destroyAllWindows()
```

运行结果，如图 8-6 所示。

其中左侧图像是以 BGR 顺序进行的通道合并，右侧图像是以 RGB 顺序进行的通道合

图 8-6　通道的合并

并，可以看到以 BGR 顺序进行通道合并的图像更加符合要求。因此在运用 cv2. merge 函数时要注意合并的顺序，通道的合并顺序不同，合成的图像也就不同。

8.1.2　训练 1：帮助编程猫处理像素

“编程猫，我最近学习了有关图片像素的知识，对于一张图片，怎样才能对像素进行访问和修改呢？”

“阿短，处理像素看似很难，但如果我们借助 Open CV 库，处理像素就变得简单多了。”

“太好了，那你教教我如何借助 Open CV 处理像素吧！”

“首先我们导入 Open CV 的库 cv2。”

```
import cv2
i = cv2.imread("E:\\lesson\\image\\lenacolor.png",cv2.IMREAD_UN-
CHANGED)
cv2.imshow("original",i)
```

“接着我们使用 print 语句打印图片 i 为第 100 行第 100 列的像素值。”

```
print(i[100,100])
```

“然后我们把 BGR 图像第 100 ~ 150 行和第 100 ~ 150 列的像素变成黄色。”

```
i[100:150,100:150]=[0,255,255]
```

“编程猫，[0,255,255] 代表的是蓝色、绿色、红色的颜色分量吗？”

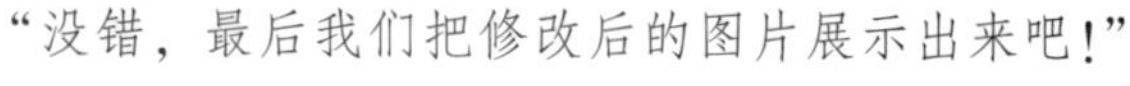

“没错，最后我们把修改后的图片展示出来吧！”

```
cv2.imshow("result",i)
cv2.waitKey(0)
cv2.destroyAllWindows()
```

“程序已经编写完成了，我们来看一下运行结果吧！”

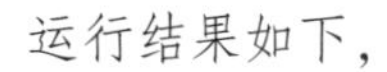
运行结果如下，

```
[ 78 68 178]
```

图片效果如图8-7所示。

图8-7 处理像素

“我现在知道怎么处理像素了，谢谢你，编程猫！”

“下面我再教你如何获取图片的属性吧。”

8.1.3 训练2：教阿短获取图像属性

“编程猫，图像的属性一般都包括什么？”

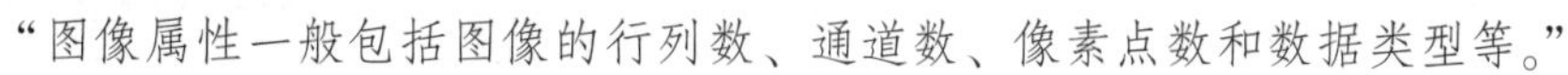
“图像属性一般包括图像的行列数、通道数、像素点数和数据类型等。”

“那你教教我如何获取图像的属性吧！”

“首先我们先读入一张灰度图片和一张彩色图片。”

```
import cv2
a=cv2.imread("E:\lesson\image\lena256.bmp",cv2.IMREAD_UNCHANGED)
b=cv2.imread("E:\lesson\image\lenacolor.png",cv2.IMREAD_UNCHANGED)
```

“然后使用Open CV库里面的函数就可以读取图片属性了。”

```
print(a.shape)
print(b.shape)
print(a.size)
print(b.size)
```

“编程猫，我对于size函数还是不太明白，你能解答一下吗？”

“size函数返回的是像素点个数，对于灰度图像返回行×列=像素点个数，对于彩色图像返回行×列×通道数=像素点个数。”

```
print(a.dtype)
print(b.dtype)
```

运行结果：(256, 256)
(512, 512, 3)
65536
786432
uint8
uint8

“编程猫，我懂了，这样我就可以得到图片属性的信息了。”

8.1.4 训练 3：感兴趣区域 ROI 的提取

“在吗？阿短，最近忙什么呢？”

“我在思考怎么提取图片中的部分图像，这一次我真的不知道怎么做了。编程猫，这次你一定要帮帮我。”

“好的，让我来帮你吧！”

“我们先导入 Open CV 库和 NumPy 库，接着读入图片。”

```
import cv2
import numpy as np
a = cv2.imread("E:\lesson\image\lenacolor.png")
girl = cv2.imread("E:\lesson\image\girl.bmp")
```

“接着使用 np.ones 函数创建一个图像，3 个通道，每个通道的大小是 101 行 101 列。”

```
b = np.ones((101,101,3))
```

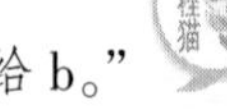

“再将 a 图像 200～400 行，250～350 列的图像赋值给 b。”

```
b = a[220:400,250:350]
```

“然后将 b 中的图像添加到 girl 图像的 180～360 行，200～300 列。”

```
girl[180:360,200:300] = b
cv2.imshow("original",girl)
cv2.waitKey()
cv2.destroyAllWindows()
```

“最后就可以实现图片 a 中的部分图像提取出来，并且添加到图像 girl 里。”
运行结果，如图 8-8 所示。

“这太神奇了，几行代码就可以提取图片的部分图像。”

“阿短，后面还有很多神奇的知识等着你去探索呢！”

图 8-8 感兴趣区域 ROI 的提取

8.1.5 训练 4：通道的拆分与合并

“通过这几天的学习，我知道彩色图像是由 BGR 三个通道的图像组成的，那怎样才能得到这三个通道的图像呢?”

“利用 Open CV 库里面的 spliy 函数和 merge 函数就可以轻松实现通道的拆分和合并，下面我就来展示一下吧!”

```
import cv2
    a = cv2.imread("E:\lesson\image\lenacolor.png")
```

“首先运用 split 函数提取图像 a 的三个通道。”

```
b,g,r = cv2.split(a)
```

“接着使用 merge 函数，按照不同的合并顺序进行图像合并。”

```
a = cv2.merge([b,g,r])
m = cv2.merge([r,g,b])
```

“最后我们把这些图像展示出来。”

```
cv2.imshow("B",b)
cv2.imshow("G",g)
cv2.imshow("R",r)
cv2.imshow("BGR merge",a)
cv2.imshow("RGB merge",m)
cv2.waitKey()
cv2.destroyAllWindows()
```

运行结果，如图 8-9 所示。

“原来上面的三幅图像就是 BGR 三个通道各种的图像！三个没有颜色的图像就能合成一副彩色图像，真是太奇妙了。”

图 8-9　通道的拆分与合并

“看下面这两幅图像，左侧是按照 BGR 顺序合并的图像，右侧是按照 RGB 顺序合并的图像，虽然都是彩色图像，但差别很大。在使用 merge 函数时，我们要注意三个通道合并的顺序，这样才能得到正确的图像。”

“好的，我记住了，谢谢你，编程猫。”

8.2　图像的运算

图像的运算是指以图像为单位对图像中所有像素进行的操作。具体的运算主要包括算术和逻辑运算，它们通过改变像素的值来得到图像增强的效果。

阿短的前行目标

- 能解释和描述图像运算的原理和方法。
- 能应用图像运算相关函数并编写程序。
- 能解释和描述图像几何变化的原理和方法。
- 能应用图像几何变化相关函数并编写程序。
- 能解释图像阈值分割的相关概念
- 能应用图像阈值分割并编写程序。
- 能独立进行程序的调试和改进。

8.2.1　图像的运算和几何变换

本小节对图像加法、图像融合、类型转换、图像缩放、图像翻转、图像阈值分割进行介绍，并结合使用 OpenCV 实现相关的案例。

1. 图像加法

图像加法就是两幅图像对应像素的灰度值或彩色分量进行相加。主要有两种用途，一种是消除图像的随机噪声，主要是将同一场景的图像进行相加后再取平均；另一种是用来做特效，把多幅图像叠加在一起，再进一步进行处理。

对于灰度图像，因为只有单通道，所以直接进行相应位置的像素加法即可，对于彩色图像，则应该将对应的颜色分量分别进行相加。进行图像的加运算时，两幅图像的大小、类型必须一致。

Open CV 中的加法与 NumPy 的加法是有所不同的。Open CV 的加法是一种饱和操作，而 NumPy 的加法是一种模操作。下面对这两种加法分别进行介绍。

（1）NumPy 加法

取模加法。

运算方式：结果 = 图像 1 + 图像 2

$$\text{结果} = \text{图像 }1 + \text{图像 }2 \begin{cases} \text{像素值} <= 255 \ \text{结果} = \text{图像 }1 + \text{图像 }2 \\ (100 + 58 = 158) \\ \text{像素值} > 255 \quad \text{结果} = \text{结果}\% 255 \\ (255 + 58 = (255 + 58)\% 255 = 58) \end{cases}$$

例如，使用 NumPy 的加法操作对两幅图片进行相加，则使用的语句如下。

```
import cv2
import numpy as np
a = cv2.imread ("E:\lesson\image\lena256.bmp")
b = a
add1 = a + b #进行 NumPy 的图像加法操作
cv2.imshow("original",a)
cv2.imshow("NumPy",add1) #展示进行 NumPy 加法操作后的图像 add1
cv2.waitKey()
cv2.destroyAllWindows()
```

运行结果如图 8-10 所示。

通过上图可以发现，使用 NumPy 加法产生的图片效果不是很好。原因是两幅图片进行相加时，有些像素点的值会超过 255，由于 NumPy 的加法是一种取模操作，对于超过 255 的像素值，就会把该值除以 255 取余数，从而造成上图中的黑色区域。

（2）Open CV 加法

饱和运算。

运算方式：结果 = cv2. add（图像 1，图像 2）

$$\text{结果} = \text{cv2. add（图像 1，图像 2）} \begin{cases} \text{像素值} <= 255 \ \text{结果} = \text{图像 1 加图像 2} \\ 100 + 58 = 158 \\ \text{像素值} > 255 \ \text{结果} = 255 \\ 255 + 58 = 255 \end{cases}$$

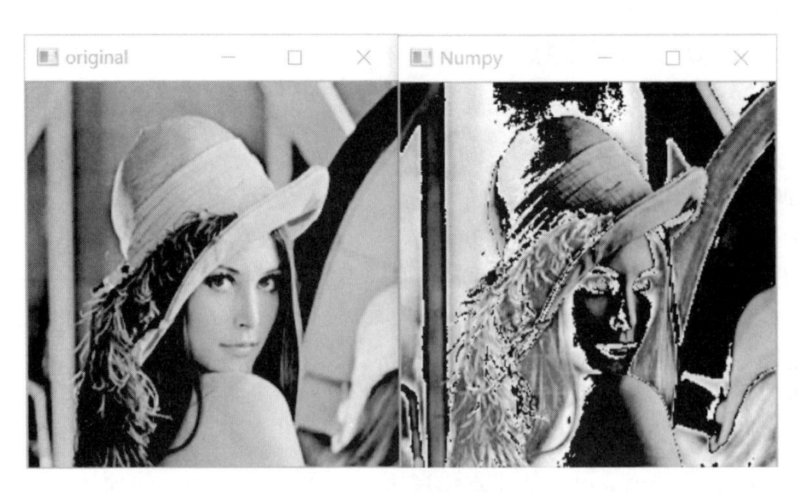

图 8-10　NumPy 图像加法

例如，使用 Open CV 的加法操作对两幅图片进行相加，则使用的语句如下。

```
import cv2
import numpy as np
a = cv2.imread ("E:\lesson\image\lena256.bmp")
b = a
add2 = cv2.add(a,b) #进行 Open CV 的图像加法操作
cv2.imshow("original",a)
cv2.imshow("Open CV",add2) #展示进行 Open CV 加法操作后的图像 add2
cv2.waitKey()
cv2.destroyAllWindows()
```

运行结果如图 8-11 所示。

图 8-11　Open CV 图像加法

通过上图可以发现，使用 Open CV 的加法操作产生的图片效果很好。原因是两幅图片进行相加操作时，当某一点的像素值超过 255 时，Open CV 的加法会把该值取成 255，所以

Open CV 的结果会更好一点。我们尽量使用 Open CV 中的加法函数。

2. 图像融合

图像融合是在图像加法的基础上增加了权重不同的系数和亮度调节。图像融合是将两张或两张以上的图像信息融合到1张图像上，融合的图像含有更多的信息、能够更方便人来观察或者计算机处理。

OpenCV 提供了函数 cv2.addWeighted()来进行图像融合，该函数的语法格式如下。

```
result = cv2.addWeighted(img1,weight1,img2,weight2,light)
```

其中：

- result：是返回值，返回融合后的图像。
- img1：表示图像1。
- weight1：表示图像1的权重。
- img2：表示图像2。
- weight2：表示图像2的权重。
- light：表示融合后图像亮度调节量。

例如，将图像a和图像b分别以0.3、0.6的权重进行融合，则使用的语句如下。

```
result = cv2.addWeighted(a,0.3,b,0.6,0)
```

3. 类型转换

在处理图像问题时，往往需要把图像转成灰度图像或者彩色图像，将图像由一种类型转换为另外一种类型的操作称为图像的类型转化。下面将对图像的类型转化进行详细介绍。

函数 cv2.cvtColor()用于图像的类型转化，其语法格式如下。

```
result = cv2.cvtColor(filename,flags)
```

- filename：表示要处理的原始图像名。
- flags：是类型转化标记，用于控制图像转化类型。也就是告诉计算机将原始图像转化成什么类型，具体如表8-2所示。

表8-2 flags标记值

值	含义
cv2.COLOR_BGR2GRAY	BGR图像转灰度图像
cv2.COLOR_BGR2RGB	BGR图像转RGB图像
cv2.COLOR_GRAY2BGR	灰度图像转BGR图像

例如，将一幅BGR图像转化成灰度图像，则使用的程序如下。

```
import cv2
a = cv2.imread("E:\\lesson\\image\\lenacolor.png")
b = cv2.cvtColor(a,cv2.COLOR_BGR2GRAY)#BGR图像转灰度图像
cv2.imshow("lena",a)
cv2.imshow("gray",b)
cv2.waitKey()
cv2.destroyAllWindows()
```

运行结果如图8-12所示。

图 8-12　图像类型转换

通过运行结果可以看出，上图中左侧的 BGR 图像转化成了右侧的灰度图像，因此 cv2. cvtColor( ) 函数可以实现图像类型的转化。

4. 图像缩放

图像缩放有两层含义：一个是图像的缩小，另一个是图像的放大。图像的缩放操作是基本的图像处理方式，Open CV 中对图像进行缩放最常用的方法是调用 resize 函数，接下来对 resize 函数进行详细介绍。

resize 语法格式如下。

```
dst = cv2. resize(src,dsize[,dst[,fx[,fy[,interpolation]]]])
```

其中：

- src：原始图像。
- dsize：输出图像的大小，简单地说就是一个包含行列数的元组。
- fx：在水平方向缩放倍数（fx <1 代表缩小，fx =1 代表保持不变，fx >1 代表放大）。
- fy：在垂直方向缩放倍数（fy <1 代表缩小，fy =1 代表保持不变，fy >1 代表放大）。
- [ ]：里面的东西可以省略，上式中的 src 和 dsize 必须有，其他参数可以没有。

例如，通过设置 dsize 参数将图像 a 处理成 128 行 ×128 列的图片，则使用的语句如下。

```
dst = cv2. resize(a,(128,128))
```

例如，通过设置 fx 和 fy 参数将图像 a 水平方向宽度处理为原来图片的 0. 5 倍、垂直方向长度处理为原来图片的 0. 7 倍，则使用的语句如下。

```
dst  =cv2. resize(a,None,fx =0. 5,fy =0. 7)
```

注意：dsize 和 fx，fy 设置一个即可，在不使用 dsize 参数时，将其设置成 None。

5. 图像翻转

图像翻转是产生一个与原图像在水平方向或者垂直方向相对称的镜像图像。OpenCV 提供了函数 cv2. flip( )用来实现图像的翻转，该函数的语法格式如下。

```
dst = cv2. flip(src,flipCode)
```

其中：

- src：原始图像。
- flipCode：图像翻转模式，具体参数设置如表 8-3 所示。

表 8-3　flipCode 参数

值	含　义
flipCode = 0	以 x 轴为对称轴翻转
flipCode > 0（一般取 flipCode = 1）	以 y 轴为对称轴翻转
flipCode < 0（一般取 flipCode = -1）	在 x 轴、y 轴方向都进行翻转

例如，将图像 a 在 x 轴、y 轴方向都进行翻转，则使用的语句如下。

```
b = cv2.flip(a, -1)
```

6. 图像阈值分割

图像阈值化分割是一种最常用的图像分割方法，特别适用于目标和背景占据不同灰度级范围的图像。它不仅可以极大地压缩图像中的数据量，而且也大大简化了分析和处理步骤，因此在很多情况下，图像阈值分割是进行图像分析、特征提取与模式识别之前的必要的图像预处理过程。为了满足不同的图像处理需求，图像阈值分割方式有多种，下面为大家进行详细介绍。

（1）二进制阈值化

先要选定一个特定的阈值量，比如 127。新的阈值产生规则如下。

- 大于或等于 127 的像素点的灰度值设定为最大值（如 8 位灰度值最大为 255）。
- 灰度值小于 127 的像素点的灰度值设定为 0。

则二进制阈值化的公式如下。

$$\mathrm{dst}(x,y)=\begin{cases}\mathrm{maxVal} & \text{if } \mathrm{src}(x,y)>\mathrm{thresh}\\ 0 & \text{otherwise}\end{cases}$$

阈值选为 127，从图 8-13 中可以看出，经过二进制阈值化处理之后，大于等于阈值的像素点的灰度值设定为最大值，小于阈值的像素点的灰度值设为 0。

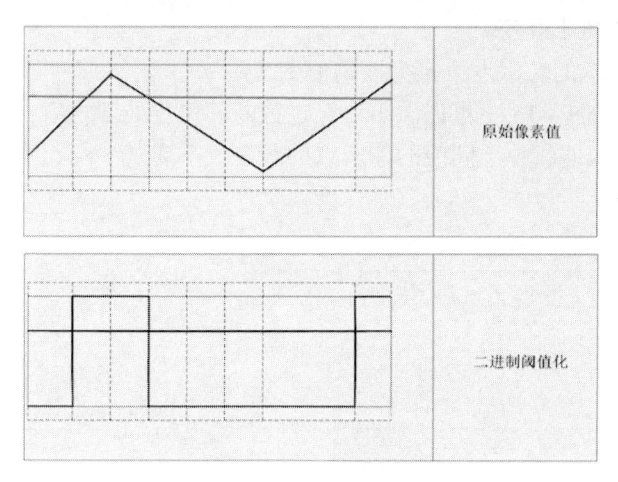

图 8-13　二进制阈值化

（2）反二进制阈值化

该阈值化与二进制阈值化相似，先选定一个特点的灰度值作为阈值。以 8 位灰度图为例。

- 大于阈值的设定为 0。

● 小于阈值的设定为 255。

则反二进制阈值化的公式如下。

$$dst(x,y)=\begin{cases}maxVal & otherwise\\ 0 & if\ src(x,y)>thresh\end{cases}$$

阈值选为 127，从图 8-14 中可以看出，经过反二进制阈值化处理之后，大于或等于阈值的像素点的灰度值设定为 0，小于阈值的像素点的灰度值设为最大值。

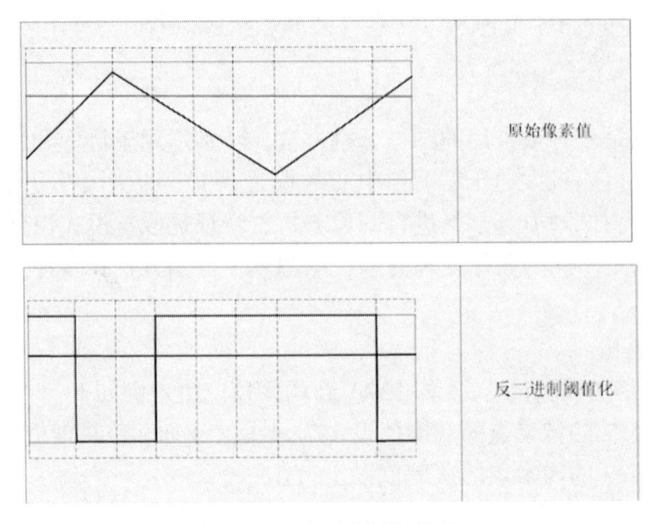

图 8-14　反二进制阈值化

（3）截断阈值化

首先需要选定一个阈值，图像中大于该阈值的像素点被设定为该阈值，小于该阈值的保持不变。例如：阈值选取为 127。

● 小于 127 的阈值不改变。
● 大于或等于 127 的像素点设定为该阈值 127。

阈值选为 127，从图 8-15 中可以看出，经过截断阈值化处理之后，大于或等于阈值的像素点的灰度值设定为阈值，小于阈值的像素点的灰度值不变。

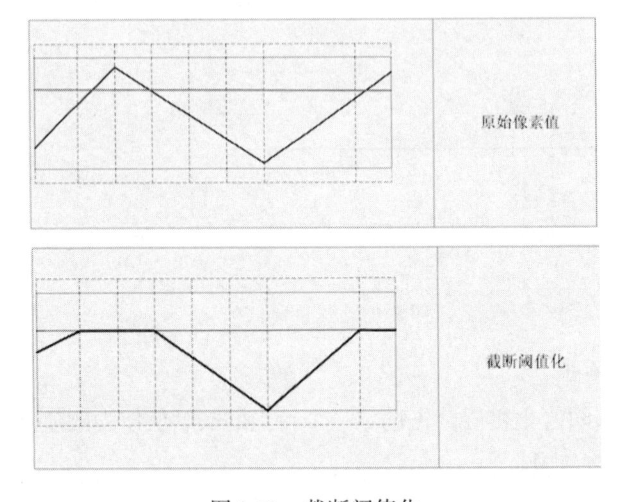

图 8-15　截断阈值化

(4) 反阈值化为0

先选定一个阈值，然后对图像做如下处理。

- 大于或等于阈值的像素点变为0。
- 小于该阈值的像素点值保持不变。

阈值选为127，从图8-16中可以看出，经过反阈值化为0处理之后，大于或等于阈值的像素点的灰度值设定为0，小于阈值的像素点的灰度值不变。

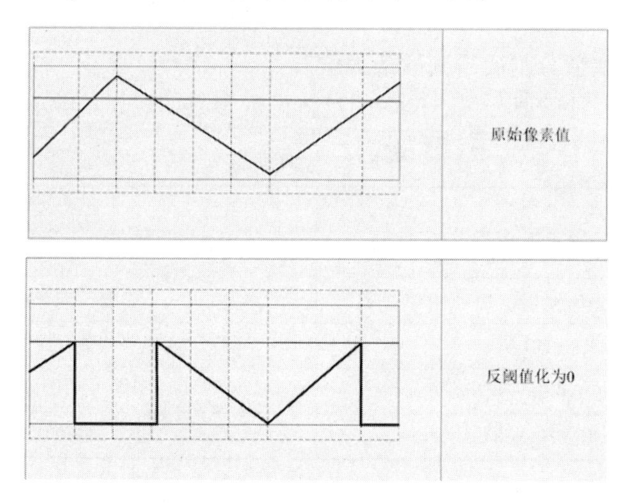

图8-16 反阈值化为0

(5) 阈值化为0

先选定一个阈值，然后对图像做如下处理。

- 大于等于阈值的像素点，保持不变。
- 小于该阈值的像素点，值变0。

阈值选为127，从图8-17中可以看出，经过阈值化为0处理之后，大于等于阈值的像素点的灰度值不变，小于阈值的像素点的灰度值设为0。

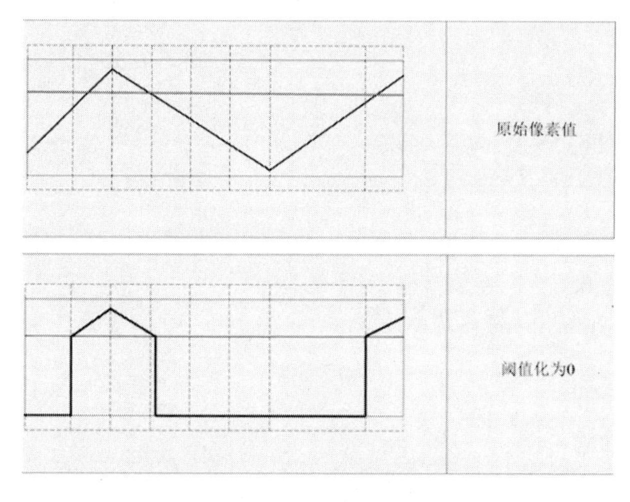

图8-17 阈值化为0

Open CV 提供函数 cv2. threshold( )来进行图像的阈值分割，该函数的语法格式如下。

```
retval,dst = cv2.threshold(src,thresh,maxval,type)
```

其中：

- retval：返回的阈值。
- dst：返回的结果图像。
- src：源图像。
- thresh：阈值。
- maxval：进行阈值分割后得到的最大值。
- type：指定哪一种阈值分割，type 的具体设置参数如表 8-4 所示。

表 8-4　type 参数

值	含　义
cv2. THRESH_ BINARY	二进制阈值化
cv2. THRESH_ BINARY_ INV	反二进制阈值化
cv2. THRESH_ TRUNC	截断阈值化
cv2. THRESH_ TOZERO_ INV	反阈值化为 0
cv2. THRESH_ TOZERO	阈值化为 0

例如，将图像 o 进行二值化操作，并把阈值设为 128，分割后最大像素值设为 255，则使用的语句如下。

```
r,b = cv2.threshold(o,128,255,cv2.THRESH_BINARY)
```

8.2.2　训练 1：帮助阿短实现图像融合

“编程猫，通过自学我明白了图像融合的原理，但是还不知道如何用 Python 实现图像融合，你能帮帮我吗?”

“阿短，我非常乐意帮助你。下面我就来演示一下如何进行图像融合。”

“首先导入相关库和图像。”

```
import  cv2
a = cv2.imread("E:\\lesson\\image\\add\\boat.bmp")
b = cv2.imread("E:\\lesson\\image\\add\\lena.bmp")
```

“使用 cv2. addWeighted( )函数进行图像融合，其中图像 a 的权重设为 0.3，图像 b 的权重设为 0.6，亮度调节值设为 0。”

```
result = cv2.addWeighted(a,0.3,b,0.6,0)
```

“最后展示相关图片信息。”

```
cv2.imshow("a",a)
cv2.imshow("b",b)
cv2.imshow("result",result)
cv2.waitKey()
```

```
cv2.destroyAllWindows()
```

运行结果如图8-18所示。

图8-18　图像融合

“原来图像融合这么简单，非常感谢你，编程猫。”

“阿短，你也不错！下面我将告诉你如何实现图像缩放。”

8.2.3　训练2：教会阿短图像缩放

“编程猫，通过对图像融合的学习，我对图像处理的相关技术更加感兴趣了。现在可以教我如何进行图像缩放吗？”

“阿短，那现在我们开始吧！”

“首先导入cv2库并且读入一张BGR图片。”

```
import cv2
a = cv2.imread("E:\\lesson\\image\\lenacolor.png")
```

“然后使用cv2.resize()函数进行图像缩放，其中图像a的水平方向缩小一半，垂直方向不变。”

```
b = cv2.resize(a,None,fx = 0.5,fy = 1)
```

“编程猫，在不使用cv2.resize()第二个参数时，一定要使用参数None吗？”

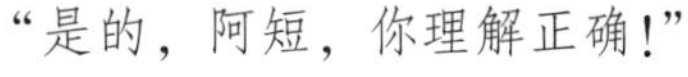

“是的，阿短，你理解正确！”

```
cv2.imshow("a",a)
cv2.imshow("b",b)
cv2.waitKey()
cv2.destroyAllWindows()
```

运行结果如图8-19所示。

图 8-19　图像缩放

“原来通过 cv2. resize( ) 函数就可以实现图像缩放，这也太方便了。”

“阿短，现在你知道 Open CV 处理图像有多简单了吧。”

“我一定要好好学习 Open CV。”

8.2.4　训练 3：一起学习图像翻转

“阿短，最近忙什么呢？”

“我在思考怎么进行图像的翻转？”

“我们一起来学习吧！首先导入 cv2 库以及一种彩色图片。”

```
import cv2
a = cv2. imread("E:\\lesson\\image\\lenacolor. png")
```

“然后利用 cv2. flip( ) 函数进行图像翻转。第二个参数可以作为翻转的方式：=0 为上下翻转，> =1 为左右翻转，<0 上下左右翻转。”

```
b = cv2. flip(a, -2)
```

“最后展示相关图片信息。”

```
cv2. imshow("a",a)
cv2. imshow("b",b)
cv2. waitKey()
cv2. destroyAllWindows()
```

运行结果如图 8-20 所示。

图 8-20 图像翻转

“编程猫，我们成功实现图像的翻转了。”

8.2.5 训练 4：阈值分割的最终实现

“阿短，你知道图像的阈值分割吗?”

“阈值分割主要包括二进制阈值化、反二进制阈值化、截断阈值化、反阈值化为 0、阈值化为 0。”

“嗯，没错，阈值分割是一种常用的图像分割方法，它不仅可以压缩图像中的数据量，而且也可以简化图像分析过程。”

“下面我们来试一下如何对一张图片进行二进制阈值化和反二进制阈值化。”

“首先导入 cv2 库和图像。”

```
import cv2
o = cv2.imread("E:\\lesson\\image\\lena512.bmp",cv2.IMREAD_UNCHANGED)
```

“使用 cv2.threshold( ) 函数进行阈值分割，将图像 o 的阈值设定为 128，阈值分割后最大值设为 255，然后进行二进制阈值化。”

```
r,b = cv2.threshold(o,128,255,cv2.THRESH_BINARY)
```

“再次使用 cv2.threshold( ) 函数进行阈值分割，将图像 o 的阈值设定为 128，阈值分割后最大值设为 255，然后进行反二进制阈值化。”

```
r2,b2 = cv2.threshold(o,128,255,cv2.THRESH_BINARY_INV)
```

“最后展示图像 o、图像 b 和图像 b2。”

```
cv2.imshow("original",o)
```

```
cv2.imshow("result",b)
cv2.imshow("result2",b2)
cv2.waitKey()
cv2.destroyAllWindows()
```

运行结果如图 8-21 所示。

图 8-21　图像阈值分割

“这样就轻松实现了图像的二进制阈值化和反二进制阈值化操作，通过运行结果可以看出，两个图像的像素值正好是相反的。”

第9章 人脸初识

人脸识别是指程序对输入的人脸图像进行判断，并识别出其对应的人的过程。人脸识别程序像我们人类一样，“看到”一张人脸后就能够分辨出这个人是家人、朋友还是明星。当然，要实现人脸识别，首先要判断当前图像内是否出现了人脸，即人脸检测。只有检测到图像中出现了人脸，才能根据人脸判断这个人到底是谁。本章介绍了人脸检测和人脸识别的基本原理，并分别给出了使用 OpenCV 实现它们的典型案例。

要点提示

1）级联分类器原理。
2）LBPH 算法的实现。
3）视频处理的运用。
4）对视频流人脸识别程序的编写和调试。

9.1 基于级联分类器的人脸探测

当我们预测的是离散值时，进行的是“分类”。例如，预测一个孩子能否成为一名优秀的运动员，其实就是看他是被划分为“好苗子”还是“普通孩子”的分类。对于只涉及两个类别的“二分类”任务，我们通常将其中一个类称为“正类”（正样本)，另一个类称为“负类”（反类、负样本)。

阿短的前行目标

- 能解释级联分类器。
- 能描述 Haar 级联分类器的工作原理。
- 能掌握级联分类器的使用方式。
- 能使用级联分类器进行人脸探测程序的编写。

9.1.1 级联分类器

本小节将对级联分类器的原理和级联分类器函数进行详细介绍。

1. 级联分类器的原理

Open CV 提供了三种级联分类器来进行人脸探测，包括 Haar 级联分类器、HOG 级联分类器和 LBP 级联分类器。

1）Haar 级联分类器：Haar 特征值反映了图像的灰度变化情况，能更好地描述明暗变化，因此用于检测正面的人脸。

2）HOG 级联分类器：通过计算和统计图像局部区域的梯度方向直方图来构成特征。HOG 的优势在于能更好地描述形状，在行人识别方面有很好的效果。

3）LBP 级联分类器：LBP 比 Haar 快很多倍，它具有旋转不变性和灰度不变性等显著的优点，但是提取的准确率会低。

Haar 级联分类器能更好地进行人脸部特征的定位，接下来将详细介绍其检测原理和使用方法。

Open CV 提供了已经训练好的 Haar 级联分类器用于人脸识别，Haar 级联分类器存储在 python \ Lib \ site-packages \ cv2 下面的 data 文件夹下，部分级联分类器如表 9-1 所示。

表 9-1　级联分类器

XML 文件名	级联分类器类型
haarcascade_eye. xml	眼睛检测
haarcascade_eye_tree_eyeglasses. xml	眼镜检测
haarcascade_mcs_nose. xml	鼻子检测
haarcascade_mcs_mouth. xml	嘴巴检测
haarcascade_smile. xml	表情检测
haarcascade_frontalface_default. xml	正面人脸检测
haarcascade_fullbody. xml	全身检测

Haar 特征包含垂直特征、水平特征和对角特征，如图 9-1 所示。利用这些特征分别实现了行人检测和人脸检测。

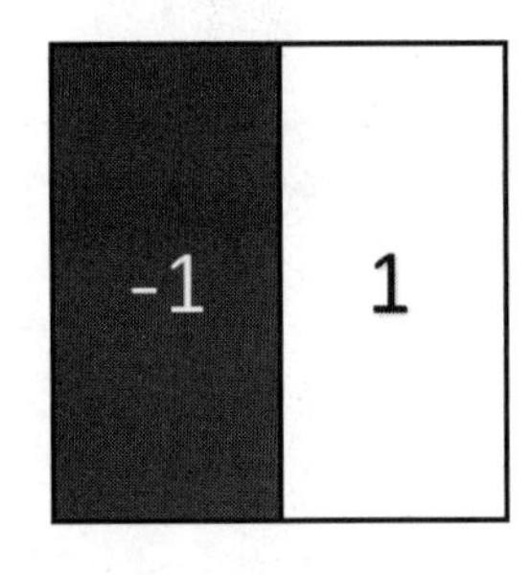

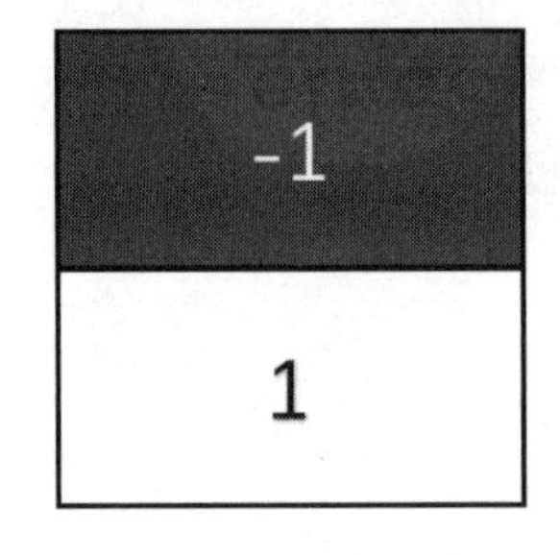

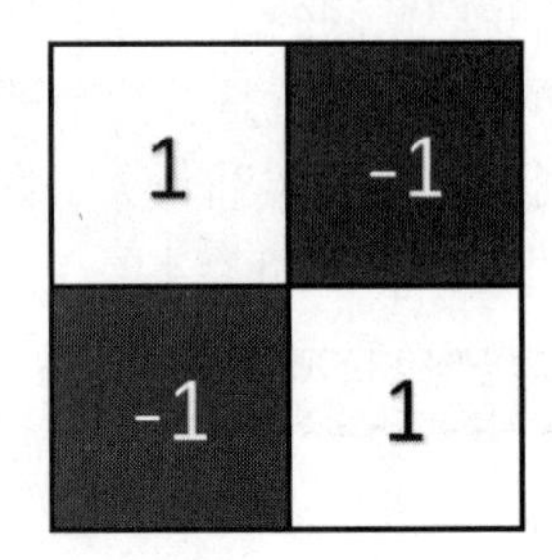

图 9-1　Haar 特征

Haar 特征反映的是图像的灰度变化，它将像素划分为模块后求差值。Haar 特征用黑白两种矩形框组合成特征模板，在特征模板内，用白色矩形像素块的像素和减去黑色矩形像素块的像素和来表示该模板的特征。经过上述处理后，人脸部的那些特征就可以使用矩形框的差值简单地表示了。比如，眼睛的颜色比脸颊的颜色要深，鼻梁两侧的颜色比鼻梁的颜色深，唇部的颜色比唇部周围的颜色深。

关于 Haar 特征中的矩形框，有如下 3 个变量。

1）矩形位置：矩形框要逐像素地遍历整张图像获取每个位置的差值。

2）矩形大小：矩形的大小可以根据需要做任何调整。

3）矩形类型：包括垂直、水平和对角等不同类型。

这3个变量保证了细致全面地获取图像的特征信息。但由于都是对整幅图像进行扫描，导致计算量过大，所以该方案并不实用。后来有学者提出了通过构造级联分类器让不符合条件的背景图像被快速抛弃，从而能够将算力运用在可能包含人脸的对象上。Open CV 在上述研究的基础上，实现了将 Haar 级联分类器用于人脸部特征的定位。我们可以直接调用 Open CV 自带的 Haar 级联特征分类器来实现人脸定位。

2. 级联分类器函数

1）OpenCV 提供函数 cv2. CascadeClassifier( )来加载级联分类器，该函数的语法格式为：

```
face_cascade = cv2.CascadeClassifier(filename)
```

其中：

- face_ cascade：代表 CascadeClassifier 类的对象。
- filename：代表分类器的路径和名称。

例如，加载人脸的级联分类器，则使用的语句如下。

```
face_cascade = cv2.CascadeClassifier('D:\FireAI\cascade_files\haarcascade_frontalface_alt.xml')
```

2）在 OpenCV 中，人脸检测使用的是 cv2. CascadeClassifier. detectMultiScale( )函数，它可以测出图像中所有的人脸。该函数由分类器对象调用，其语法格式如下。

```
face_rects = cv2.CascadeClassifier.detectMultiScale(image[,scaleFactor[,minNeighbors[,minSize[,maxSize]]]])
```

其中：

- face_rects：返回值，目标对象的矩形框向量组。
- image：待检测图像，通常为灰度图像。
- scaleFactor：表示在前后两次相继的扫描中，搜索窗口的缩放比例。
- minNeighbors：表示构成检测目标的相邻矩形的最小个数，默认值为3。值越小，对人脸的要求越低，越容易识别出人脸。值越大，对人脸的要求越高，越不容易识别出人脸。
- minSize：目标的最小尺寸，小于这个尺寸的目标将被忽略。
- maxSize：目标的最大尺寸，大于这个尺寸的目标将被忽略。

例如，对灰度图像进行人脸检测，使用的语句如下。

```
face_rects = cv2.CascadeClassifier.detectMultiScale(gray,1.3,5)
```

3）OpenCV 提供了函数 cv2. rectangle( )用来绘制矩形，该函数的语法格式如下。

```
result_img = cv2.rectangle(img,pt1,pt2,color[,thickness])
```

其中：

- result_img：返回值，结果图像。
- img：导入的图像。
- pt1，pt2：分别代表矩形对角点的坐标。
- color：矩形框的颜色。
- thickness：矩形框的粗细。

例如，以(50,50)，(100,100)两点为矩形的对角顶点，在图像 image 上画红色的矩形框，则使用的语句如下。

```
cv2.rectangle(image,(50,50),(100,100),(0,0,255),3)
```

9.1.2 训练 1：静态图片的人脸检测

"OpenCV 作为较大众的开源库，拥有丰富的常用图像处理函数库，能够快速地实现一些图像处理和识别任务。编程猫，能否通过 OpenCV 和 Python 实现静态图片的人脸检测？"

"当然可以！第一步，导入 OpenCV 库。"

```
import cv2
```

"第二步，检测人脸。给我们一张图片，首先要检测出人脸的区域，然后才能进行操作。人脸检测主要分为两部分，第一部分是创建级联分类器。" cv2.CascadeClassifier()。

```
defimg_face_detector(img_path,face_cascade_file):
    image = cv2.imread(img_path)
    face_cascade = cv2.CascadeClassifier(face_cascade_file)
    if face_cascade.empty():
        raiseIOError('Unable to load the face cascade classifier xml file!')
```

"级联分类器是什么，是如何构建的呢？"

"OpenCV 库已经内置了很多分类检测器，我们采用的是 Haar 文件级联。在进行图像分类和跟踪过程中，提取图像的细节很有用，这些细节也称为特征，对于给定的图像，特征可能会因区域的大小而有所不同，区域大小也可称为窗口大小。即使窗口大小不同，仅在尺度上大小不同的图像也应该有相似的特征。这种特征集合被称为级联。Haar 级联具有尺度不变性。OpenCV 提供了尺度不变 Haar 级联的分类器和跟踪器。"

"原来是这样！人脸检测第二部分如何实现呢？"

"第二部分是利用创建的级联分类器对图像进行多尺度检测。因为 opencv 人脸检测器需要灰度图像，因此将测试图像转换为灰度图像。在灰度图像上运行人脸检测器，通过 cv2.detectMultiScale()进行实际的人脸检测，该函数传递的参数是 scaleFactor 和 minNeighbor，分别表示人脸检测过程中每次迭代时图像的压缩率和每个人脸矩形保留近邻数目的最小值。"

```
gray = cv2.cvtColor(image,cv2.COLOR_BGR2GRAY)
face_rects = face_cascade.detectMultiScale(gray,1.3,5)
```

"第三步，在检测到的脸部周围画矩形框，依次提取 faces 变量中的值来画矩形。其中（x,y）为左上角坐标，w、h 为矩形的宽和高，根据两个点确定了对角线的位置，进而确定了矩形的位置，(255,0,255）设置了矩形框的颜色，3 为矩形框的线条粗细值。"

```
for (x,y,w,h) in face_rects:
```

```
        cv2.rectangle(image,(x,y),(x+w,y+h),(255,0,255),3)
    return image
```

“最后，测试一下这个人脸检测器。导入人脸检测级联文件，.xml 文件里包含了训练出来的人脸特征。展示出图像，设置等待时间，关闭所有窗口显示。”

```
image1 = img_face_detector(r'D:\FireAI\picture\face1.jpg',
r'D:\FireAI\cascade_files\haarcascade_frontalface_alt.xml')
cv2.imshow('face_track',image1)
cv2.waitKey(0)
cv2.destroyAllWindows()
```

运行结果如图 9-2 所示。

图 9-2 静态图片的人脸识别

“由识别出的结果来看，Haar 训练出来的检测结果不够准确、完整，模型有待改进。”

“编程猫，Haar 脸部分类器的 xml 文件是如何获得的?”

“在安装完 OpenCV 库后会自动生成，python \ Lib \ site-packages \ cv2 下面的 data 文件夹里面包含了所有 OpenCV 人脸检测的 XML 文件，也可以在百度中下载，这些文件可以用于检测静态图片、视频文件和摄像头视频流中的人脸。”

9.1.3 训练 2：静态图片的表情识别

“表情识别是指从静态照片或视频序列中选择出表情状态，从而确定人物的情绪与心理变化。那么，编程猫，如何通过 OpenCV 和 Python 编写一段代码来判断大家是否开心呢?”

“很简单，让我来告诉你吧！第一步，导入 OpenCV 库。”

```
import cv2
```

“第二步，加载 OpenCV 人脸检测分类器和笑脸检测器 Haar。”

```
facePath =  r'D:\FireAI\cascade_files\haarcascade_frontalface_alt.xml'
faceCascade = cv2.CascadeClassifier(facePath)
smilePath = r'D:\FireAI\data\haarcascade_smile.xml'
smileCascade = cv2.CascadeClassifier(smilePath)
```

“哦，笑脸检测器与人脸检测器文件在同一目录下呀。”

“第三步，导入待检测的图片并对其进行灰度化处理。”

```
img = cv2.imread(r'D:\FireAI\test.jpg')
gray = cv2.cvtColor(img, cv2.COLOR_BGR2GRAY)
```

“第四步，检测人脸在灰度图像上运行人脸检测器，通过 cv2.detectMultiScale()进行实际的人脸检测。阿短，知道该函数传递的参数分别表示什么含义吗?”

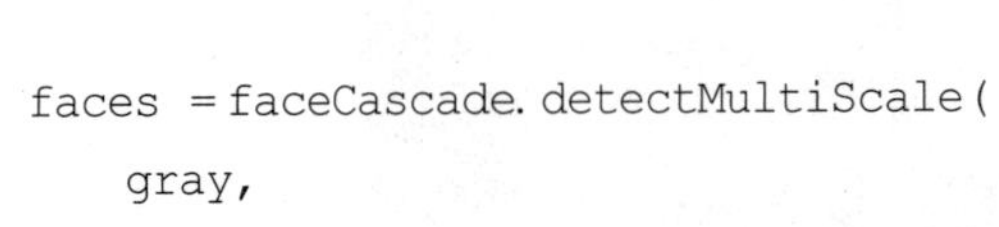

“cv2.detectMultiScale()函数传递的参数分别表示传递的图像为 gray，人脸检测过程中每次迭代时图像的压缩率为 1.1，每个人脸矩形保留近邻数目的最小值为 8，匹配物体的大小范围为（55，55）以及检测的类型。”

“正确!”

```
faces =faceCascade.detectMultiScale(
    gray,
    scaleFactor= 1.1,
    minNeighbors=8,
    minSize=(55, 55),
    flags=cv2.CASCADE_SCALE_IMAGE
)
```

“然后，用矩形框框出每一个人脸，提取人脸所在区域。”

```
for (x, y, w, h) in faces:
    cv2.rectangle(img, (x, y), (x+w, y+h), (0, 0, 255), 2)
    roi_gray = gray[y:y+h, x:x+w]
    roi_color =img[y:y+h, x:x+w]
```

“第四步，对人脸进行笑脸检测，传递的图像为 roi_ gray，人脸检测过程中每次迭代时图像的压缩率为 1.16，每个人脸矩形保留近邻数目的最小值为 35，匹配物体的大小范围为（25,25)。”

```
    smile =smileCascade.detectMultiScale(
        roi_gray,
        scaleFactor= 1.16,
        minNeighbors=35,
        minSize=(25, 25),
        flags=cv2.CASCADE_SCALE_IMAGE
```

```
)
```

“第五步，框出上扬的嘴角，并对笑脸打上Smile标签。”

```
for (x2, y2, w2, h2) in smile:
    cv2.rectangle(roi_color, (x2, y2), (x2 +w2, y2 +h2), (255, 0, 0), 2)
   cv2.putText(img,'Smile',(x,y -7), 3, 1.2, (0, 255, 0), 2, cv2.LINE_AA)
```

“笑脸检测是在人脸检测之后得到的人脸区域中进行的。我猜它用到的算法很可能是检测人的嘴角的姿态，因为笑脸检测最后的输出结果就是框住了人脸上扬的嘴角。”

“最后，展示出图像，设置等待时间。”

```
cv2.imshow('Smile? ', img)
c = cv2.waitKey(0)
```

运行结果如图9-3所示。

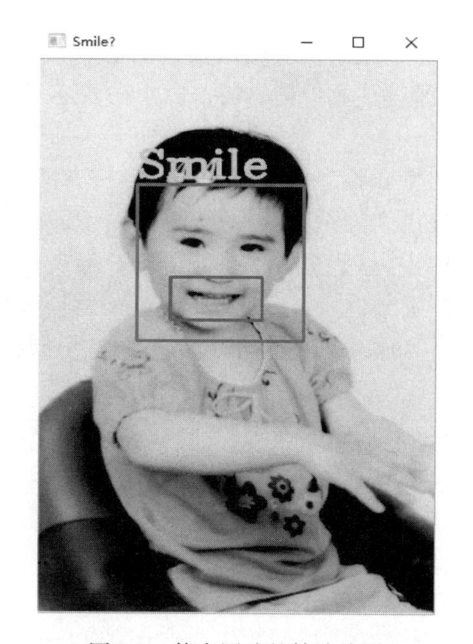

图9-3 静态图片的笑脸检测

“由此可见，在OpenCV中，无论是人脸检测、人眼检测还是微笑检测，方法都是一样的，先加载人脸检测器进行人脸检测，然后加载其他检测器进行对应的检测。”

9.2 基于LBPH的人脸识别

人脸识别的第一步，就是要找到一个模型可以用简洁又具有差异性的方式准确反映出每个人脸的特征。识别人脸时，先将当前人脸采用与前述同样的方式提取特征，再从已有特征中找出当前特征的最邻近样本，从而得到当前人脸的标签。

LBPH（局部二值模式直方图）所使用的模型基于 LBP 算法。LBP 最早是被作为一种有效的纹理描述算子提出的，由于在表述图像局部纹理特征上效果出众而得到广泛应用。

阿短的前行目标

- 能解释和描述 LBPH 算法的原理。
- 能掌握 LBPH 相关函数的使用方法。
- 能应用 LBPH 算法进行人脸识别。

9.2.1 LBPH 算法

本节将对 LBPH 人脸识别原理、LBPH 人脸识别器函数进行详细介绍。

1. LBPH 人脸识别原理

OpenCV 提供了三种人脸识别方法，分别是 LBPH 方法、EigenFishfaces 方法和 Fisherfaces 方法。

1）LBPH（局部二值模式直方图）所使用的模型是基于 LBP（局部二值模式）的算法。LBP 最早是作为一种有效的纹理描述算子提出的，由于在表述图像局部纹理特征上效果出众而得到广泛应用。

2）EigenFaces 通常也称为特征脸，它使用主成分分析方法（PCA）将高纬的人脸数据处理成低纬后，再进行数据分析和处理，获取识别结果。EigenFaces 是一种非常有效的方法，但是它的缺点在于操作过程中会损失许多特征信息。

3）Fisherfaces 采用线性判别分析（LDA）实现人脸识别，线性判别分析在对特征降维的同时考虑类别信息。由于 FisherFace 只关注各类目标间的不同特征，所以重建出原图像是不现实的。

因为 LBPH 算法能较好地实现人脸的识别，所以本节主要对 LBPH 方法进行介绍。LBP 算法的基本原理是：将像素点 A 的值与其最邻近的 8 个像素点的值逐一比较。

- 如果 A 的像素值大于其临近点的像素值，则得到 0。
- 如果 A 的像素值小于其临近点的像素值，则得到 1。

最后，将像素点 A 与其周围 8 个像素点比较所得到的 0、1 值连起来，得到一个 8 位的二进制序列，将该二进制序列转换为十进制数作为点 A 的 LBP 值。

下面以图 9-4 中左侧 3×3 区域的中心点（像素值为 76 的点）为例，说明如何计算该点的 LBP 值。计算时，以其像素值 76 作为预知，对其 8 邻域像素进行二值化处理。

- 将像素值大于 76 的像素点处理为 1。例如，其邻域中像素值为 128,251,99,213 的点都被处理为 1，填入相应的像素点位置上。
- 将像素值小于 76 的像素点处理为 0。例如，其邻域中像素值为 36,9,11,48 的点都被处理为 0，填入相应的像素点位置上。

根据上述计算，可以得到图 9-4 右图中的二值结果。

完成二值化以后，任意指定一个开始位置，将得到的二值结果进行序列化，组成一个 8 位的二进制数。例如，从当前像素点的正上方开始，以顺时针为序得到二进制序列 01011001。

最后，将二进制序列 01011001 转换为所对应的十进制数 89，作为当前中心点的像素

128	36	251
48	76	9
11	213	99

1	0	1
0		0
0	1	1

图 9-4　LBP 原理示意图

值，如图 9-5 所示。

128	36	251
48	76	9
11	213	99

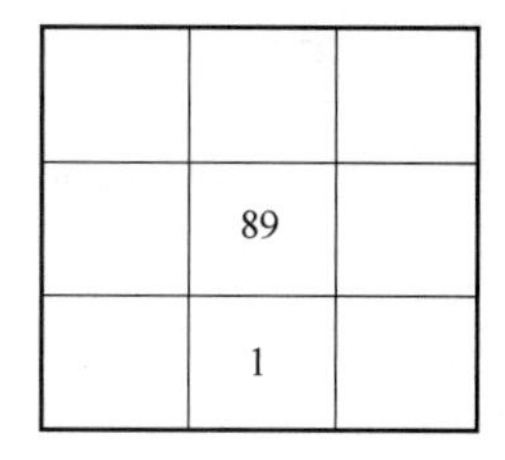

	89	
	1	

图 9-5　中心点的处理结果

对图像逐像素用以上方式进行处理，就得到 LBP 特征图像，这个特征图像的直方图称为 LBPH，或称为 LBP 直方图。

2. LBPH 人脸识别函数

1）在 OpenCV 中，函数 cv2. face. LBPHFaceRecognizer_ create( )用于生成 LBPH 识别器，其语法格式如下。

```
retval = cv2. face. LBPHFaceRecognizer_create()
```

例如，生成一个 LBPH 识别器，则使用的语句如下。

```
recognizer = cv2. face. LBPHFaceRecognizer_create()
```

2）函数 cv2. face_ FaceRecognizer. train( )对每个参考图像计算 LBPH，得到一个向量。每个人脸都是整个向量集中的一个点。该函数的语法格式如下。

```
None = cv2. face_FaceRecognizer. train(src, labels)
```

式中各个参数的含义如下。

- src：用来训练的人脸图像。
- labels：标签，人脸图像所对应的标签。

例如，对 images 图像进行训练，并输入 labels 标签，则使用的语句如下。

```
recognizer. train(images, np. array(labels))
```

3）函数 cv2. face_FaceRecognizer. predict( )对一个待测人脸图像进行判断，寻找与当前图像距离最近的人脸图像。与哪个人脸图像最近，就将当前待测图像标注为对应的标签。当然，如果待测图像与所有人脸图像的距离都大于函数 cv2. face. LBPHFaceRecognizer_create( )中参数 threshold 所指定的距离值，则认为没有找到对应的结果，即无法识别当前人脸。函数 cv2. face_FaceRecognizer. predict( )的语法格式如下。

```
label, confidence = cv2. face_ FaceRecognizer. predict(src)
```

其中：

- label：返回的识别结果标签。
- confidence：返回的置信度评分，0 表示完全匹配，小于 50 的值表示差别不大，大于 80 表示差别很大。
- src：需要识别的人脸图像。

例如：

```
label,confidence = recognizer.predict(predict_image)
```

9.2.2 训练：LBPH 人脸识别

"编程猫，我现在已经掌握了 LBPH 人脸识别的原理和相关函数的使用，你能通过 Python 演示一下如何进行人脸识别吗？"

"因为 LBPH 的函数不在 opencv-python 库，所以我们要先安装 opencv-contrib-python 扩展模块。

安装成功后，我们首先要准备用于学习的 4 幅图像，如图 9-6 所示。这 4 幅图像从左到右的名称分别为 HuangYiFei（1）.png、HuangYiFei（2）.png、ZhangChaoJie（1）.jpg、ZhangChaoJie（2）.jpg。前两张图像是同一个人，将其标签设定为 0；后两幅图像是同一个人，将其标签设定为 1。"

图 9-6 用于学习的人脸图像

"图 9-7 为待识别的人脸图像，该图像的名称为 test.png。"

图 9-7 待识别的人脸图像

“然后我们创建 LBPHimage 文件夹，把这 5 幅图像放在该文件夹下，最后把该文件夹粘贴到 pycharm 工程里面即可。”

“接下来进行程序的编写，首先导入相关的库。”

```
import cv2
import numpy as np
images = []
```

“然后以灰度的方式读取用于学习的 4 幅人脸图像。”

```
images.append(cv2.imread("LBPHimage\\HuangYiFei(1).png",cv2.IMREAD_
GRAYSCALE))
images.append(cv2.imread("LBPHimage\\HuangYiFei(2).png",cv2.IMREAD_
GRAYSCALE))
images.append(cv2.imread("LBPHimage\\ZhangChaoJie(1).jpg",cv2.IMREAD_
GRAYSCALE))
images.append(cv2.imread("LBPHimage\\ZhangChaoJie(2).jpg",cv2.IMREAD_
GRAYSCALE))
labels = [0,0,1,1]
```

“生成 LBPH 识别器。”

```
recognizer = cv2.face.LBPHFaceRecognizer_create()
```

“对图像进行训练。”

```
recognizer.train(images,np.array(labels))
predict_image = cv2.imread("LBPHimage\\test.png",cv2.IMREAD_GRAYSCALE)
```

“读取测试的图像，并完成人脸识别。”

```
label,confidence = recognizer.predict(predict_image)
a = ['HuangYiFei','ZhangChaoJie']
print("发现人脸",a[label])
print("confidence = ",confidence)
```

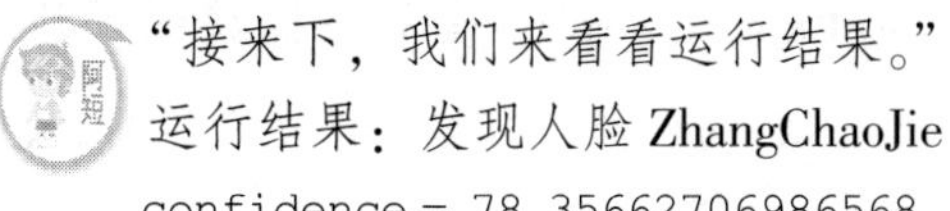

“接来下，我们来看看运行结果。”

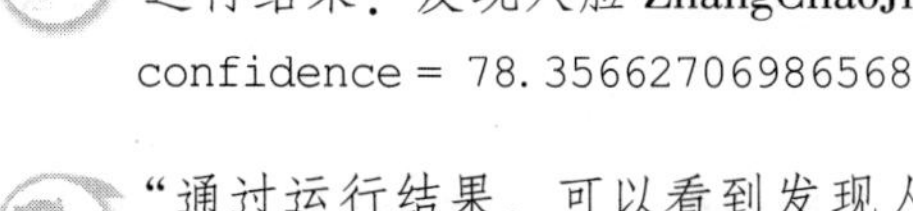

运行结果：发现人脸 ZhangChaoJie
confidence = 78.35662706986568

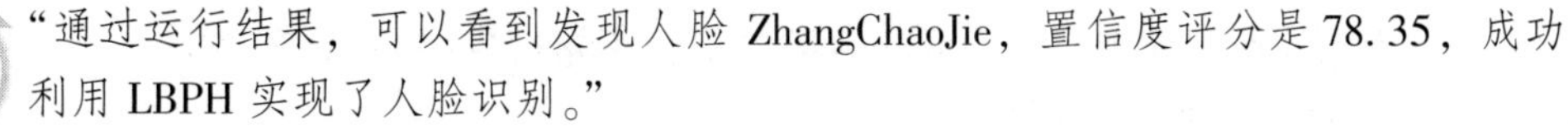

“通过运行结果，可以看到发现人脸 ZhangChaoJie，置信度评分是 78.35，成功利用 LBPH 实现了人脸识别。”

9.3 视频处理

视频信号（以下简称为视频）是非常重要的视觉信息来源，它是视觉处理过程中经常要处理的一类信号。实际上，视频是由一系列图像构成的，这一系列图像被称为帧，帧是以固定的时间间隔从视频中获取的。获取（播放）帧的速度称为帧速率，其单位通常使用“帧/秒”表示，代表在1秒内所出现的帧数。如果从视频中提取出独立的帧，就可以使用图像处理的方法对其进行处理，达到处理视频的目的。

阿短的前行目标

- 能解释视频处理的本质。
- 能应用视频处理函数进行程序编写。
- 能利用 face_recognition 库实现视频流人脸识别。

9.3.1 视频处理函数

本小节将对视频处理需要用到的函数进行详细介绍。

1）Open CV 提供了 cv2. VideoCapture( ) 函数用来打开摄像头并初始化，该函数的语法格式如下。

```
捕获对象 = cv2.VideoCapture("摄像头 ID 号")
```

其中：

- 捕获对象：为返回值，是 cv2. VideoCapture 类的对象。
- 摄像头 ID 号：该参数是摄像头的 ID 编号，默认值为 -1，代表随机选取一个摄像头。如果有多个摄像头存在，为0时表示选择第一个摄像头，为1时表示选择第二个摄像头。

例如，要初始化计算机自带摄像头，则使用的语句如下。

```
capture = cv2.VideoCapture(0)
```

2）为了防止摄像头初始化错误，可以使用 cv2. VideoCapture. isOpened( ) 函数来检查初始化是否成功，该函数的语法格式如下。

```
retval = cv2.VideoCapture.isOpened()
```

通过返回值可以判断摄像头初始化是否成功。

- 如果成功，则返回值 retval 为 True。
- 如果不成功，则返回值 retval 为 False。

3）摄像头初始化成功后，我们可以通过 cv2. VideoCapture. read( ) 函数来捕获视频帧，该函数的语法格式如下。

```
retval, image = cv2.VideoCapture.read()
```

其中：

- retval：表示捕获帧是否成功。成功返回 True，不超过返回 False。
- image：表示捕获到的视频帧。

4）摄像头不使用时，要关闭（释放）摄像头，我们可以使用 cv2. VideoCapture. release( ) 函数来关闭（释放）摄像头。该函数的语法格式如下。

```
None = cv2.VideoCapture.release()
```

例如，当前有一个 VideoCapture 类的对象 cap，要将其释放，则使用的语句如下。

```
cap.release()
```

5）face_recognition 人脸识别库提供 face_encodings( ) 函数对图像进行编码，该函数的语法格式如下。

```
face_encodings(face_image, known_face_locations=None, num_jitters=1)
```

其中：

- 返回值：一个 128 维的面编码列表（每个面对应一张图像）。
- face_image：包含一个或者多个人脸的 image。
- known_face_locations：可选参数，如果知道每个人脸所在的边界框。
- num_jitters：在计算编码时要重新采样的次数。默认值为 1，值越高越准确，但速度越慢。

6）face_recognition 人脸识别库提供 face_locations( ) 函数用于发现图像中人脸位置。该函数的语法格式如下。

```
face_locations(img, number_of_times_to_upsample=1, model='hog')
```

其中：

- 返回值：一个元组列表，列表中的每个元组包含人脸的位置（top,right,bottom,left）
- img：一个 image（numpy array 类型）。
- number_of_times_to_upsample：从 img 的样本中查找多少次人脸，该参数的值越高，越能发现更小的人脸。
- model：使用哪种人脸检测模型。

7）face_recognition 人脸识别库提供 compare_ faces( ) 函数用于获得测试人脸图像和训练人脸图像的最佳匹配结果，该函数的语法格式如下。

```
compare_faces(known_face_encodings, face_encoding_to_check, tolerance=0.6)
```

其中：

- 返回值：一个 True 或者 False 值的列表，指示了 known_face_encodings 列表的每个成员的匹配结果。
- known_face_encodings：已知的人脸编码列表。
- face_encoding_to_check：待进行对比的单张人脸编码数据。
- tolerance：两张脸之间有多少距离才算匹配。该值越小对比越严格，0.6 是典型的最佳值。

9.3.2 训练 1：视频流人脸检测

“第一步，导入 OpenCV 库。”

```
import cv2
```

“第二步，对视频流进行人脸检测。创建一个识别人脸的函数 video_face_detector( )，函数声明了一个 face_cascade_file 的变量，该变量为 CascadeClassifier 的对象，用于检测人脸（frontalface）。加载 OpenCV 人脸检测分类器 Haar，并确定脸部级联文件是否正确地加载。”

```
def video_face_detector(face_cascade_file):
    face_cascade = cv2.CascadeClassifier(face_cascade_file)
    if face_cascade.empty():
        raiseIOError('Unable to load the face cascade classifier xml file! ')
```

```
capture = cv2.VideoCapture(0)
```

“第三步，循环采集人脸，直到按下 Esc 键。capture.read()用来采集当前画面，然后将捕获的画面进行灰度化处理，通过 cv2.detectMultiScale()进行实际的人脸检测。”

```
while True:
    _, frame = capture.read()
    gray = cv2.cvtColor(frame, cv2.COLOR_BGR2GRAY)
    face_rects = face_cascade.detectMultiScale(gray, 1.3, 5)
```

“第四步，在检测到的脸部周围画矩形框，(x,y) 为左上角坐标，wh 为矩形的宽和高，根据两个点确定了对角线的位置，进而确定了矩形的位置，设定矩形框的颜色为红色、线条粗细值为 3。”

```
    for (x, y, w, h) in face_rects:
        cv2.rectangle(frame, (x, y), (x + w, y + h), (0, 0, 255), 3)
```

“第五步，展示出图像 frame，检查是否按下 Esc 键，释放视频采样对象，并关闭窗口。”

```
    cv2.imshow('Video Face Detector', frame)
    key = cv2.waitKey(1)
    if key == 27:
        break
capture.release()
cv2.destroyAllWindows()
```

“最后，测试一下这个视频流人脸检测器。导入人脸检测级联文件 haarcascade_frontalface_alt.xml。”

```
video_face_detector(r'D:\FireAI\cascade_files/haarcascade_frontalface_
alt.xml')
```

看一下效果吧！运行结果如图 9-8 所示。

图 9-8　视频流人脸检测

“上面介绍了视频流人脸检测，我们还可以通过其他分类检测器，进行视频流五官的检测。其代码编写的原则相同，阿短，你尝试根据静态图片的人眼识别和视频流人脸检测完成视频流人眼检测器代码的编写。”

“首先，导入 OpenCV 库。”

```
import cv2
```

“然后，创建一个识别人眼的函数 video_ eye_ detector ( )，加载 OpenCV 人眼检测分类器和人眼检测分类器 Haar，并确定级联文件是否正确的加载。”

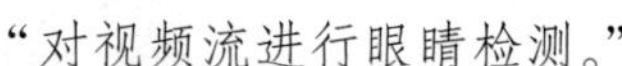

“对视频流进行眼睛检测。”

```
def video_eye_detector(face_cascade_file,eye_cascade_file):
    face_cascade = cv2. CascadeClassifier(face_cascade_file)
    if face_cascade. empty():
        raiseIOError(' Unable to load the face cascade classifier xml file! ')
    eye_cascade = cv2. CascadeClassifier(eye_cascade_file)
    if eye_cascade. empty():
        raiseIOError(' Unable to load the eye cascade classifier xml file! ')
    capture = cv2. VideoCapture(0)
```

“接下来，循环采集人脸，直到按下 Esc 键停止检测。将采集到的图像进行灰度化处理，在检测到的脸部和眼睛周围分别画矩形框。”

```
    while True:
        _,frame = capture. read()
        gray = cv2. cvtColor(frame,cv2. COLOR_BGR2GRAY)
        face_rects = face_cascade. detectMultiScale(gray,1. 3,5)
        for (x,y,w,h) in face_rects:
            cv2. rectangle(frame,(x,y),(x + w,y + h),(0,0,255),3)
            roi = gray[y:y + h,x:x + w]
            eye_rects = eye_cascade. detectMultiScale(roi)
            for (x_,y_,w_,h_) in eye_rects:
                cv2. rectangle(frame,(x + x_,y + y_),(x + x_ + w_,y + y_ + h_),
                         (255,0,0),2)
```

“展示图像 frame，按 ESC 键退出检测，释放视频采样对象，并关闭窗口。”

```
        cv2. imshow(' Video Face Detector ', frame)
        key = cv2. waitKey(1)
        if key = =27:
            break
    capture. release()
    cv2. destroyAllWindows()
```

"最后，导入人脸检测级联文件和眼睛检测级联文件。"

```
video_eye_detector ('D:\FireAI\cascade_files/haarcascade_frontalface_alt.xml',
'D:\FireAI\cascade_files/haarcascade_eye.xml')
```

运行结果如图 9-9 所示。

图 9-9 视频流人眼检测

"代码编写得完全正确。"

"谢谢编程猫！"

9.3.3 训练 2：视频流人脸识别

"编程猫，通过前面的讲解，我们已经实现了动态人脸的探测，那么如何实现动态人脸的识别呢？"

"实现动态人脸的识别非常简单，需要借助 opencv_python 和 face_recognition 库。我们首先要准备图 9-10 用于训练的两幅图像，从左到右的名称分别为 mejpg、he. jpg。然后把这两幅图像放在 dataset 文件夹下，最后把 dataset 文件夹加入到工程中。"

图 9-10 用于训练的人脸图像

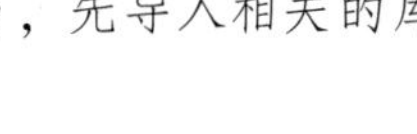

"接下来进行程序的编写，先导入相关的库。"

```
import cv2
import face_recognition
```

"第一步，准备人脸库。读取用于训练的人脸图像，对人脸图像进行编码并生成人脸编码列表，最后准备人脸对应的姓名标签。"

```
me = cv2. imread(' dataset/me. jpg ')
he = cv2. imread(' dataset/he. jpg ')
me_face_encoding = face_recognition. face_encodings(me)[0]
he_face_encoding = face_recognition. face_encodings(he)[0]
known_face_encodings = [me_face_encoding,he_face_encoding]
known_face_names = [' me ',' he ']
```

"第二步，捕获视频中的图片。打开计算机的摄像头，读取摄像头视频中每一帧的图片。"

```
vc = cv2. VideoCapture(0)
while True:
    ret,img = vc. read()
    if not ret:
        print('没有捕获到视频')
        break
```

"第三步，发现视频中图片人脸位置。先利用 face_locations( ) 函数获取人脸位置，接着对视频图片中人脸进行精确编码，最后利用 for 循环遍历图片中的人脸，得到人脸位置信息。"

```
    locations = face_recognition. face_locations(img)
    face_encodings = face_recognition. face_encodings(img,locations)
    for(top,right,bottom,left),fac e_encoding in zip(locations,face_en-
codings):
```

"第四步，识别视频图片中人脸姓名。找到与视频图片最接近的人脸图像，然后标记人脸的位置和姓名。"

```
matchs = face_recognition. compare_faces(known_face_encodings,face_enco-
ding)
        name = ' unknown '
        for match,known_name in zip(matchs,known_face_names):
            if match:
                name = known_name
                break
        cv2. rectangle(img,(left,top),(right,bottom),(0,0,255),2)
        cv2. putText (img,name, (left, top - 20), cv2. FONT_HERSHEY_SCRIPT_
COMPLEX,2,(0,0,255),2)
```

“cv2. rectangle (img, (left, top), (right, bottom), (0,0,255),2)
cv2. putText (img, name, (left, top20), cv2. FONT_HERSHEY_SCRIPT_COMPLEX, 2, (0,0,255),2) 这部分程序是什么意思?”

“这两段的目的是对人脸的未知位置和人脸的姓名进行标记。然后进行第五步，展示视频图片 img，释放摄像头并关闭窗口。”

```
cv2. imshow(' Video ', img)
if cv2. waitKey(1)!  = -1:
    vc. release()
    cv2. destroyAllWindows()
    break
```

“程序已经编写完成了，我们一起来看看效果吧!”

运行结果如图 9-11 所示。

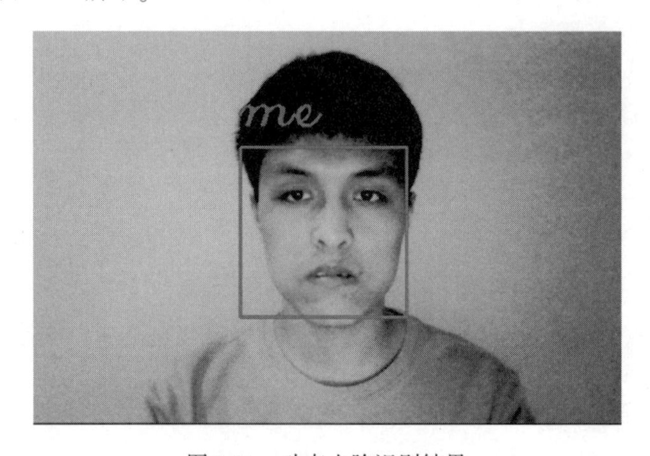

图 9-11　动态人脸识别结果

“人脸识别结果完全正确，谢谢你的讲解，编程猫!”

“阿短，学习编程的路还很长，希望你能坚持下去，做一个对编程无比热爱的人，认真去感受编程之美!”

第10章 人脸识别

人脸识别是一项新兴的生物识别技术，也是当今国际科技领域攻关的高精尖技术。人脸识别系统主要应用在社区管理、证件识别、考勤系统、金融服务和刷脸支付等领域。目前实现人脸识别主要有以下几种典型的方法：几何特征的人脸识别方法、基于特征脸的人脸识别方法、神经网络的人脸识别方法、线段距离的人脸识别方法和支持向量机的人脸识别方法。本章将对基于特征脸的人脸识别方法进行介绍，并给出使用 dlib 实现该方法的简单案例。

要点提示

1）HOG 方向梯度算法介绍。
2）人脸识别 dlib、scikit-image、scikit-learn 库的使用。
3）使用 detector 函数实现人脸框的提取。
4）使用 KNN 分类器实现人脸识别。

10.1 基于 HOG 人脸探测算法

HOG（Histogram of Oriented Gradient）特征即方向梯度直方图特征，是一种非常有效的图像特征描述，被广泛应用到各种检测识别场景中，特别是行人检测的应用。该算法通过计算局部图像的梯度并统计其方向梯度直方图来描述图像特征，对特定目标的边缘纹理信息能够有较好地描述。

阿短的前行目标

- 能解释人脸探测算法。
- 能描述人脸探测的实现方法。
- 能对人脸探测函数进行分析。
- 能对人脸探测程序进行编写和调试。

10.1.1 HOG（方向梯度直方图）

本小节将在人脸识别基本步骤基础上，对灰度化、计算梯度图像、HOG 和人脸框提取等函数进行详细介绍。

1. 人脸识别步骤

人脸识别过程如图 10-1 所示。

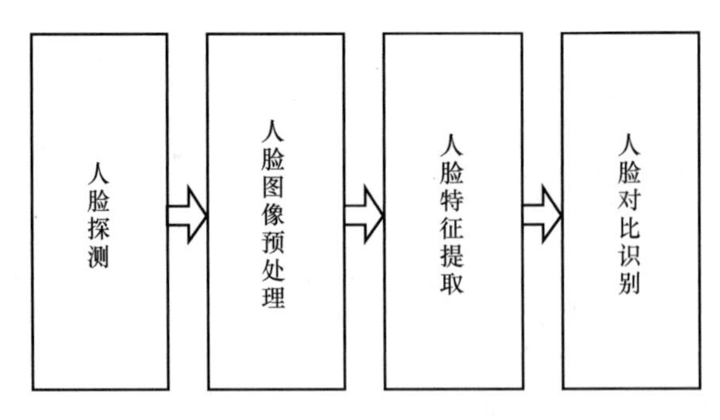

图 10-1　人脸识别流程图

1）人脸探测。人脸检测在实际应用中主要是对人脸识别的预处理，即在图像中准确标定出人脸的位置和大小。人脸图像中包含的模式特征十分丰富，如直方图特征、颜色特征、模板特征、结构特征及 Haar 特征等。人脸检测就是把其中有用的信息挑出来，并利用这些特征实现人脸检测。

2）人脸图像预处理。人脸图像预处理是基于人脸检测结果，对图像进行处理并最终服务于特征提取的过程。系统获取的原始图像由于受到各种条件的限制和随机干扰，往往不能直接使用，必须在图像处理的早期阶段对它进行灰度校正、噪声过滤等图像预处理。对于人脸图像而言，其预处理过程主要包括人脸图像的光线补偿、灰度变换、直方图均衡化、归一化、几何校正、滤波以及锐化等。

3）人脸特征提取。人脸识别系统可使用的特征通常分为视觉特征、像素统计特征、人脸图像变换系数特征、人脸图像代数特征等。人脸特征提取就是针对人脸的某些特征进行的，也称人脸表征，它是对人脸进行特征建模的过程。人脸特征提取的方法主要分为两种：基于知识的表征方法、基于代数特征或统计学的表征方法。

4）人脸对比识别。人脸对比识别就是将提取人脸图像的特征数据与数据库中存储的特征模板进行搜索匹配，通过设定一个阈值，当相似度超过这一阈值，则把匹配得到的结果输出。人脸识别就是将待识别的人脸特征与已得到的人脸特征模板进行比较，根据相似程度对人脸的身份信息进行判断。这一过程又分为两类：一类是确认，即一对一进行图像比较的过程；另一类是辨认，即一对多进行图像匹配对比的过程。

2. HOG 算法及实施步骤

对于一张人脸图像，我们想对图像中的人脸进行识别，首先应该检测到图像中人脸的位置，在计算机视觉中有很多目标检测和识别的技术，HOG 是一种常用的检测和识别算法。

HOG 不是基于颜色值而是基于梯度来计算直方图的，它通过计算和统计图像局部区域的梯度方向直方图来构建特征，利用 HOG 使图像的几何和光学的形变都能保持得很好的不变形，因此 HOG 特别适用于人脸探测，下面我们对 HOG 的提取步骤进行介绍。

1）灰度化处理。由于图像中色彩信息在人脸识别中不需要，并且图像中的色彩信息会对人脸识别的结果进行干扰，因此我们先要对图像进行灰度化处理，如图 10-2 所示。

2）画梯度箭头。如果直接分析像素，同一个人在不同的光照环境下有不同的像素值，会使人脸识别有很大的困难。所以我们不直接处理像素值信息，而是处理像素明暗的变化信息。目标是计算出当前像素对于其周围的像素有多暗，然后画出像素由明到暗变化最快的方

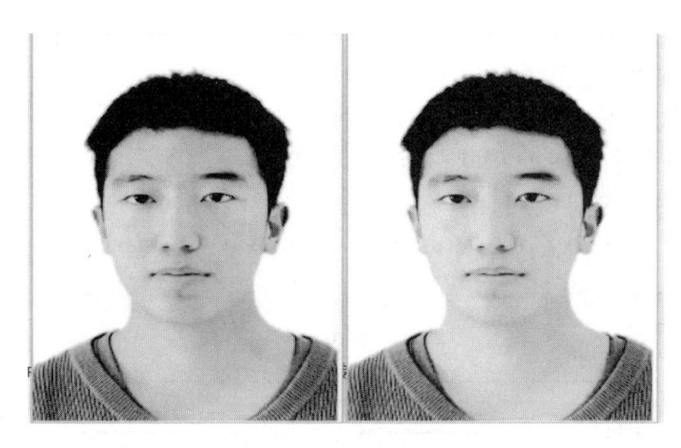

图 10-2　图像灰度化

向。梯度包括两个值，即方向和大小。方向代表该点周围像素由最亮部分到最暗部分的方向。大小代表最亮部分像素值和最暗部分像素值的差值，箭头长度代表差值的大小。

在计算 HOG 时，通常将方向数目参数设为 9，将 180 度分为 9 个区间。分别是：[0,20][20,40][40,60][60,80][80,100][100,120][120,140][140,160][160,180]，单位为度。

例如，对图像进行放大，可以看到像素值对应像素的明暗情况。选取图中大方框内的 9 个像素点来计算中间小方框像素点的梯度。在大方框内，最亮的像素点在左下角的白色区域，最暗的像素点在右上角的黑色区域，我们可以用箭头代表像素变化最快的方向，那么这个箭头就代表小方框像素点的梯度，如图 10-3 所示。

对图像中的每一个像素点重复上述操作，最终每一个像素都被一个箭头取代了。这些箭头称为梯度，它们显示整张图像由明到暗变化最快的方向，如图 10-4 所示。

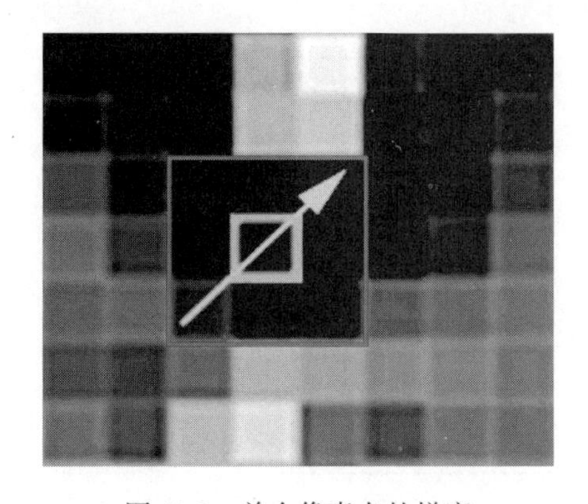

图 10-3　单个像素点的梯度

图 10-4　图像的梯度

3）计算方向梯度直方图。为了得到方向梯度直方图，首先需要计算水平和垂直梯度，这可以通过使用内核过滤图像来实现，分别用于计算水平梯度和垂直梯度。通过使用 skimage 库里面的 hog( ) 函数可以得到 HOG，下面详细介绍计算 HOG 的原理。

X 轴、*Y* 轴方向的梯度，简单来说就是把图像中像素值突变的地方画出来，从而得到图像的边界。图 10-5 为卷积核，通过卷积核扫描整张图像就可以得到 HOG。

图 10-6 为 *X* 轴方向梯度计算图，右边原始图像中有 3 个点，要依次对所有的点进行卷积核计算。比如，我们想要计算 *P*5 点 *X* 轴方向的梯度，也就是确定 *P*5 点在水平方向上有没有边界，计算过程是先把卷积核与图像对应相乘，然后用 *P*5 点右边的一点 *P*6 减去左边一点 *P*4，计算 *P*5 点 *X* 轴方向的梯度使用的公式如下。

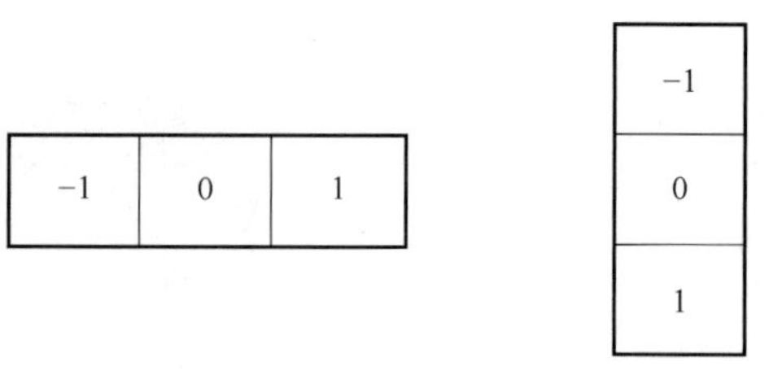

图 10-5　HOG 函数卷积核

$$P5x = (P6 - P4) \tag{10.1}$$

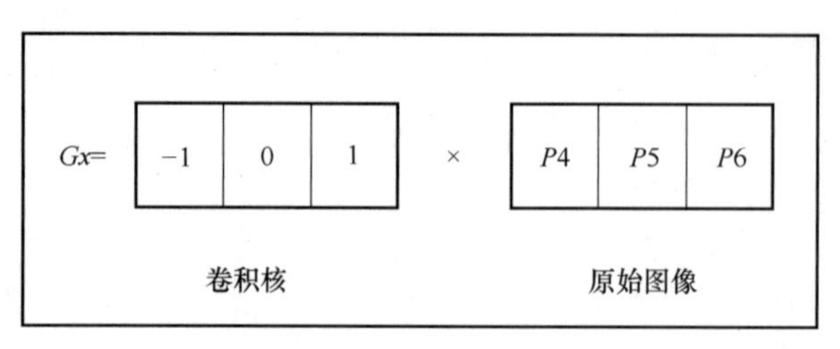

图 10-6　*X* 轴方向梯度计算图

如果 *P*5 右侧的值和左侧的值差别特别大，那么 *P*5 点的值就会特别明显。因为 *P*5 点的值比较大，所以 *P*5 点就是一个边界。

如果 *P*5 右侧的值和左侧的值差别不大或者很接近，那么 *P*5 点的值就会接近 0。因为 *P*5 点的值比较小，所以 *P*5 点不是一个边界。

图 10-7 为 *Y* 轴方向梯度直方图，右边的原始图像中有 3 个点，要依次对所有的点进行卷积核计算。比如，想要计算 *P*5 点 *Y* 轴方向的梯度，也就是确定 *P*5 点在垂直方向上有没有边界，计算过程是先把卷积核与图像对应相乘，然后用 *P*5 点下边的一点 *P*8 减去上边一点 *P*2，计算 *P*5 点 *Y* 轴方向的梯度，使用的公式如下。

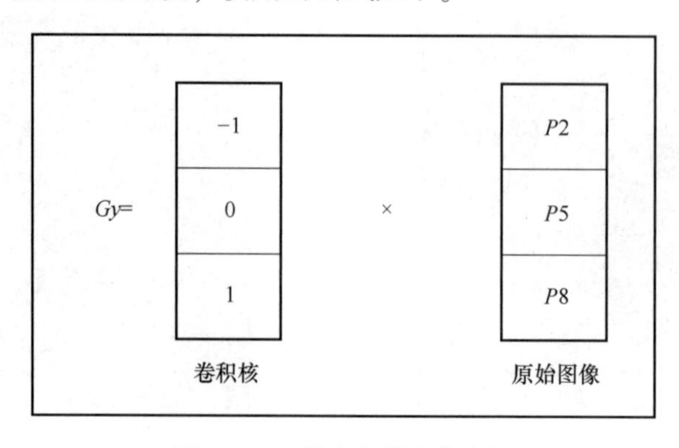

图 10-7　*Y* 轴方向梯度直方图

$$P5y = (P8 - P2) \tag{10.2}$$

如果 *P*5 右侧的值和左侧的值差别特别大，那么 *P*5 点的值就会特别明显。因为 *P*5 点的值比较大，所以 *P*5 点就是一个边界。

如果 *P*5 右侧的值和左侧的值差别不大或者很接近，那么 *P*5 点的值就会接近 0。因为 *P*5 点的值比较小，所以 *P*5 点不是一个边界。

通过 $P5$ 点 X 轴方向的梯度 Gx、Y 轴方向的梯度 Gy，可以计算 $P5$ 梯度的大小（G）和方向（$angle$），使用的公式如下。

$$G=\sqrt{Gx^2+Gy^2} \tag{10.3}$$

$$angle=arctan\left(\frac{Gy}{Gx}\right) \tag{10.4}$$

如果要算整张图像的梯度，只需要用卷积核扫描图像上每一个点，得到每一个点的梯度值，就可以获得整张图像的梯度图像。

4）计算方向梯度直方图。先把整个图像划分为若干个 8×8 的小单元，称为 cell，并计算每个 cell 的方向梯度直方图。这个 cell 的尺寸也可以是其他值，根据具体的特征而定。

为什么要把图像分成若干个 8×8 的小单元？这是因为对于一整张方向梯度直方图，其中的有效特征是非常稀疏的，不但运算量大，而且效果可能还不好。于是我们就使用特征描述符来表示一个更紧凑的特征。一个 8×8 的小单元就包含了 8×8×2＝128 个值，因为每个像素包括梯度的大小和方向。

现在要把这个 8×8 的小单元用长度为 9 的数组来表示，这个数组就是方向梯度直方图。这种表示方法不仅使得特征更加紧凑，而且对单个像素值的变化不敏感，也就是能够抗噪声干扰。

图 10-8 为图像梯度的方向和幅值，中间那张图中的箭头表示梯度，箭头方向表示梯度方向，箭头长度表示梯度大小。

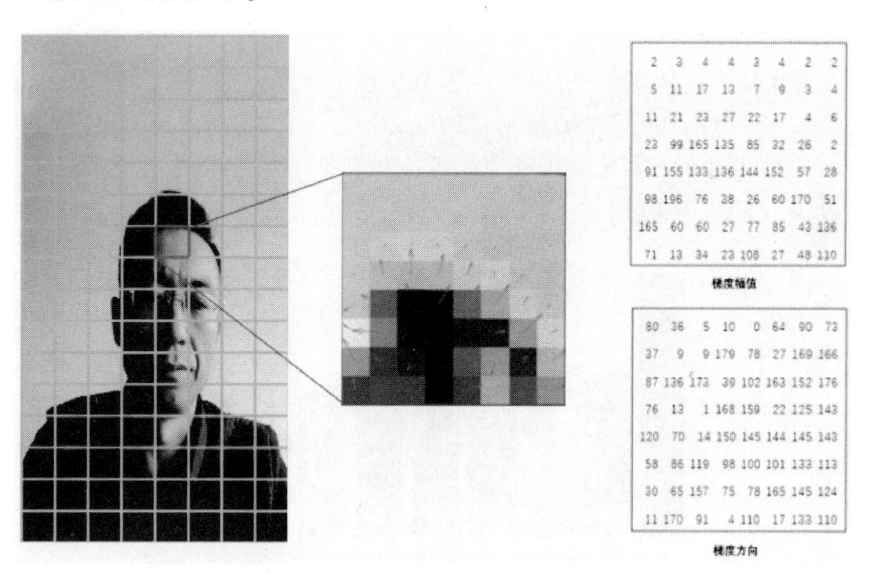

图 10-8　图像梯度的方向和幅值

图 10-8 为图像梯度的方向和幅值，右图是 8×8 的 cell 中表示梯度的原始数字，注意角度的范围介于 0～180 度之间，而不是 0～360 度，这被称为“无符号”梯度，因为两个完全相反的方向被认为是相同的。

现在我们来计算 cell 中像素的方向梯度直方图，先将角度范围分成 9 份，也就是 9 bins，每 20°为一个单元，也就是这些像素可以根据角度分为 9 组。将每一份中所有像素对应的梯度值进行累加，可以得到 9 个数值。直方图就是由这 9 个数值组成的数组，对应角度 0、20、40、60……160。

例如，图 10-9 为梯度方向和幅值转化过程，图中梯度幅值为 2 的圆圈包围的像素角度为 80 度，这个像素对应的幅值为 2，所以在方向梯度直方图 80 度对应的 bin 加上 2。图中梯度幅值为 4 的圆圈包围的像素角度为 10 度，介于 0 度和 20 度之间，其幅值为 4，那么这个梯度值就被按比例分给 0 度和 20 度对应的 bin，也就是各加上 2。

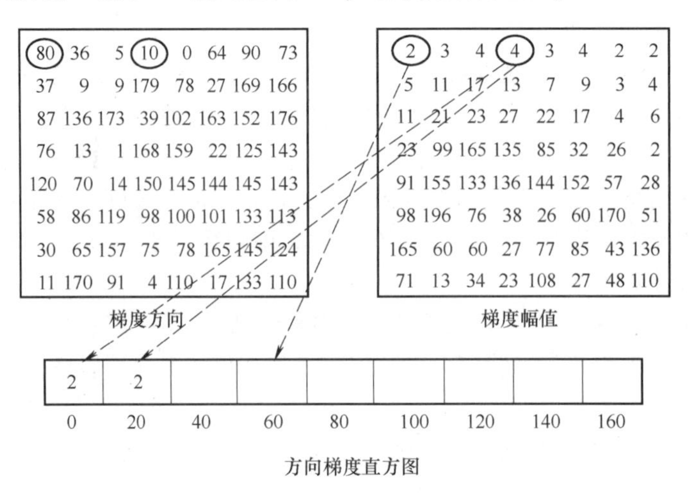

图 10-9　梯度方向和幅值转化过程

如果某个像素的梯度角度大于 160 度，也就是在 160 度 ~ 180 度之间，那么把这个像素对应的梯度值按比例分给 0 度和 160 度对应的 bin。

将这 8 × 8 的 cell 中所有像素的梯度值加到各自角度对应的 bin 中，就形成了长度为 9 的方向梯度直方图，如图 10-10 所示。

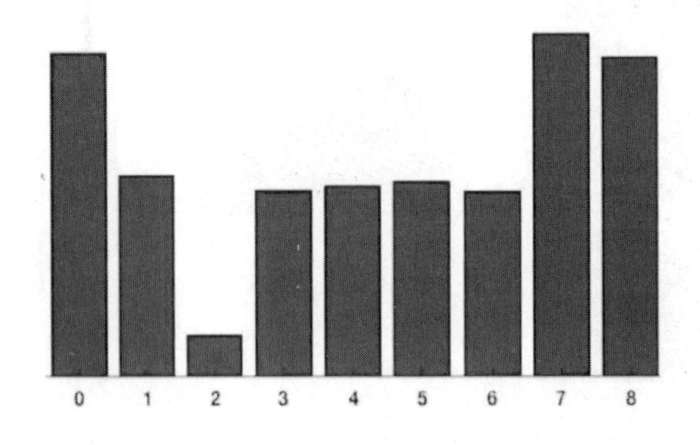

图 10-10　方向梯度直方图

可以看到方向梯度直方图中，0 度和 160 度附近有很大的权重，说明了大多数像素的梯度向上或者向下，也就是这个 cell 是个横向边缘。

现在我们就可以用这 9 个数的方向梯度直方图来代替原来很大的三维矩阵，即代替了 8 × 8 × 2 个值。

5）Block 归一化。HOG 将 8 × 8 的一个区域作为一个 cell，再以 2 × 2 个 cell 作为一组，

图 10-11　block 归一化

称为 block。由于每个 cell 有 9 个值，2×2 个 cell 则有 36 个值，HOG 是通过滑动窗口（左上角粗线方框）的方式来得到 block 的，如图 10-11 所示。

在前面的步骤中，我们基于图像的梯度对每个 cell 创建了一个直方图。但是图像的梯度对整体光照非常敏感，比如通过将所有像素值除以 2 来使图像变暗，那么梯度幅值将减小一半，因此直方图中的值也将减小一半。理想情况下，我们希望特征描述符不会受到光照变化的影响，就需要将直方图“归一化”。

在说明如何归一化方向梯度直方图之前，先看看长度为 3 的向量是如何归一化的。

假设我们有一个向量［128，64，32］，向量的长度为 $\sqrt{1282+642+322}=146.64$，这称为向量的 L2 范数。将这个向量的每个元素除以 146.64 就得到了归一化向量［0.87，0.43，0.22］。

现在有一个新向量，是第一个向量的两倍［128×2，64×2，32×2］，也就是［256，128，64］，我们将这个向量进行归一化，可以看到归一化后的结果与第一个向量归一化后的结果相同。所以，对向量进行归一化可以消除整体光照的影响。

知道了如何归一化，现在来对 block 的方向梯度直方图进行归一化（注意不是 cell），一个 block 有 4 个方向梯度直方图，将这 4 个方向梯度直方图拼接成长度为 36 的向量，然后对这个向量进行归一化。

因为使用的是滑动窗口，滑动步长为 8 个像素，所以每滑动一次，就在这个窗口上进行归一化计算得到长度为 36 的向量，并重复这个过程。

6）计算 HOG 特征向量。计算整个图像的特征描述符，由图 10-11 可知，滑动窗口每滑动一次，一个 block 就得到一个长度为 36 的特征向量，让滑动窗口依次扫描整张图像，最后将所有的 block 特征向量串联起来，就得到整幅图像的 HOG 特征向量。

例如，图 10-11 所示为 block 归一化，将此图像划分成 cell 的个数为 8×16，横向有 8 个 cell，纵向有 16 个 cell。每个 block 有 2×2 个 cell，那么 cell 的个数为：$(16-1)\times(8-1)=105$。即有 7 个水平 block 和 15 个竖直 block。再将这 105 个 block 合并，就得到了整个图像的特征描述符，长度为 $105\times36=3780$。

3. HOG 函数

提取图像的 HOG，需要借助获取图像 HOG 函数 hog( ) 和创建图像函数 subplots( ) 来完成。下面对这些函数进行详细介绍。

1） skimage 库提供了函数 hog( ) 来获取图像的 HOG，其语法格式如下。

```
out,hog_image = hog(image, visualize = False)
```

其中：

- out：返回值的目标图像的 HOG 描述符，它包括的参数为（n_blocks_row，n_blocks_col，n_cells_row，n_cells_col，n_orient）。
- hog_image：返回的目标图像。

- image：代表原始图像。
- visualize：visualize = True 是能输出 HOG 直方图，visualize = Flase 代表不输出 HOG 直方图。

例如，输入一张图片，以 HOG 输出，则使用的语句如下。

```
array,hog_image = hog (image, visualize = True)
```

2）subplots( )函数用来创建图像，其语法格式如下。

```
fig,ax = plt.subplots(nrows = 1,ncols = 1, * * fig_kw)
```

其中：

- fig：返回的 figure 图像。
- ax：返回的子图 ax 的 array 列表。
- nrows，ncols：代表子图的行列数。
- fig_ kw：代表所有其他关键字参数都传递给 figure( )调用。

例如，生成 1 行 2 个大小为 8 ×4 的子图，则使用的语句如下。

```
fig,(ax1,ax2) = plt.subplots(1,2,figsize = (8,4))
```

4. 人脸框提取函数

提取图像中的人脸框，需要借助建立人脸检测画框函数 dlib. get_frontal_face_detector( )、检测人脸位置函数 detector( )、建立人脸关键点预测器函数 dlib. shape_predictor( )和标记人脸关键点函数 predictor( )来完成。下面对这些函数进行详细介绍。

1）在 dlib 库中，使用 dlib. get_frontal_face_detector( )函数可以建立一个人脸检测画框，其语法格式如下。

```
detector = dlib.get_frontal_face_detector()
```

其中：

detector：返回的默认人脸检测器。

2）使用 detector( )函数可以检测图像中的人脸位置，其语法格式如下。

```
detector_faces = detector (image,1)
```

其中：

- detector_ faces：返回的人脸检测矩形框 4 点坐标。
- image：代表输入的图片。

3）dlib 库提供函数 dlib. shape_ predictor( )来建立人脸关键点预测器，该函数的语法格式如下。

```
predictor = dlib.shape_predictor(model)
```

其中：

- predictor：代表人脸关键点预测器。
- model：是 68 个关键点模型地址。例如：shape_predictor_68_face_landmarks. dat。

4）dlib 库提供函数 predictor( )来标记人脸关键点，该函数的语法格式如下。

```
landmarks = predictor(image,box)
```

其中：

- landmarks：返回输入图像人脸 68 个关键点位置。
- image：代表输入的图片。

- box：代表开始内部形状预测的边界框。

10.1.2　训练1：获取人脸的HOG

“编程猫，最近我对人脸识别有了一定的了解，但是不知道如何让计算机寻找到图像中的人脸。”

“计算机寻找人脸有两个步骤。首先要获取人脸的HOG，然后根据人脸探测器扫描HOG来获取人脸位置。下面我分成两个活动给你演示一下吧！”

“首先导入skimage中的io模块和color模块、skimage中hog模块和matplotlab库。”

```
fromskimage  import io,color
fromskimage.feature import  hog
import Matplotlib.pyplot as plt
```

“接着导入图片，进行简化处理。”

```
image=io.imread("eg.png")
image=color.rgb2gray(image)
```

“然后计算HOG。”

```
array,hog_image=hog(image,visualize=True)
```

“最后进行可视化，作图。”

```
fig,(ax1,ax2)=plt.subplots(1,2,figsize=(8,4))
ax1.imshow(image,cmap=plt.cm.gray)
ax2.imshow(hog_image,cmap=plt.cm.gray)
plt.show()
```

运行结果如图10-12所示。

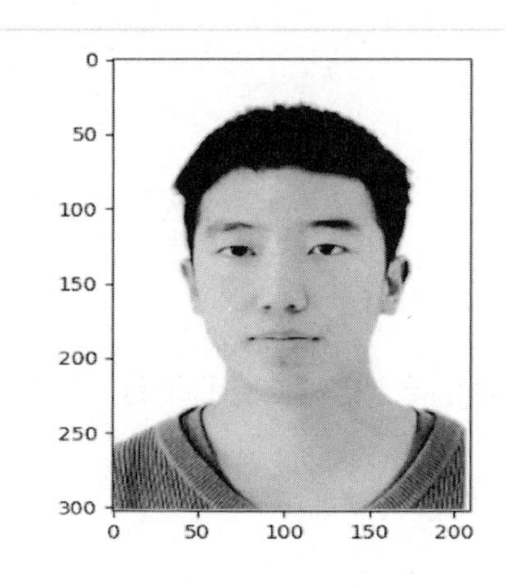

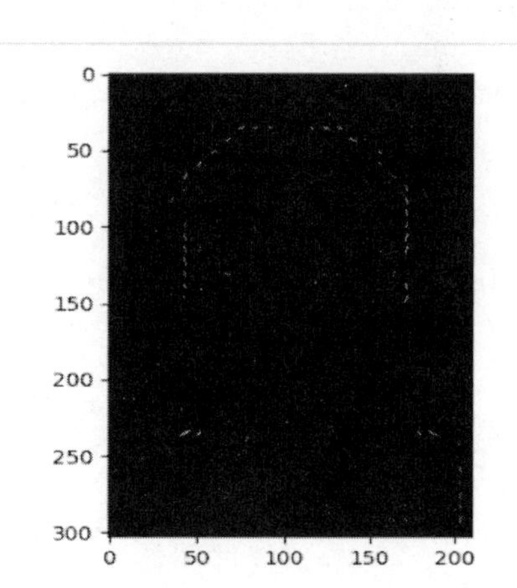

图10-12　人脸HOG梯度图

“这样就可以获取人脸的HOG了，通过运行结果可以看出，HOG能对图像中的人脸区域勾画出轮廓。”

“谢谢你，编程猫，原来提取图像 HOG 这么简单，那我们如何探测出人脸呢？”

“阿短，接下来我们就来演示如何探测人脸。”

10.1.3 训练 2：实现人脸的探测和标识

“在编写人脸的探测和标识程序之前，我们要先把“68”点人脸探测模型添加到 PyCharm 工程中。具体操作是先复制 shape_predictor_68_face_landmarks.dat 文件夹，然后进入 PyCharm，利用鼠标右键单击工程名，在弹出的快捷菜单中选择“粘贴”命令。通过这个链接可以下载“68”点人脸探测模型：
http://dlib.net/files/shape_predictor_68_face_landmarks.dat.bz2。
执行上述操作后，PyCharm 工程目录下会显示添加的文件，表示文件添加成功，如图 10-13 所示。”

```
C:\Users\liuyang\Desktop\人脸识别系统\FaceDetection
  > .idea
  > cache
  > venv
    face_detecion.py
    li_02.jpg
    shape_predictor_68_face_landmarks.dat
```

图 10-13　PyCharm 工程文件图

“完成以上操作后，我们开始编写程序，首先导入 skimage 库中的 io 模块，然后导入 dlib 库。”

```
fromskimage import  io
importdlib
```

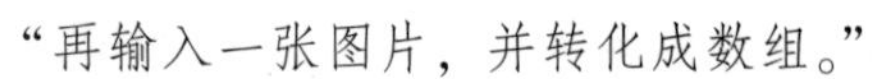
“再输入一张图片，并转化成数组。”

```
file_name = "li_02.jpg"
image = io.imread(file_name)
```

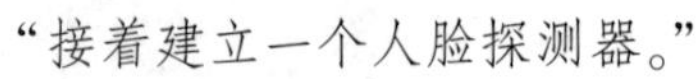
“接着建立一个人脸探测器。”

```
detector = dlib.get_frontal_face_detector()
#3 运行在图片上
```

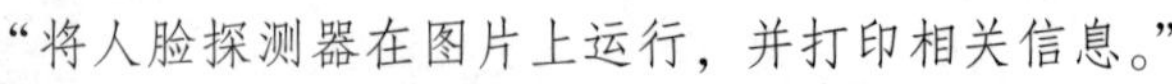
“将人脸探测器在图片上运行，并打印相关信息。”

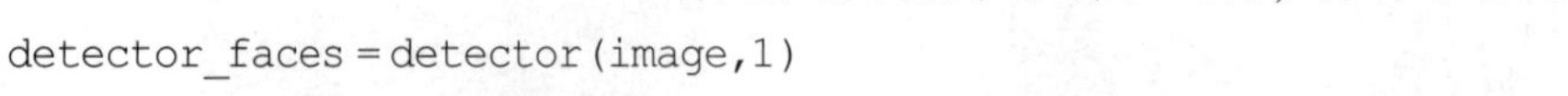
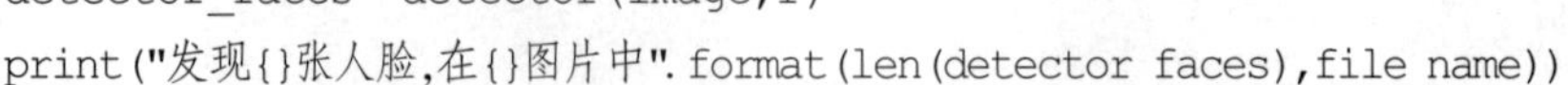

```
detector_faces = detector(image,1)
print("发现{}张人脸,在{}图片中".format(len(detector_faces),file_name))
```

“提取人脸‘68 点’特征。”

```
model = "shape_predictor_68_face_landmarks.dat"
```

“编程猫‘68’点人脸探测模型是 dlib 库里面的东西吗？”

“不是的，‘68’点人脸探测模型需要自行下载，通过 http://dlib.net/files/shape_predictor_68_face_landmarks.dat.bz2 链接可进行下载，下载完成后把该文件粘贴到工程里面就可以了。”

```
#predictor = dlib.shape_predictor(model)
predictor = dlib.shape_predictor(model)
```

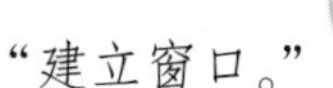

“建立窗口。”

```
win = dlib.image_window()
win.set_image(image)
```

“最后用 for 循环依次遍历识别每一张脸并打印人脸位置。”

```
for i,box  in enumerate(detector_faces):
    win.add_overlay(box)
    print("第{}张人脸的左边位置:{},右边位置:{}".format(i,box.left(),
box.right()))
    landmarks = predictor(image,box)
    win.add_overlay(landmarks)
dlib.hit_enter_to_continue()
```

“现在已经完成了代码的编写，阿短，我们来看一下运行结果吧！”

运行结果如下。

发现 1 张人脸，在 li_02.jpg 图片中

第 0 张人脸的左边位置：92，右边位置：315

效果如图 10-14 所示。

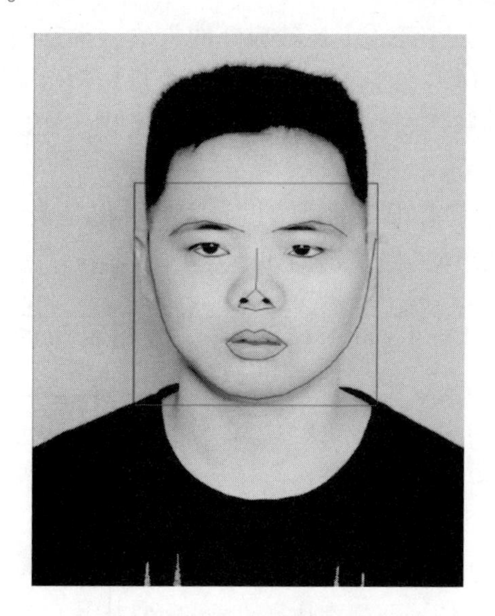

图 10-14　人脸探测和标识

“原来这样就可以实现人脸的探测和标识，编程猫，非常感谢讲解。”

10.2　基于 KNN 的人脸识别算法

KNN 算法属于机器学习算法，它既能用于分类，也能用于回归。KNN 算法没有一般意义上的学习过程，其本质是将指定对象根据已知特征值分类。KNN 核心思想是将一个样本在特征空间中的 k 个最相邻的样本中的大多数属于的某一个类别，则认为该样本也属于这一类别，并具有这个类别上的样本特性。应用 KNN 算法可找出与测试人脸最相近的人脸，从而实现人脸的识别。

阿短的前行目标

- 能解释和描述人脸校正和编码的原理和方法。
- 能解释和描述 KNN 分类器的原理和方法。
- 能应用 KNN 分类器并进行程序编写。
- 能独立进行程序的调试和改进。

10.2.1　KNN 算法

本小节将对 KNN 算法和 KNN 函数进行详细介绍。

1. KNN 算法

KNN 算法的本质是将指定对象根据已知特征值分类，下面对 KNN 算法的原理进行详细介绍。

- K 最近邻，就是 k 个最近的邻居，说的是每个样本都可以用它最接近的 k 个邻居来代表。只计算“最近的”邻居样本。
- K 最近邻分类算法是一个理论上比较成熟的方法，也是最简单的机器学习算法之一。该方法的思路是：如果一个样本在特征空间中的 k 个最相似（即特征空间中最邻近）的样本中的大多数属于某一个类别，则该样本也属于这个类别。KNN 算法中，所选择的邻居都是已经正确分类的对象。
- 对于距离的度量，我们有很多的距离度量方式，但是最常用的是欧式距离，即对于两个 n 维向量 x 和 y，两者的欧式距离定义如下。

$$D(x,y) = \sqrt{(x1 + y1)^2 + (x2 + y2)^2 + \cdots + (xn + yn)^2} = \sqrt{\sum_{i=1}^{n} (xi + yi)^2} \quad (10.5)$$

举个例子，图 10-15 为 KNN 算法图，目前已知的正确分类有两类，一个是方块一个是三角形，现在要给圆分类，判断圆是属于方块还是属于三角形。如果使用 KNN 算法，先设置 K 是多少。

如果 K 是3，找离圆最近的3 个样本，在图中可以发现最近的 3 个样本中有 1 个是方块、两个是三角形，离圆 3 个样本中最多是三角形，因此就认为圆属于三角形类。

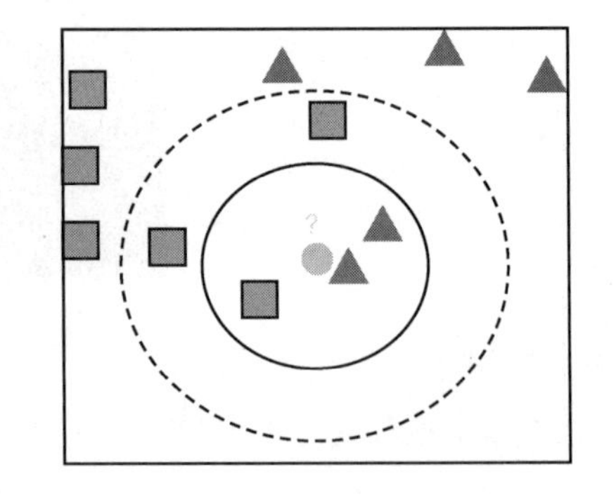
图 10-15　KNN 算法图

如果 K 是5，找离圆最近的5 个样本，在图中可以发现 5 个样本中有 3 个方块两个三角形，离圆 5 个样本中最多是方块，因此就认为圆属于方块类。

2. KNN 函数

使用 KNN 算法实现人脸识别，需要借助 KNN 分类函数 KneighborsClassifier( ) 和 KNN 计算距离函数 NearestNeighbors( ) 来完成。下面对这些函数进行详细介绍。

1）sklearn 库提供 KneighborsClassifier( ) 函数实现 KNN 分类，其语法格式如下。

neigh = KNeighborsClassifier（n_neighbors =5，weights =' uniform '）

其中：

- n_neighbors：k 值的选择，一般选择较小的 k 值，默认为 5。
- weights：近邻权重。如果 weights = ' uniform '，则意味着所有近邻的权重都一样；如果 weights = ' distance '，则意味着权重和距离成反比，即距离目标点更近的点有更高的权重。

2）使用 NearestNeighbors( ) 函数，可以实现 KNN 计算距离，其语法格式如下。

neigh_2 = NearestNeighbors(n_neighbors = 1)

其中：

- n_neighbors：k 值的选择，一般选择较小的 k 值，默认为 5。

10. 2. 2　训练 1：利用 mglearn 和 Matplotlib 作图

"为了能更加直观地看到分类的效果，先学习如何用 mglearn 和 Matplotlib 作图。首先，导入相关的库。"

```
importmglearn
import Matplotlib.pyplot as plt
import numpy as np
```

"X 代表输入：身高、体重。Y 代表输出：0 代表男，1 代表女。"

```
X=np.array([[1.5,40],[1.6,51],[1.5,49],[1.7,60],[1.8,70],[1.8,75],
[1.55,55],[1.77,63]])
Y=np.array([1,1,1,0,0,0,1,0])
```

"对数据集进行作图。"

```
mglearn.discrete_scatter(X[:, 0], X[:, 1], Y)
plt.legend(["Man","Women"],loc=1)
plt.xlabel("Height")
plt.ylabel("Weight")
plt.show()
```

运行结果如图 10-16 所示。

"编程猫，我知道如何用 matplotlab 作图了，x 轴代表体重，y 轴代表身高，圆圈表示男性，三角形表示女性。"

"阿短，你真棒，一下子就懂了。"

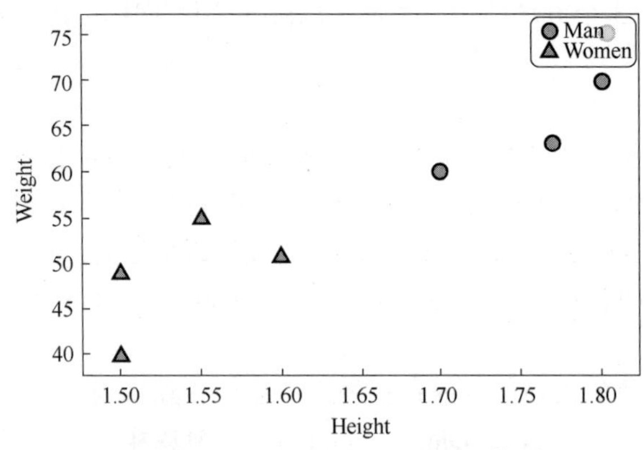

图 10-16　mglearn 和 Matplotlib 作图

10.2.3　训练 2：KNN 算法判断性别

“通过 KNN 算法可以对数据进行分类，下面我们来看看通过身高、体重判断性别的例子。”

“真有些迫不及待呢！”

“首先导入 sklearn 的 KNeighborsClassifier 模块。”

```
from sklearn.neighbors  import  KNeighborsClassifier
```

“*X* 表示输入：输入 8 个人的身高、体重信息。*Y* 表示输出：0 代表男性，1 代表女性。”

```
X=[[1.5,40],[1.6,51],[1.5,49],[1.7,60],[1.8,70],[1.8,75],[1.55,55],
[1.77,63]]
Y=[1,1,1,0,0,0,1,0]
neigh=KNeighborsClassifier(n_neighbors=1)
neigh.fit(X,Y)
```

“最后输入身高、体重［1.5，35］进行测试。”

```
print (neigh.predict ( [ [1.5, 35]]))
```

运行结果如下。

“运行结果为［1］，可以判断身高、体重［1.5，35］的人是女性。”

10.2.4　训练 3：KNN 算法求距离

“KNN 算法不仅可以对数据归类，而且能算两个点的距离。”

“编程猫，你能演示一下怎么用 KNN 算法求距离吗？”

“首先导入 sklearn 库中的 NearestNeighbors 模块。”

```
from sklearn.neighbors import  NearestNeighbors
```

“我们在变量 s 里面放 4 个三维的点。”

```
s=[[0,0,0],[1,2,3],[3,4,5],[4,5,6]]
neigh_2=NearestNeighbors(n_neighbors=1)
neigh_2.fit(s)
```

“输入测试的点。”

```
p=[[0,1,0]]
print(neigh_2.kneighbors(p))
```

运行结果如下。

```
(array([[1.]]), array([[0]],dtype=int64))
```

“通过结果，可以发现测试点 p 距离 s 中第 0 个元素最近，距离是 1，类型是 int64。”

“KNN 算法太强大了，我一定要认真学习它。”

10.3　人脸识别系统的实现

人脸识别技术是基于人的脸部特征，对输入的人脸图像进行识别。首先判断是否存在人脸，如果存在人脸，则进一步给出每个脸的位置、大小和各个主要面部器官的位置信息。依据这些信息，进一步提取每个人脸中所包含的身份特征，并将其与已知的人脸进行对比，从而识别每个人脸的身份。

阿短的前行目标

- 能描述并解释人脸识别系统实现的步骤。
- 能理解人脸识别系统程序的结构。
- 能对人脸识别系统进行程序的编写。
- 能对人脸识别系统进行程序的调试和改进。

10.3.1　人脸识别系统的构建

本小节将对人脸识别的流程和方法、人脸识别系统相关函数进行详细介绍，并给出了使用 face_recognition 库和 sklearn 库实现人脸识别系统的案例。

1. 人脸识别系统流程

人脸识别系统由 4 部分组成，如图 10-17 所示。

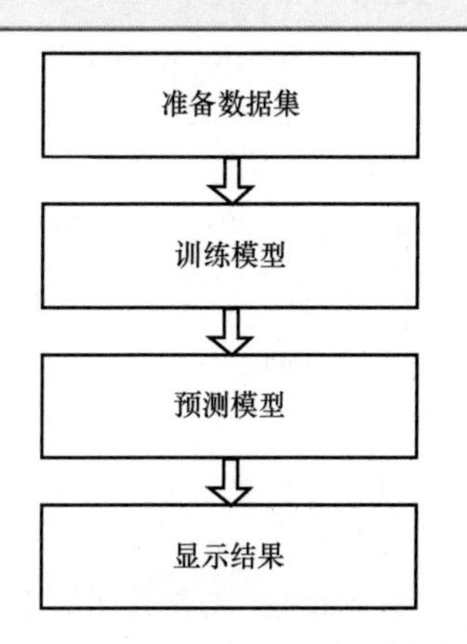

图 10-17　人脸识别系统流程图

- 准备数据集：首先我们要准备训练的图片和测试的图片。
- 训练模型：接着定义一个训练模型函数 train( )，

对 examples \ train 文件夹下的人脸图像进行训练。

- 预测模型：然后定义一个预测模型，使用预测对 examples \ test 进行人脸预测，将待识别的人脸与数据库（训练的图片）中的人脸进行对比。
- 显示结果：最后定义一个图像可视化函数，用于显示人脸的可视化标识。

2. 人脸识别系统函数

实现人脸识别系统，需要借助文件名转列表函数 os. listdir( )、连接文件路径函数 os. path. join( )、确定人脸位置函数 fr. face_locations( )、人脸编码函数 fr. face_encodings( )、矩阵转化函数 reshape( )、绘制图形函数 rectangle( ) 和写文字函数 text( ) 来完成。下面对这些函数进行详细介绍。

1) os. listdir( ) 用于返回一个由文件名和目录名组成的列表，接收的参数必须是一个绝对的路径，其语法格式如下。

```
result = os. listdir(path)
```

其中：

- result：返回的是 path 文件夹下的每一个文件名组成的列表。
- path：代表被操作的路径。

例如，已知路径 path = /home/python/Desktop/，输出该路径下所有文件和目录名称。则使用的程序如下。

```
import os
path = '/home/python/Desktop/'
for i in os. listdir(path):
    print(i)
```

2) os. path. join( ) 函数，用于连接两个或更多的路径名组件，其语法格式如下。

```
result = os. path. join(Path1,Path2)
```

其中：

- result：代表返回的合并后的路径，即 Path1 \ Path2 路径。
- Path1、Path2：代表需要合并的路径名，合并顺序从左到右。

例如，将 train_dir 和 class_dir 两个路径合并，则使用的语句如下。

```
os. path. join(train_dir,class_dir)
```

3) fr. face_locations( ) 函数用于确定图像中人脸的位置，其语法格式如下。

```
boxes = fr. face_locations(image)
```

其中：

- boxes：代表返回值。返回人脸的位置信息，包括 top、right、bottom、left。
- image：代表输入的图像。

4) fr. face_encodings( ) 函数用于给定一个图像，返回图像中人脸的 128 维编码，其语法格式如下。

```
result = face_encodings(face_image, num_jitters = 1)
```

其中：

- result：代表返回的 128 维的人脸编码。
- face_image：代表输入的人脸图像。

- num_jitters：代表编码时要重新采样的次数。数值越大越准确，但速度也越慢。

5）numpy 库中的 reshape( ) 函数用于矩阵维度的转化，其语法格式如下。

```
array.reshape(num1,num2)
```

其中：

- array：代表一个列表。
- num1 和 num2：是转换标记，用来控制目标列表的类型，num1 控制目标行数，num2 控制目标列数，具体参数如表 10-1 所示。

表 10-1　reshape( ) 参数值

值	含　义
Reshape(1, -1)	转换成一行
Reshape(1, -1)	转换成两行
Reshape(1, -1)	转换成一列
Reshape(1, -1)	转换成两列

6）rectangle( ) 函数用于绘制一个矩形，其语法格式如下。

```
draw.rectangle(xy, fill=None, outline = None)
```

其中：

- xy：代表定义边界框的两个点，例如[(x0,y0),(x1,y1)]的序列。
- fill：代表矩形框填充的颜色。
- outline：代表矩形边界的颜色。

例如，将 draw 图像中像素点坐标 *X* 轴：100～400 和 *Y* 轴：200～400 的区域填充为蓝色，矩形边界为黑色，则使用的语句如下。

```
draw.rectangle([(100,200),(400,400)], fill='blue', outline='black')
```

7）text( ) 函数通常用来在图像中写入文字，其语法格式如下。

```
text(xy,text,fill=None)
```

其中：

- xy：代表文字开始写入的位置。
- text：代表需要写入的文字。
- fill：代表文字的填充颜色。

例如，我们在图像 draw 上像素点坐标为（100,200）的位置开始写入 python，字体颜色为白色，则使用的语句如下。

```
draw.text((100,200),python,fill=(255,255,255))
```

10.3.2　训练：通过人脸识别系统识别人脸

“阿短，在进行编写程序之前，我们先将人脸图像加入到工程中。具体操作是先建立一个 examples 文件夹。接着在 examples 文件夹下建立 test 和 train 两个子文件夹。再在 train 文件夹下建立 5 个子文件夹（以人名命名）。然后把训练的图片放到这 5 个子文件夹中，把测试的图片放到 test 文件夹中。

接着复制 examples 文件夹，进入 PyCharm 后鼠标右键单击工程名，最后进行复制、粘贴操作，这样人脸图像就添加到工程中了。
上述操作进行之后，PyCharm 工程目录下会显示添加的文件，表示文件添加成功，如图 10-18 所示。”

```
C:\Users\liuyang\Desktop\人脸识别课程资源完整版 - 健行\FaceDetection
  .idea
  cache
  examples
    test
      image (0).jpg
      image (1).jpg
      image (2).jpg
      image (3).png
    train
      ChenSiXiu
      GaoPeng
      LiuYang
      ZouJiaWei
```

图 10-18　PyCharm 工程图

“接下来我们进行程序的编写。”

```
import  os
from sklearn import  neighbors
import os. path
import  pickle
from  PIL  import  Image,ImageDraw
importface_recognition as fr
from face_recognition. face_recognition_cli import  image_
files_in_folder
```

1. 构建训练模型

“首先我们定义一个训练模型函数 train()，对已知图像进行训练。”

```
def train(train_dir,model_save_path =' face_recog_model. clf ',n_neigh-
bors =3,knn_algo =' ball tree '):
    X =[]
    Y =[]
    for class_dir in os. listdir(train_dir):
```

“os. path. join()实现 train_dir 和 class_dir 的路径拼接；os. path. isdir()实现判断拼接之后是否是一个目录。”

```
        if not os. path. isdir(os. path. join(train_dir,class_dir)):
            continue
        forimg_path in image_files_in_folder(os. path. join(train_dir,
class_dir)):
            image = fr. load_image_file(img_path)
            boxes = fr. face_locations(image)
```

“对于当前训练的图片，增加编码至训练集。fr. face_ encodings 函数会返回 128 维度的向量人脸特征。”

```
            X.append(fr.face_encodings(image,known_face_locations=boxes)
[0])
            Y.append(class_dir)
    if n_neighbors is None:
        n_neighbors=3
```

“创建并且训练分类器。”

```
knn_clf=neighbors.KNeighborsClassifier(n_neighbors=n_neighbors)
knn_clf.fit(X,Y)
    if model_save_path is not None:
        with open(model_save_path,'wb') as f:
            pickle.dump(knn_clf,f)
    returnknn_clf
```

2. 构建预测模型

“接着定义一个预测模型，将待识别的人脸与数据库中的人脸进行对比。”

```
def predict(img_path,knn_clf=None,model_path=None,distance_threshold
=0.5):
    if knn_clf is None and model_path is None:
        raise  Exception("必须提供 KNN 分类器,可选方式为 knn_clf 或 model_
path")
    if knn_clf is None:
        with open(model_path,"rb") as f:
knn_clf=pickle.load(f)
```

“加载图片，发现人脸的位置。”

```
    X_img=fr.load_image_file(img_path)
    X_face_locations=fr.face_locations(X_img)
```

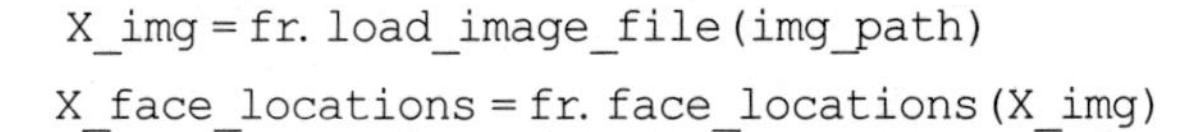

“测试图片中的人脸编码返回的是 128 维度的人脸特征构成的向量。”

```
encondings=fr.face_encodings(X_img,known_face_locations=X_face_loca-
tions)[0].reshape(1,-1)
```

“利用 KNN model 找出与测试人脸最匹配的人脸。”

```
    closest_distances=knn_clf.kneighbors(encondings,n_neighbors=1)
    are_matches=[closest_distances[0][i][0]<=distance_threshold
                 for i in range(len(X_face_locations))]
    return [(pred, loc) if rec else ("unknown", loc)
            forpred, loc, rec in zip(knn_clf.predict(encondings), X_face_
locations, are_matches)]
```

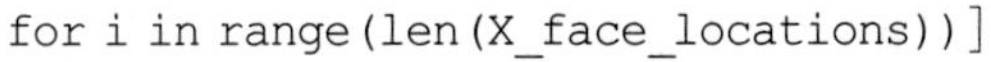

3. 构建可视化函数

"定义一个图像可视化函数，用于显示人脸的可视化标识。" 编程猫

```
def show_names_on_image(img_path,predictions):
pil_image = Image. open(img_path). convert("RGB")
    draw = ImageDraw. Draw(pil_image)
    for name,(top,right,bottom,left) in predictions:
        draw. rectangle(((left,top),(right,bottom)),outline = (255,0,255))
        name = name. encode("UTF-8")
        name = name. decode("ascii")
        text_width,text_height = draw. textsize(name)
        draw. rectangle(((left,bottom - text_height - 10),(right,bottom)),
                    fill = (255,0,255),outline = (255,0,255))
        draw. text((left + 6,bottom - text_height - 5),name,fill = (255,255,
255))
    del draw
pil_image. show()
```

4. 构建主函数

"最后，我们在主函数里面对其他函数进行调用。" 编程猫

```
#主函数
if __name__ = = "__main__":
    print("正在训练 KNN 分类器 ~ ~ ~ ~")
    train("examples/train")
    print("训练完成")
    for image_file  in os. listdir("examples/test"):
        full_file_path = os. path. join("examples/test",image_file)
        print("在{}中寻找人脸……". format(image_file))
        predictions = predict(full_file_path,model_path = "face_recog_mod-
el. clf")
        for name,(top,right,bottom,left) in predictions:
            print("发现{},位置:({},{},{},{})". format(name,top,right,bot-
tom,left))
        show_names_on_image(os. path. join("examples/test",image_file),
predictions)
```

"程序编写完成，阿短，我们一起看一下运行结果吧！" 编程猫

运行结果如下：

```
正在训练 KNN 分类器 ~ ~ ~ ~
训练完成
在 image (0). jpg 中寻找人脸……
发现 ChenSiXiu,位置:(116,236,270,81)
在 image (1). jpg 中寻找人脸……
发现 ZouJiaWei,位置:(118,242,304,56)
```

```
在 image (2).jpg 中寻找人脸……
发现 LiuYang,位置:(187,199,295,91)
在 image (3).png 中寻找人脸……
发现 GaoPeng,位置:(118,242,304,56)
```

人脸识别结果如图 10-19 所示。

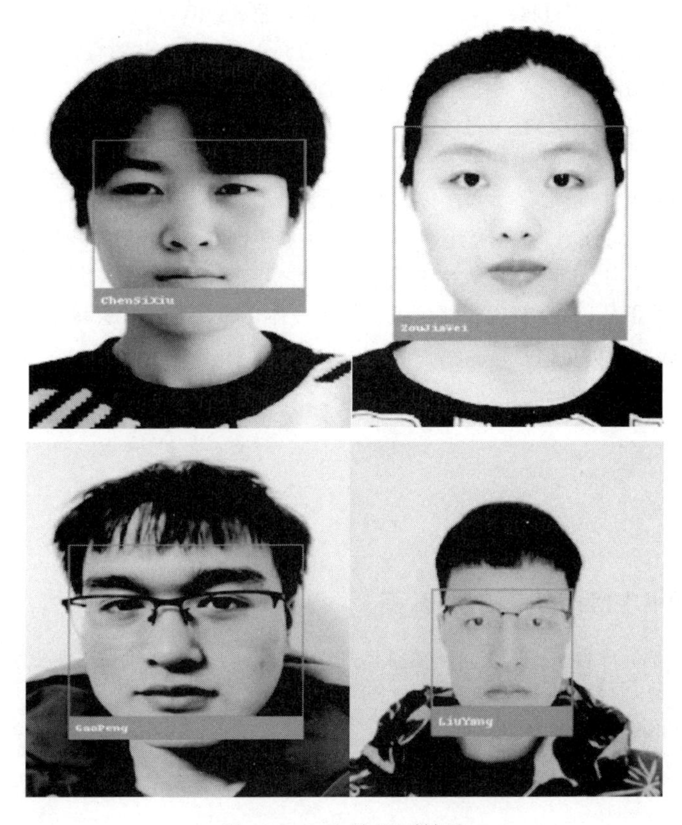

图 10-19　人脸识别结果

阿短："这个人脸识别系统先对数据库里的人脸进行学习并训练，再把准备识别的人脸与数据库中的人脸进行比对，进而识别出人脸。编程猫，你太厉害了。"

编程猫："以后我们共同实践，多多交流。"

本书全面讲述了 Python 的基础知识和相关开发技术。全书分为三部分，共 10 章。第一部分为基础篇（第 1～5 章），介绍 Python 的起源和发展、开发工具、语法基础、控制结构、复合数据结构、函数、科学计算库 NumPy 以及绘图工具 Matplotlib 等内容；第二部分为提高篇（第 6～7 章），深入讲解了机器学习典型算法、神经网络典型算法以及它们的 Python开发实现过程；第三部分为高级篇（第 8～10 章），主要介绍了图像识别和人脸识别的原理方法以及它们的 Python 开发实现过程。

本书以人工智能中的机器学习和深度学习为载体，突出 Python 开发技术的实际应用。在编写体例上，以问题为导向，注重知行合一，按照由简到难、由浅入深、螺旋上升的方式设置学习内容，引导读者循序渐进地掌握基本原理方法，并熟练运用 Python。

本书可作为人工智能、机器学习、人脸识别等应用领域工程技术人员的参考手册，也可作为大中专院校人工智能、大数据科学与技术、自动化、机器人工程、智能仪器仪表、机电一体化等专业及社会培训班有关 Python 课程的培训教材。

图书在版编目（CIP）数据

Python 项目实战从入门到精通/方健等编著. —北京：机械工业出版社，2020.8

ISBN 978-7-111-66307-2

Ⅰ. ①P… Ⅱ. ①方… Ⅲ. ①软件工具－程序设计 Ⅳ. ①TP311.561

中国版本图书馆 CIP 数据核字（2020）第 146111 号

机械工业出版社（北京市百万庄大街 22 号 邮政编码 100037）
策划编辑：丁 伦 责任编辑：丁 伦
责任校对：徐红语
责任印制：李 昂
北京汇林印务有限公司印刷
2020 年 11 月第 1 版第 1 次印刷
185mm×260mm · 18.5 印张 · 459 千字
0001—2000 册
标准书号：ISBN 978-7-111-66307-2
定价：99.00 元（附赠案例源代码）

电话服务 网络服务
客服电话：010-88361066 机 工 官 网：www.cmpbook.com
010-88379833 机 工 官 博：weibo.com/cmp1952
010-68326294 金 书 网：www.golden-book.com
封底无防伪标均为盗版 机工教育服务网：www.cmpedu.com